U0332324

水环境数学模型

沈珍瑶 陈 磊 主编

科 学 出 版 社

北 京

内 容 简 介

本书从河流、湖泊、流域、城市、农田五个典型环境场景对目前研究工作中常用的水环境模型进行系统梳理和展示。重点探讨模型在水环境模拟方面的原理、方法及应用，介绍了常用水环境模型，如 SWAT、HSPF、EFDC、SWMM、QUAL 和 MIKE11。

本书可供水力学、环境学、地理学等学科的研究工作者以及高校师生阅读参考，也可供从事水环境数学模拟、流域水环境管理、非点源污染研究的学者及专家参考，还可作为水资源管理部门、环境管理部门及农业管理部门决策者的参考书和工具书。

图书在版编目（CIP）数据

水环境数学模型 / 沈珍瑶，陈磊主编. -- 北京 ：科学出版社，2024.
10. -- ISBN 978-7-03-079592-2

Ⅰ. X143

中国国家版本馆 CIP 数据核字第 2024W450G8 号

责任编辑：刘 冉 / 责任校对：杜子昂
责任印制：徐晓晨 / 封面设计：北京图阅盛世

科学出版社 出版
北京东黄城根北街 16 号
邮政编码：100717
http://www.sciencep.com
北京建宏印刷有限公司印刷
科学出版社发行 各地新华书店经销
*
2024 年 10 月第 一 版 开本：720×1000 1/16
2024 年 10 月第一次印刷 印张：16 3/4
字数：340 000
定价：128.00 元
（如有印装质量问题，我社负责调换）

前　言

水是环境的基本要素之一，也是人类生存和发展的重要基础。流域是一个复杂综合体，它既影响了人类的生活，也深受人类活动干扰。当前，由于人口增长和消费方式的转变，水环境保护已经成为世界研究的热点课题。水环境模型的产生和发展，旨在剖析污染机理、理清污染过程，为人们研究和解决水环境问题提供参考。由于水循环作用，水、气、土多介质过程使得水环境污染来源非常复杂，而水环境过程又涉及物理、化学、生物综合作用，因而利用模型解决复杂的水环境问题一直是国际研究热点。

水环境模型研究数学性很强，它的机理涉及众多环境要素和过程，而模型的求解又涉及烦琐的数学过程。因此，数学建模是水环境模型的重要组成。水环境数学模型的发展与水利学、环境学、数学的发展密不可分。

相较于国际上水环境模型发展步伐，我国水环境数学模型的发展相对滞后。国际上已经开发出了许多著名的水环境模型，例如 EFDC、WASP、SWAT、HSPF、SWMM 等。20 世纪 80 年代我国学者开始了水环境模型的研究，通过不断引入、改进和再发展使得水环境数学模型得到不断完善。例如，近年来我国出版了一大批水环境模型的相关著作，谢永明的《环境水质模型概论》、郝芳华的《流域水质模型与模拟》、徐宗学的《水文模型》等，都是我国水环境模型发展的标志性成果，极大地推动了我国水环境数学模型的研究与应用。

我们作为水利与环境科学的研究者，一直在从事水环境模型的教学和推广工作。由于水环境模型分类众多，对于模型初学者来说，系统地熟悉和认识尤为重要。然而，纵观市面上已出版的水环境模型著作，鲜有著作对目前常用的水环境模型进行系统梳理和展示。本书的出发点是按照河流、湖泊、流域、城市、农田五个典型环境场景对目前常用的水环境模型进行系统介绍，对模型框架及建模思路作详细阐述，重点探讨在水质模拟方面的原理以及方法。结合具体模型应用案例，方便模型学习者深入理解并使用。为开展水环境模拟科研、教学和管理工作者提供指导和帮助。

本书由沈珍瑶、陈磊负责全书的总体设计、组织、审校和定稿。各章编写的分工如下：第 1 章，沈珍瑶、李佳奇；第 2 章，陈磊、许焱喆；第 3 章，沈珍瑶、张子奇；第 4 章，陈磊、朱凯航；第 5 章，沈珍瑶、郅晓沙；第 6 章，陈磊、王怡雯；第 7 章，沈珍瑶、刘卓然。全书最终由陈磊、沈珍瑶、郅晓沙、刘卓然、高胜寒、蒲宇等进行统稿和校稿。

在本书编写过程中，多名研究生先后参与资料收集、整理和文字校对工作，借此机会向参与本书编写和出版的工作者们表示衷心的感谢。

由于作者水平有限，在本书编写过程中难免存在不足之处，敬请相关专家学者和读者们给予批评指正，以便于未来进一步完善本书内容。

沈珍瑶　陈　磊

2024 年 8 月

目　　录

第1章 绪　　论

1.1　水环境模拟意义

随着人类活动和社会发展，越来越多的污染物进入水环境，造成水体污染和生态环境破坏。河流污染物主要来自工厂和城市排放的生产和生活污水，严重破坏了河流生态平衡。湖泊环境中，目前最大的问题是水体富营养化，如造成了无锡市 500 万人饮用水和生活用水严重短缺的 2007 年太湖蓝藻水华事件。河口环境中，污染严重主要是两方面的原因：一方面是其位于河流与海洋的交汇处，营养物质丰富，生态环境多变，区域复杂；另一方面是上游的来水会挟带大量的污染物和营养盐。

水环境的非点源污染同样不容忽视。水环境非点源污染，指降雨（尤其是暴雨）产生的径流，冲刷地表的污染物，通过水文循环过程进入受纳水体，引起水体富营养化或其他形式的污染[1]，包括大气干湿沉降、暴雨径流、底泥二次污染和生物污染等。农业非点源污染和城市非点源污染是造成地表水污染的主要原因，也是江河湖泊，尤其是巢湖、太湖、滇池等水质恶化的原因。我国的非点源污染主要集中在水土流失严重和农业占比较大的地区。

目前国内外的水环境问题并未得到有效的解决，通过建立数学模型解决水环境问题具有重要的现实意义。水环境数学模型，是通过利用数学语言将水环境中各要素随时间和空间的变化规律定量描述，其主要目的是掌握水环境中内部物质的变化规律，并能对变化程度做定量描述，以为后续的水环境规划和管理打下基础。近年来污染物在水环境中扩散、迁移、转化机理的进一步研究深入和对模型求解的数值方法进一步发展，极大地促进了水环境数学模型的发展。水环境模型的应用主要表现在：①污染物在水环境中迁移转化规律的模拟；②水资源科学管理规划；③水环境容量计算和质量评价；④水质的预警预报[2]。

1.2　模　型　分　类

根据应用对象、目标水体、空间维数、模型变量特点、模型时间变化特性、空间离散程度以及对物理过程的描述对水环境模型进行分类。

1. 按应用对象

根据模型的应用对象，可以把水环境模型分为河流水环境模型、湖泊水库水环境模型、流域水环境模型、城市水环境模型和农田水环境模型等。本书以此分类方式展开，具体介绍见后面章节。

2. 按目标水体

根据水体的不同，可以把水环境模型分为地表水模型、地下水模型和海洋模型。地表水模型是描述各种污染物质在地表水体中迁移混合、在时间和空间上的迁移转化规律以及各影响因素相互关系的数学方程，是地表水环境治理和防治的重要工具[3]。地下水模型是描述各种物质在地下水环境下的迁移和运动规律的数学方程，可以利用它进行地下水资源评价和地下水污染物模拟等。海洋模型是通过研究分析海洋的各种特性（流体的质量、动量、能量等）建立遵循一定的物理规律的数学方程。地表水和地下水的转化及其过程的耦合，是水资源开发利用和科学评价的基础，因此地表水和地下水的耦合模型一直是当今的研究热点，但因介质在地表水和地下水的空间和运动状态的不同以及水循环过程的复杂性，也是水环境模型研究难点。

3. 按空间维数

根据空间维数的不同，可将水环境数学模型分为零维水环境模型、一维水环境模型、二维水环境模型和三维水环境模型。零维模型是将模拟的环境看作完全混合反应器，进入环境中的水质因子会在空间上迅速混合均匀，适用于河段长度较短的区域。一维模型中水质因子只在河流的流动方向上改变，而在垂直河流流动方向以及河流的垂向上是混合均匀的，适用于河段的宽度和深度远远小于其长度的区域。对于较大的河流区域，污染物排放情况和水质因子变化情况比较复杂，采用二维模型进行分析，计算量巨大。对于侧向排污的水体，一维模型无法准确地模拟排污口附近的污染物变化情况，此时需要考虑二维模型。二维模型可以分为两类，一类是模拟纵向和横向上水质因子的变化情况；另一类是模拟纵向和垂向上水质因子的变化情况。三维水环境模型模拟水质因子在横向、纵向和垂向上的变化情况，模拟的区域更为复杂，如河口、海湾等。

4. 按模型变量

利用模型变量的特点，可以将水环境模型分为确定性模型和随机性模型。确定性模型是指输入项、参数变量都是一定的，并通过计算得到一个确定的解析解。随机性模型的输入项和参数变量都有可能是随机分布的，因此得到的解析解具有不确定性。因环境水文条件的随机性，很多学者对模型的不确定性展开了研究。水环境模型不确定性主要来源于：①污染物的排放量和河流背景值的不确定性；②估计模型参数所需的河流和水质材料的不充分；③对污染物的传输过程和水质管理系统的简化缺乏认识。水环境模型中不确定分析常用的方法有区域性灵敏度分析法、灰色理论方法、模糊数学理论方法、人工神经网络和随机理论方法等。模型的不确定分析具有如下作用：①提高结果的可靠程度，减少人为主观因素的误差；②对不确定性来源进行分析，提高和改进模型[4]。

5. 按时间步长

根据上游来水和污水排放的水质水量随时间变化的显著情况，可以将水环境数学模型分为稳态模型和动态模型。稳态模型模拟的区域水文和水质因子较为稳定，区域内的污染物情况不随时间而改变，因此模型的解析解中不包括时间变量。而动态模型则比较复杂，主要模拟非恒定流中水质因子的情况，区域内的污染物情况随时间的变化而改变。实际上，大多数的水文模型都是动态的，平时为了简化起见，一般将水文模型视为稳态模型。

6. 按离散程度

水环境数学模型可根据空间离散程度分为集总式水环境模型和分布式水环境模型。集总式水环境模型将区域看作一个整体，模拟气候和下垫面均匀分布的情况，不考虑参数在空间区域内的变化。分布式水环境模型将研究区域划分为若干个水文单元，根据各个单元内的植被、土壤等情况确定相关参数，模拟气候和下垫面等因子的空间分布对区域水文的影响。分布式水环境模型可以分为两类，即主要基于数学物理方法的全分布式模型和基于 GIS、RS 的半分布式模型。分布式水环境模型运用质量、动量和能量守恒定律等数学物理方法、对水环境进行模拟，充分考虑了模型在结构和参数上的空间分布；集总式水环境模型主要利用概念性的方法，即用简单的物理概念对复杂的水文过程进行概化，这种方法比较简单，大大简化计算量，提高模型的效率，但模型的解的不确定性也比较严重。目前有许多分布式水环境模型，如国外的 SHE 模型、WEP 模型、IHDM 模型以及我国的新安江模型等。

7. 按物理过程

根据模型对物理过程的描述不同可以分为经验模型和理论模型。水环境经验模型对物理过程的描述并不详细，仅仅由经验和数理统计的方法建立起参数和变量的数学关系式。水环境理论模型则对物理过程描述得较为详细，根据物理学中的动量、质量和能量守恒定律建立参数和变量之间的数学关系式。

1.3　发 展 历 程

模型是水科学研究的重要工具，其产生和发展在很大程度上取决于污染物在水环境中迁移、转化机理研究的不断深入以及各种数学方法在水环境模型中的不断应用，其发展也会推动水环境科学研究的不断进步。

最早的水环境数学模型是 Streeter 和 Phelps 提出的氧平衡模型[4]。在模型中假设水环境中的有机物降解需要消耗水中溶解氧，而且降解速率与水中有机物的含量成正比；水环境中的氧的来源为大气的复氧和水中浮游植物的光合作用，复氧速率与水中的氧亏值成正比。此时的水环境模型处于最初阶段，大多为一维稳态模型。

污染物在水环境中迁移转化规律中存在多个难点：在水环境中同一污染物的不同状态表现出的环境效应差异；由于物理、化学和生物过程，污染物在大气、水环境、土壤等多介质输送的问题；对水环境实际过程的动态模拟。为解决出现的问题，20 世纪 70 年代初至 80 年代中期，水环境数学模型发展方向重点在多维模拟、形态模拟、多介质模拟和动态模拟。

20 世纪 80 年代至今，水环境模型的重点集中在模型的可靠性分析和评价能力的研究，这个阶段模型的主要特点有：水质模型与非点源模型的对接；对重金属和有毒化合物的研究；考虑大气污染物沉降的影响；模型中的状态变量和组分数量的急剧增多；与模糊数学、人工智能、3S 技术、云计算等新技术的结合[5]。

（1）模糊数学模型，用数学方法将实际水环境过程中随机复杂的变化情形定量表示出来，以反映水质情况的不确定性。模糊评价法是模糊数学模型的一种，它的一般步骤如下：①建立因素集与评价集；②隶属函数的确定；③建立模糊关系矩阵；④确定评价因素的权向量；⑤根据最大隶属度原则进行模糊评价；⑥完成水质从定性评价到定量评价的转换[6]。

（2）将神经网络方法运用于水环境数学模型主要是模拟大脑信息记忆和处理的方式，对信息进行人工智能的处理。目前已有几十种神经网络模型，其中最常用于水环境模型的 BP 神经网络模型是一种误差逆向传播的多层前馈型网络，在数据拟合和模拟中优势显著[7]。

（3）将 3S 技术运用到水环境模型中是当今的热点。水环境模型在模拟过程中会用到大量的数据，但模型自身在数据管理上并不高效，引入在数据管理和维护上占有优势的 GIS 技术能够有效地提高水环境模拟的整体效率。Peng 等将 WASP 模型和 GIS 结合，模拟效率得到了很大提高并获得了很好的水环境模拟效果[8]。GIS 技术能将水环境模拟结果可视化表达，实现用户和模型的良好交互[9]；此外还能查询数据属性信息以及处理前期水文数据，如土地利用、流域范围等。

RS 和 GPS 技术主要提供研究区域的具体信息和空间数据,如土壤、地质地貌、植被、土地利用等流域信息和数据。孟香林指出 RS 技术在湖泊水域中能及时收集大量信息,对湖泊水域和水质的变化及时反映,其提供的信息量是常规水质监测无法比拟的[10]。

1.4 基 本 假 设

水环境模型利用排入水体中的污染物特征,分析预测未来的水质状况。由于水环境错综复杂,在不同的环境下需要构建不同的数学模型。在本节中主要介绍最基本的水环境模型机理。

1.4.1 守恒定律

水动力学过程遵循质量守恒定律,包括:①质量守恒;②能量守恒;③动量守恒。在水环境动力学模型中的基本方程都是以上述定律为基础演化得来的,下面具体介绍质量守恒定律和动量守恒定律。

1. 质量守恒定律

对于某一特定区域的不可压缩流体,水的流入量与水的流出量是相等的。有以下方程:

$$积累量 = 流入量 - 流出量 + 源量 - 汇量 \qquad (1.1)$$

在水环境中,取一圆柱体,假设该圆柱体从水体表面垂直延伸到水体底部,水流或其他物质可以进入离开该空间,并能够储存其中。该圆柱体的形状和空间位置始终保持不变,因此式(1.1)可以改写为

$$dm = (m_{in} - m_{out} + m_r)\, dt \qquad (1.2)$$

式中,dm 为质量积累量;m_{in} 为输入流量速率;m_{out} 为输出流量速率;m_r 为所有源和汇项的净产生速率;dt 为时间增量。

将式(1.2)除以 dt,可以得到以质量流量为基础的守恒方程,即

$$\frac{dm}{dt} = \frac{\partial m}{\partial t} + \nabla \cdot (mv) = m_{in} - m_{out} + m_r \qquad (1.3)$$

当 $\dfrac{\partial m}{\partial t} + \nabla \cdot (mv) = 0$ 时,若生成污染物,则净产生速率 m_r 为正值,当该污染物反应生成其他污染物时,则 m_r 为负值。式(1.3)即为用于水环境中的最基本的质量守恒方程。

如果忽略流入流出项和反应项,式(1.3)可以进一步简化为

$$\frac{\partial \rho}{\partial t} + \nabla \cdot (\rho v) = 0 \tag{1.4}$$

式中，ρ 为水的密度；v 为速度向量；∇ 为梯度算子。

对于不可压缩流体 $\left(\dfrac{\mathrm{d}\rho}{\mathrm{d}t} = 0\right)$，式（1.4）可以进一步简化为

$$\nabla \cdot v = 0 \tag{1.5}$$

这意味着流经任何封闭表面的净质量流率为零，在笛卡儿坐标系下，式（1.5）可写为

$$\frac{\partial u}{\partial x} + \frac{\partial v}{\partial y} + \frac{\partial w}{\partial z} = 0 \tag{1.6}$$

式中，u，v，w 分别为 x，y，z 方向的速度分量。

2. 动量守恒定律

动量守恒定律由牛顿第二定律推导得到，即

$$F = m \cdot a \tag{1.7}$$

式中，F 为外力；m 为物体质量；a 为加速度。

在水动力学中，有三个力比较重要：地球吸引产生的重力，水体中压力梯度引起的水压梯度，水的黏度和湍流混合引起的黏性力。因此，式（1.7）的动量方程可以表示为

$$\rho \frac{\mathrm{d}v}{\mathrm{d}t} = \frac{\partial \rho v}{\partial t} + \nabla \cdot (\rho v v) = \rho g - \nabla p + f_{\mathrm{vis}} \tag{1.8}$$

式中，f_{vis} 为黏性力；p 为水压力；g 为重力加速度；ρ 为水的密度；∇ 为梯度算子。

压力梯度的负号表示压力梯度力与梯度方向相反。对于不可压缩的牛顿流体，黏性力可以表示为

$$f_{\mathrm{vis}} = \nabla \cdot \tau = \mu \nabla^2 v \tag{1.9}$$

式中，τ 为剪切压力；μ 为绝对黏度（常数）；∇^2 为拉普拉斯算子。

当考虑地球旋转和外力时，式（1.8）变为

$$\frac{\mathrm{d}v}{\mathrm{d}t} = \frac{\partial v}{\partial t} + \nabla \cdot (v v) = g - \frac{1}{\rho} \nabla p + v \nabla^2 v - 2\Omega \times v + F_{\mathrm{fr}} \tag{1.10}$$

式中，Ω 为地球角速度；F_{fr} 为外部力；$v = \dfrac{\mu}{\rho}$ 为运动黏度。

地球的角速度 Ω 与科里奥利参数 f 有关，可以表示为

$$f = 2\Omega \sin \varphi \tag{1.11}$$

式中，Ω 为地球角速度的大小（$7.292 \times 10^{-5} \mathrm{s}^{-1}$）；$\varphi$ 为纬度。

式（1.10）为 Navier-Stokes 方程，适用于不可压缩流体，方程中各式的含义为加速度项 $\mathrm{d}v/\mathrm{d}t$ 等于由时间变化引起的局部变化率（$\partial v/\partial t$）加上由于水流的平

流而引起的变化率 $[\nabla \cdot (vv)]$。这一项与式（1.7）$a = F/m$ 相等。等式右侧为所有导致这种加速度的力；重力 g 朝向地球的中心；压力梯度项 $-1/\rho\nabla p$ 表示水压空间变化的影响，压力梯度导致水的运动，影响压力梯度的两个因素则为水面坡度和密度变化；黏性项 $v\nabla^2 v$ 包括水黏度的影响，该项也能代表湍流混合；科里奥利力项 $-2\Omega \times v$ 表示地球自转对水运动的影响，只有在研究大型水体时才有意义；外力项 F_{ft} 通常包含风力。

Navier-Stokes 方程没有解析解，对于长时间大尺度模拟，由于太复杂也很难利用数值方法求解。因此 Navier-Stokes 方程需要简化。

1.4.2 污染物迁移扩散机理

污染物进入水环境中，运动复杂，主要包括随水流的迁移运动、污染物的扩散以及衰减和转化。

1. 迁移扩散

污染物在水流作用下发生位置的转移，污染物的浓度并未发生变化。具体关系可以用式（1.12）表示

$$f_x = u_x C , \quad f_y = u_y C , \quad f_z = u_z C \tag{1.12}$$

式中，f 为推流作用下的污染物迁移通量；u 为污染物时间平均流速；C 为污染物在水环境中时均浓度。

2. 分散作用

水环境中的污染物分散作用主要包括三个方面内容：分子扩散、紊动扩散和弥散作用。

1）分子扩散

分子扩散导致的输移主要为分子随机运动所致，即物质在空间中存在梯度，其总会朝向趋于均化方向迁移，可以用菲克第一定律对过程进行表示[11]。

$$I_x = -E_m \frac{\partial C}{\partial x} , \quad I_y = -E_m \frac{\partial C}{\partial y} , \quad I_z = -E_m \frac{\partial C}{\partial z} \tag{1.13}$$

式中，I 为分子扩散的污染物质量通量；E_m 为分子扩散系数。

2）紊动扩散

紊动扩散为湍流流场中污染物瞬时值相对于时间平均值的随机波动所引起。

$$I_x^2 = -E_x \frac{\partial \overline{C}}{\partial x} , \quad I_y^2 = -E_y \frac{\partial \overline{C}}{\partial y} , \quad I_z^2 = -E_z \frac{\partial \overline{C}}{\partial z} \tag{1.14}$$

式中，I^2 为湍流扩散导致的污染物质量通量；E 为湍流扩散系数；$\overline{C}$ 为污染物的时间平均浓度。

通过引进紊动扩散，来消除在实际计算中采用时间平均值而带来的误差。

3）弥散作用

实际过程中横断面上的流速为分布不均的，因此会导致弥散扩散。

$$I_x^3 = -D_x \frac{\partial \overline{\overline{C}}}{\partial x}, \quad I_y^3 = -D_y \frac{\partial \overline{\overline{C}}}{\partial y}, \quad I_z^3 = -D_z \frac{\partial \overline{\overline{C}}}{\partial z} \tag{1.15}$$

式中，I^3 为弥散作用导致的污染物质量通量；D 为弥散系数；$\overline{\overline{C}}$ 为污染物在时间平均浓度下的空间平均浓度。

弥散作用的引入可以弥补实际计算中采用空间平均值而带来的误差。

3. 污染物的衰减和转化

一部分污染物进入水环境后会发生衰减和转化作用，其包括两种方式：一为自身的衰减和转化作用；二为在环境因素作用下，由于化学或生物反应不断地衰减和转化。还有一部分污染物进入水环境后其总量不会发生变化，如重金属以及高分子有机化合物等。

污染物在水环境中的衰减和转化一般符合一级反应动力学方程，即

$$\frac{\mathrm{d}C}{\mathrm{d}t} = -kC \tag{1.16}$$

式中，k 为反应速度常数；t 为反应时间。

1.4.3 基本方程

本节中介绍的基本水环境模型主要反映污染物在水环境中的一般迁移和转化规律，对特殊具体的水环境需要引入其他参数进行修正。假设水环境中任意一点 W，在该点周围取一个微小体积单元，对应的边长为 ΔL，设 u 为流速，C 表示污染物的浓度。

迁移扩散引起的水环境通量变化为

$$f = uC \tag{1.17}$$

分散作用引起的水环境通量变化，包括扩散作用、湍流作用和弥散作用，即

$$I = -D \frac{\partial C}{\partial L} \tag{1.18}$$

总的迁移通量为

$$F = f + I = uC + \left(-D \frac{\partial C}{\partial L} \right) \tag{1.19}$$

图 1.1 为污染物在微小体积元的输入与输出：

$$-D \frac{\partial C}{\partial L} + \frac{\partial}{\partial L} \left(-D \frac{\partial C}{\partial L} \right) \Delta L$$

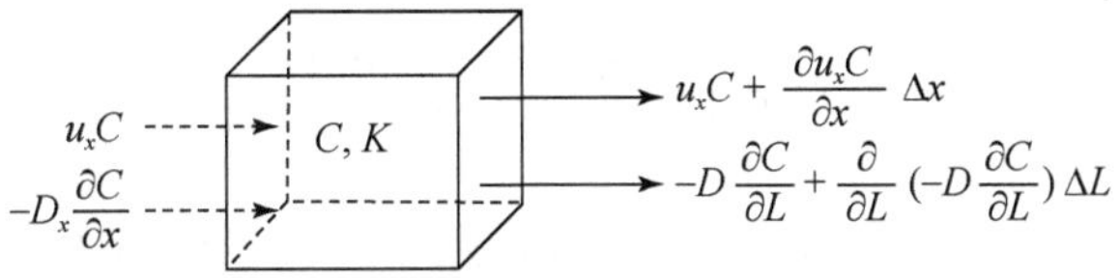

图 1.1 污染物在微小体积元内迁移

单位时间内输入该体积元的污染物量为 $\left[uC+\left(-D\dfrac{\partial C}{\partial L}\right)\right]\Delta L$ 。

单位时间内输出的污染物量为 $\left[uC+\dfrac{\partial}{\partial L}(uC)+\left(-D\dfrac{\partial C}{\partial L}\right)+\dfrac{\partial}{\partial L}\left(-D\dfrac{\partial C}{\partial L}\right)\right]\Delta L$ 。

考虑污染物在微小体积元发生的一级衰减反应，衰减变化量为 $KC\Delta L$ ，则单位时间内体积单元污染物质量守恒，即

$$\frac{\partial C}{\partial t}\Delta L=\left[uC+\left(-D\frac{\partial C}{\partial L}\right)\right]\Delta L$$
$$-\left[uC+\frac{\partial}{\partial L}(uC)+\left(-D\frac{\partial C}{\partial L}\right)+\frac{\partial}{\partial L}\left(-D\frac{\partial C}{\partial L}\right)\right]\Delta L-KC\Delta L \qquad (1.20)$$

将式（1.20）简化得

$$\frac{\partial C}{\partial t}=-\frac{\partial uC}{\partial L}-\frac{\partial}{\partial L}\left(-D\frac{\partial C}{\partial L}\right)-KC \qquad (1.21)$$

若在水环境中流速和分散系数稳定不变，则有

$$\frac{\partial C}{\partial t}=-u\frac{\partial C}{\partial L}+D\frac{\partial^2 C}{\partial L^2}-KC \qquad (1.22)$$

若求解具体污染物迁移扩散模拟问题，需要结合微分方程和定解条件，微分方程主要刻画污染物迁移转化的基本规律，定解条件用来描述实际情况。定解条件包括初始条件和边界条件，初始条件表示非稳定污染物迁移扩散的初始状态，边界条件表示研究区与周围环境的制约关系。

污染物在水环境中稳定迁移扩散地求解，假设水环境中污染源在起始点连续稳定排放，排放的污染物浓度为 C_0 。污染物在水环境中的流速为 u ，扩散系数为 D ，降解系数为 k 。在无穷远处的浓度为 0，研究区域范围为 $[0,+\infty)$ ，可以将微分方程和定解问题列出

$$\begin{cases} D\dfrac{\partial^2 C}{\partial L^2}-u\dfrac{\partial C}{\partial L}-kC=0, & L\in[0,+\infty) \\ C(L,t)=C_0, & L=0 \\ C(L,t)=0, & L\to\infty \end{cases} \qquad (1.23)$$

那么可以求得方程的稳态解，即

$$C = C_0 \exp\left[\frac{uL}{2D}\left(1 - \sqrt{1 + \frac{4kD}{u^2}}\right) \right] \tag{1.24}$$

污染物在水环境中非稳态地求解，假设整个研究区域内污染物初始浓度为 0，在起始点污染物的排放浓度为 C_0，在无穷远处浓度为 0。污染物在水环境中的流速为 u，扩散系数为 D，降解系数为 k。研究区域范围为 $[0, +\infty)$，可以将微分方程和定解问题列出

$$\begin{cases} \dfrac{\partial C}{\partial t} = D\dfrac{\partial^2 C}{\partial L^2} - u\dfrac{\partial C}{\partial L} - kC, & L \in [0, +\infty) \\ C(L,t) = C_0, & L = 0 \\ C(L,t) = 0, & L \to \infty \\ C(L,t) = 0, & t = 0 \end{cases} \tag{1.25}$$

可以得到非稳态解为

$$C(L,t) = \frac{C_0}{2}e^{\frac{uL}{2D}}$$
$$\cdot \left[e^{-\frac{L}{2D}\sqrt{u^2 + 4kD}} \operatorname{erfc}\left(\frac{L - \sqrt{u^2 + 4kDt}}{2\sqrt{Dt}} \right) + e^{\frac{L}{2D}\sqrt{u^2 + 4kD}} \operatorname{erfc}\left(\frac{L + \sqrt{u^2 + 4kDt}}{2\sqrt{Dt}} \right) \right] \tag{1.26}$$

1.5　模　型　建　立

水环境模型的一般建立步骤为：模型概化—参数获取—模型率定—模型验证—模型应用。本节对水环境模型的建立步骤逐个介绍。

1.5.1　模型概化

模型概化，确定时间和空间上的研究范围，通过分析问题的主要因素和次要因素，将其中的一个或者多个次要因素做近似处理，达到简化模型的目的。在模型概化中一般对所描述的环境作一些合理近似的假设，如在宽度和深度可以忽略的河流环境中，一般建立一维稳态模型，假设在纵向和垂向上没有污染物的浓度扩散，并且污染物浓度不随时间变化。

1.5.2　参数获取

模型参数的估计对准确地预测模拟结果具有重要作用。模型的参数为数学常数，一般通过实验室模拟试验或现场测定的数据代入模型，选择最佳拟合值作为模型的参数值。获取模型参数的影响因素很多，包括研究区的范围、水环境模型

的用途和类型以及拟解决的问题性质等。因此在参数获取时，要充分结合具体的水环境情况。

1.5.3 模型率定

在获得模型参数后，需要对参数评估，来判断建立的模型与实际过程的拟合程度，以及模型是否具有良好的预测能力。在模型的率定过程中，通常用观测获得的数据来验证建立的模型，用于率定的观测数据越准确，模型越精确。模型率定包括人工率定和自动率定。人工率定比较复杂，效率较低，而且包含大量主观判断，降低了模型的可信度。自动率定采用数学算法，不断改变模型的参数值，直到模拟的结果与观测值的差别最小。采用的数学算法有遗传算法、模拟退火算法等优化算法以及一些正则化方法[12]。优化算法具有较强的通用性，但一般无法考虑观测值和模型参数的不确定性。正则化方法普适，具有完备的理论，但处理需要较高的数学技巧，而且正则参数选择的主观性较大，影响模拟结果。

1.5.4 模型验证

在模型率定后，需要进一步验证来检验模拟结果的精度。只有在模型率定和验证中都有较高的精度时这一模型才能进行应用。此外还应检验模型模拟的结果能否代表实际情况中可能出现的各种极端条件。

1.5.5 模型应用

模型验证后，选出适用的水环境模型，然后进行模型的应用。首先要选择恰当的模型求解技术，同一问题可以有不同的数学求解方法，每个方法有各自的精度和优缺点，要依据具体问题，比较不同方案，做出选择。求解方法确定后进行模型的输入和输出，最后在实际问题中应用模型。应注意的是所建立的模型不仅要能解决某一具体的问题，还应具有一定的扩展性，可以解决更多相似和复杂的问题，并在应用中不断地发展和完善。

1.6 模型求解

模型求解方法很多，包括有限差分法、有限元法、有限分析法和有限体积法等。有限差分法为计算机数值模拟最早采用的方法，现今仍发挥着巨大的作用，本节主要介绍有限差分法。

1.6.1 有限差分法

有限差分法将研究区域剖分为许多个小矩形，然后将微分方程中的微分项离散成小矩形网格上各临近节点的差商的形式，得到以各节点上函数值为未知量的代数方程。

有限差分法有 4 种常用的算符：

一阶向前差商

$$\frac{\Delta u(x_j)}{h} = \frac{u(x_{j+1}) - u(x_j)}{h} = [u']_j + O(h) \tag{1.27}$$

一阶向后差商

$$\frac{\nabla u(x_j)}{h} = \frac{u(x_j) - u(x_{j-1})}{h} = [u']_j + O(h) \tag{1.28}$$

一阶中心差商

$$\frac{\sigma u(x_j)}{2h} = \frac{u(x_{j+1}) - u(x_{j-1})}{2h} = [u']_j + O(h^2) \tag{1.29}$$

二阶中心差商

$$\frac{\sigma u(x_j)^2}{h^2} = \frac{u(x_{j+1}) + u(x_{j-1}) - 2u(x_j)}{h^2} = [u'']_j + O(h^2) \tag{1.30}$$

有限差分法可以分为显式和隐式两种，显式差分可以由已知值计算下一步的值；隐式差分则需要用到未知值，因此需要利用到迭代求解。显示差分形式简单，计算效率高，但稳定性无法保证；隐式格式为绝对稳定的，但计算量较大。下面利用有限差分法对常见的一维水环境模型求解。

$$\frac{\partial C}{\partial t} = -u_x \frac{\partial C}{\partial x} + D_x \frac{\partial^2 C}{\partial x^2} - kC \tag{1.31}$$

$$C(x_j, 0) = C_j^0 \tag{1.32}$$

$$C(0, t_k) = C_0^k \tag{1.33}$$

1）显式差分法

$$\frac{\partial C}{\partial t} = \frac{C_j^{k+1} - C_j^k}{\Delta t} + O(\Delta t)$$

$$\frac{\partial C}{\partial x} = \frac{C_j^k - C_{j-1}^k}{\Delta x} + O(\Delta x) \tag{1.34}$$

$$\frac{\partial^2 C}{\partial x^2} = \frac{C_j^k - 2C_{j-1}^k - C_{j-2}^k}{\Delta x^2} + O(\Delta x^2)$$

将式（1.34）代入方程（1.31）中有

$$\frac{C_j^{k+1}-C_j^k}{\Delta t}+u_x\frac{C_j^k-C_{j-1}^k}{\Delta x}+[kC]_j^k \tag{1.35}$$

$$=D_x\frac{C_j^k-2C_{j-1}^k-C_{j-2}^k}{\Delta x^2}+O(\Delta x^2+\Delta x+\Delta t)$$

此时引入差分算子 $k[C]_j^k$，即

$$k[C]_j^k=D_x\frac{C_j^k-2C_{j-1}^k-C_{j-2}^k}{\Delta x^2}-\frac{C_j^{k+1}-C_j^k}{\Delta t}-u_x\frac{C_j^k-C_{j-1}^k}{\Delta x} \tag{1.36}$$

则有

$$[kC]_j^k-k[C]_j^k=O(\Delta x^2+\Delta x+\Delta t) \tag{1.37}$$

即得到截断误差：

$$R[C]_j^k=O(\Delta x^2+\Delta x+\Delta t) \tag{1.38}$$

截断误差反映了差分算子代替微分算子的精度。

当 $k[C]_j^k=0$ 时，则有

$$k[C]_j^k=D_x\frac{C_j^k-2C_{j-1}^k-C_{j-2}^k}{\Delta x^2}-\frac{C_j^{k+1}-C_j^k}{\Delta t}-u_x\frac{C_j^k-C_{j-1}^k}{\Delta x}=0 \tag{1.39}$$

将方程整理得

$$C_j^{k+1}=\left(\frac{D_x\Delta t}{\Delta x^2}\right)C_{j-2}^k+\left(\frac{u_x\Delta t}{\Delta x}-\frac{2D_x\Delta t}{\Delta x^2}\right)C_{j-1}^k+\left(1+\frac{D_x\Delta t}{\Delta x^2}-\frac{u_x\Delta t}{\Delta x}\right)C_j^k \tag{1.40}$$

令 $a=\left(\frac{D_x\Delta t}{\Delta x^2}\right)$，$b=\frac{u_x\Delta t}{\Delta x}-\frac{2D_x\Delta t}{\Delta x^2}$，$c=1+\frac{D_x\Delta t}{\Delta x^2}-\frac{u_x\Delta t}{\Delta x}$，得到方程

$$C_j^{k+1}=aC_{j-2}^k+bC_{j-1}^k+cC_j^k \tag{1.41}$$

可知显式差分的稳定条件为

$$\frac{u_x\Delta t}{\Delta x}\leqslant 1 \text{ 且 } \frac{D_x\Delta t}{\Delta x^2}\leqslant\frac{1}{2}$$

将矩阵概念引入，得到

$$\boldsymbol{C}^k=(C_1^k,C_2^k,C_3^k,\cdots,C_n^k)^\mathrm{T} \tag{1.42}$$

$$\boldsymbol{C}^{k+1}=H\boldsymbol{C}^k \tag{1.43}$$

$$H=\begin{bmatrix} b & c & & & \\ a & b & c & & \\ & \dots & \dots & \dots & \\ & & a & b & c \\ & & & a & b \end{bmatrix}_{n\times n} \tag{1.44}$$

式（1.43）为式（1.42）的矩阵表示，式（1.44）为式（1.39）的解。

2）隐式差分法

将一维水环境模型（1.31）用隐式差分表示，可得

$$\frac{C_j^{k+1} - C_j^k}{\Delta t} + u_x \frac{C_j^k - C_{j-1}^k}{\Delta x} = D_x \frac{C_{j+1}^k - 2C_j^k + C_{j-1}^k}{\Delta x^2} + O(\Delta x^2 + \Delta x + \Delta t) \quad （1.45）$$

令 $a = -\dfrac{D_x}{\Delta x^2}$，$b = \dfrac{1}{\Delta t} + \dfrac{2D_x}{\Delta x^2}$，$c = -\dfrac{D_x}{\Delta x^2}$，$\beta_j = \left(\dfrac{1}{\Delta t} - \dfrac{u}{\Delta x}\right)C_j^k + \dfrac{u}{\Delta x}C_{j-1}^k$

得到隐式差分的一般格式

$$\beta_j = aC_{j-1}^{k+1} + bC_j^{k+1} - cC_{j+1}^{k+1} \quad （1.46）$$

将其写为矩阵形式有

$$\boldsymbol{C}^{k+1} = (C_1^{k+1}, C_2^{k+1}, C_3^{k+1}, \cdots, C_n^{k+1})^{\mathrm{T}} \quad （1.47）$$

$$\boldsymbol{\beta}^k = (\beta_1', \beta_2^k, \beta_3^k, \cdots, \beta_n^k)^{\mathrm{T}} \quad （1.48）$$

$$\boldsymbol{HC}^{k+1} = \boldsymbol{\beta}^k \quad （1.49）$$

$$\boldsymbol{H} = \begin{bmatrix} b & c & & & \\ a & b & c & & \\ & ... & ... & ... & \\ & & a & b & c \\ & & & a & b \end{bmatrix}_{n \times n} \quad （1.50）$$

其中

$$\beta_1' = \boldsymbol{\beta}_1^k - aC_0^{k+1}$$

$$a' = a - c$$

$$b' = b + 2c$$

矩阵 $\boldsymbol{H}$ 为一个对角绝对占优矩阵，因此它的线性代数方程组有解，结合定解条件式（1.32）和式（1.33），可以通过追赶法逐层求解。

1.6.2　有限元法

有限元法是将研究区域分为多个互不重合且形状任意的单元，每个单元看作单独的子系统，通过构建好的插值函数在每个单元上进行插值，利用加权的方法离散微分方程，构成代数方程组求解[13]。有限元法灵活，适应性强，概念浅显，易于掌握；但物理意义不明确，模拟误差较大[14]。

1.6.3　有限分析法

有限分析法为有限元法的改进，即在局部单元上将微分方程线性化，在单元边界进行插值近似。通过对局部单元的微分方程求解，来构建单元中心和周围节点的关系。有限分析法计算稳定性好，收敛快，精度高；但对于比较复杂的环境

计算复杂, 工作量较大。

1.6.4　有限体积法

有限体积法主要通过物理观点构建离散方程, 每个离散方程都为有限体积上某种质量守恒的表达式, 离散方程系数具有一定的物理意义。有限体积法可以看作有限元法和有限差分法的过渡, 优点在于物理意义明确、对网格适应性好、可以克服泰勒展开离散的缺点等。

1.7　本　章　小　结

水环境数学模型可以模拟污染因子进入水环境后的迁移转化过程, 预测未来的水质变化并对环境规划与管理提供建议, 而对水质因子在环境中迁移转化机理研究的深入以及数值模拟方法的完善与发展, 极大地推动了水环境数学模型的发展。GIS 和 RS 技术在水科学中的应用, 为水环境模型的发展带来了新的突破与创新, 主要表现在能够提供具体的区域信息和空间数据, 为数据管理提供便利。同时, 神经网络和模糊数学法在水环境数学模型中的应用, 拓展了数值模拟的范围。

基本水环境模型的构建主要利用污染物在水环境中迁移转化的基本物理机制, 依据污染物在水体中质量守恒, 建立进入模拟区域内污染物质量和离开区域的污染物质量之间的关系。通过建立的微分方程, 结合定解条件, 得到具体污染物的迁移扩散模拟的解。不同的模型求解方法适用情况不同, 因此在求解数学模型过程中, 应根据实际情况选择最合适的求解方法。

参 考 文 献

[1] Sun X, Hu Z, Li M, et al. Optimization of pollutant reduction system for controlling agricultural nonpoint-source pollution based on grey relational analysis combined with analytic hierarchy process. Journal of Environmental Management, 2019, 243: 370-380.

[2] 樊敏, 顾兆林. 水质模型研究进展及发展趋势. 上海环境科学, 2010, 29(6): 266-269.

[3] Bhore R N. Uncertainty analysis in large models. Delaware: University of Delaware, 1996.

[4] Streeter H W, Phelps E B. A study of the pollution and natural purification of the Ohio river, United States Public Health Service. Public Health Bull, 1925, 1: 146.

[5] 李一平, 施媛媛, 姜龙, 等. 地表水环境数学模型研究进展. 水资源保护, 2019, 35(4): 1-8.

[6] 王伟, 王晓青. 水质耦合模型分类及应用进展. 人民珠江, 2020, 41(7): 79-84.

[7] 于玥. 模糊数学综合评价法在水质评价中的应用. 辽宁省水利学会 2020 年度"水与水技术"专题文集, 2020: 21-23.

［8］Peng S, Fu Y Z, Zhao X H. Integration of USEPA WASP model in a GIS platform. Journal of Zhejiang University. Science A(Applied Physics & Engineering), 2010, 11(12): 1015-1024.

［9］孙志远, 鲁成祥, 史忠植, 等. 深度学习研究与进展. 计算机科学, 2016, 43(2): 7-14.

［10］孟香林. GPS 技术在水文水资源监测方面的应用. 内蒙古水利, 2021(12): 28-29.

［11］Fick A. On liquid diffusion. London: Edinburgh Dublin Philos Mag J Sci, X1855: 33-39.

［12］马金锋, 饶凯锋, 李若男, 等. 水环境模型与大数据技术融合研究. 大数据, 2021(6).

［13］龙江, 吴亚帝, 李适宇, 等. 水动力与水质数值模拟中的有限元法. 人民珠江, 2002(6): 4-7.

［14］姚炎明, 李佳, 周大成. 钱塘江河口段潮动力对污染物稀释扩散作用探讨. 水力发电学报, 2005(3): 99-104.

第 2 章　河流水环境模型

2.1　河流水环境污染概述

2.1.1　河流水环境特点

河流，指降水或由地下涌出地表的水汇集在地面低洼处，在重力作用下经常或周期地沿流水本身造成的洼地流动。与河口和湖泊相比，河流最明显的特征为它自然地向下游流动，其分类原则多样，按注入地可分为内流河和外流河；内流河注入内陆湖泊或沼泽，或因渗透、蒸发而消失于荒漠中；外流河则注入海洋。

河流通常发源于天然形成的地泉水或者融雪（冰川）水，因此其上游源头区域通常位于流动着低温水流的陡峭山区，通常上游地区会有众多支流携带来自流域的水和泥沙流入河流主体[1]。当河流继续沿着河道向下游流动时，周围的地形趋于平坦，河道变宽，此传输区域在接收来自上游源头区域的被侵蚀物质和营养物质的同时，亦会接收中游区域支流汇入。河流在传输区域的河道往往更加曲折，同时河道变宽、水体流速逐渐变缓。在下游沉积区域，地表坡度趋于平缓，河流携带泥沙的能力下降，河道宽度和水流量更大，生物群落生长旺盛。大多数河流的终点为海洋、湖泊或汇入另外一条河流，河流末端称作河口，水体中的泥沙由于重力作用在河口处沉积，形成较为平坦的河口三角洲。

横断面是指与河流流向垂直的断面，在河流的横剖面上，大多数河流包含三个主要部分：河槽，一年中大部分时间水流流淌的部分；洪泛区，河槽一侧或两侧或被洪水淹没的较高地带；高地过渡带，河漫滩一侧或两侧与周围地形相过渡的部分高地。三部分可以借助结构特征与植物群落来区分。

2.1.2　河流中的污染物输移

河流有着与湖泊、河口截然不同的水动力学特征。这种差异也使得河流污染物的迁移扩散与转化规律有别于其他水体。河流物质迁移主要由对流、扩散、垂向混合中一种或多种过程同时完成。对于地形复杂的水体，物质迁移通常为三维的，应该考虑水平方向和垂直方向的物质传输过程。

一般情况下，通过点源（工业废水、城市生活污水）排放到河流的污染物主要呈溶解状态和胶体状态，它们形成微小的水团，在随水流向下游输移的同时，不断地与周围的水体相互混合扩散并得到稀释，污染浓度降低，水质得到改善。因此，输移扩散对水体自净起重要作用。输移扩散运动主要包括移流（对流）运动和扩散运动。在移流运动中，污染物跟随水体的总体流动，产生沿主流方向或与主流方向垂直的大范围运动。扩散运动可将污染物在水体中混合与分散，包括分子扩散、紊动扩散和离散（或弥散）等形式。

1. 分子扩散

某物理量由于空间分布不均而由高浓度区域向低浓度区域移动，使之在空间上趋于均质化的物质输移现象叫扩散，空间上梯度浓度的存在为扩散的先决条件。进入河流水中的污染物由于分子的无规则运动，从高浓度区向低浓度区的运动过程，称为分子扩散。分子扩散过程服从菲克第一定律，即单位时间内通过单位面积的溶解物质的质量与溶解物质浓度在该面积法线方向的梯度成正比[2]。

污染物在水中的分子扩散系数与污染物种类、温度、压力等因素有关，可通过实验测定，一般变化在 $10^{-9} \sim 10^{-8} \mathrm{m^2/s}$ 之间。

2. 紊动扩散

河川中水体的流动一般为紊流，也称湍流。湍流的基本特性为流动中所包含的各种物理量，如任一点的流速、压力、浓度、温度等都随时间的变化而随机变化。紊动扩散就为由紊流中涡旋的不规则运动引起的物质从高浓度区向低浓度区的输移过程。紊动扩散通量，可采用类似表达分子扩散通量的菲克第一定律表达。

河流中紊动扩散作用比分子扩散作用强得多。紊动扩散像分子扩散一样，可以发生在紊流流场中任一点的任一方向，但随着流场特性的不同，例如主要呈纵向流动的河流中，纵向、横向和垂向的紊动扩散系数是不同的。

3. 纵向离散

前面提到的污染物的移流输送，为通过断面平均流速和平均污染物浓度计算的。但天然河流与均匀的矩形河道相比，不同之处在于：天然河流的深度变化和河岸的变化没有规律，河道很可能为弯曲的，无规律性为河流横向扩散的主要影响因素。一般来说，河道越不规则，横向混合过程就越快。

在这种情况下，污染物随水流的输送，除前面已陈述的移流、分子扩散、紊动扩散之外，还包括由于断面流速和浓度分布不均匀带来的离散作用输送问题。在河渠中，横断面上流速分布不均匀时，即使瞬时（$\Delta t \to 0$）污染物在断面 A 上均匀排入，这些污染物将随断面上不同的质点以不同的流速向下游运移，经过一段时间（$t = t'$）之后，多数以平均流速移到断面上，部分因流速较快而超出断面，部分因流速较慢而滞后于断面，这就导致污染物在纵向有显著的离散。称这种由于断面非均匀流速作用而引起的污染物离散现象为剪切流中的纵向离散或弥散。离散作用引起的污染物输送通量，也可用菲克第一定律的形式描述。

在绝大多数的河流中，流场任意空间点的时均流速比脉动流速的绝对值要大出至少一个数量级，所以纵向离散作用远远大于单独的紊动扩散作用。一般分子扩散通量具有 $10^{-9} \sim 10^{-8}\,\mathrm{m^2/s}$ 的数量级，紊动扩散系数具有 $10^{-2} \sim 10^{-1}\,\mathrm{m^2/s}$ 的数量级，而纵向离散系数可达 $10 \sim 10^{3}\,\mathrm{m^2/s}$ 的数量级，因此在天然河流中，起主导作用的基本上为纵向离散作用。

因此，当一个示踪物放入河流中，两个不同的过程控制示踪物的输运：①平流导致污染物向下游流动，流速决定了示踪物河流的迁移时间；②纵向的混合导致示踪物纵向上的扩散，即稀释示踪物。横向与垂直混合决定了污染物在河流中完全混合所需的时间；而流速、温度以及河流其他特性决定了河流水质的变化。

4. 混合河段的划分

由于上述对流和扩散、离散作用的存在，废水排入河流后，在河流中一般出现三种不同混合状态的区段：竖向混合河段、横向混合河段和纵向混合河段。从排污口到下游污染物沿垂直方向（水深方向）达到混合均匀的地方所经历的区段，称竖向混合；在该河段，污染物离开排口后，以射流或浮射流的方式与周围水体掺混，这个区域的混合过程十分复杂，它涉及污水和河水之间的质量、动量与热量的交换以及密度差的掺混等作用，河流中的污染物浓度沿竖向、横向、纵向都有明显变化，需要建立三维水质模型进行计算。竖向混合区段的长度与河流水深成正比，可为水深的几十倍或上百倍，但天然河流水深一般较浅，故竖向混合区段的长度相对很短。从竖向均匀混合到下游污染物在整个横断上（河宽方向）均匀混合的区段，称横向混合河段；在该河段内，河流中的污染物浓度沿横向和纵向有明显变化，在水深方向基本均匀，可作为二维水质问题处理。由于天然河流的宽度与水深相比一般有 6 倍以上，故横向混合区的长度要比竖向混合区长得多。费希尔按有边界限制水流中污染源对流扩散公式，并以断面最小浓度与最大浓度之差在 5% 以内作为达到完全混合的标准，提出估算顺直河流中达到断面完全混合的距离，计算式如下：

河流中心排污时

$$L = \frac{0.1uB^2}{E_y} \tag{2.1}$$

河流岸边排污时

$$L = \frac{0.4uB^2}{E_y} \qquad (2.2)$$

式中，L 为排污口至断面完全混合的距离，m；u 为河流断面平均流速，m/s；E_y 为横向扩散系数，m^2/s。

横向混合河段之后的河段，称纵向混合河段。在该河段中，水质浓度主要在纵向产生比较明显的变化，可作为一维水质问题进行分析。如果研究的河段很长，而水深、水面宽度都相对较小，一般可以简化为一维混合问题。

2.1.3　河流中的污染物衰减与转化

进入河流的污染物可以被大致分为两类。一类不易于发生化学反应，也不易于被水生生物吸收代谢，如重金属、部分有机高分子化合物等。这类污染物进入水体后总量基本不会发生变化，也就不发生衰减与转化。另一类易于发生生物化学反应，如营养盐、小分子有机物等。此类污染物在一定条件下发生衰减或转化，从而导致浓度降低。

1. 河流中可溶性可降解的有机污染物的转化

河流中的有机污染物在输移扩散的同时，还会在微生物的生物化学作用下分解或转化为其他物质。根据水体中的溶解氧状态，反应过程可分为有氧条件下的反应和厌氧条件下的反应。河流水体溶解氧充足时，好氧微生物代谢活跃，将污染物转化为更小分子的有机物或无机物，同时水中溶解氧不断被消耗。达到厌氧状态时，鱼类及其他水生动植物大批死亡，病原菌大量繁殖，厌氧菌开始降解有机物并生成甲烷、二氧化碳、氨、硫化氢等气体，使水体发黑发臭。

1）有机污染物衰减模型

生物降解反应速率主要受两个因素影响：水中微生物的生长规律和有机污染物的降解规律。研究表明，污染物在水体中的降解过程近似符合一级反应动力学规律。

2）影响污染物衰减系数的因素

衰减系数的大小实际上体现了水中好氧微生物对有机物衰减转化的速度，因此，影响微生物活性的许多因素都会直接、间接地影响衰减系数值，例如污水成分和浓度以及水温、pH、流速等。

污水成分和浓度。有机废水可来自生活污水，也可来自造纸、制革、制糖等工业废水。来源不同，所含的碳水化合物、脂肪、蛋白质等成分与比例亦不同，微生物作用下的降解速度就会不同，同时，不同河流的水利条件也有较大差别。为反映这种差别，一般均取原水样在实验室试验测定衰减系数，然后以此为基础，再考虑其他因素的影响逐步予以修正。

pH。绝大多数有机物的生物衰减都具有酶催化的性质，过高或过低的 pH 都会影响酶的催化活性，从而严重影响有机污染物的降解速率。

水温。水温为影响污染物衰减系数的最主要的因素之一，污染物衰减系数与温度的关系可以根据阿伦尼乌斯经验公式确定：

$$K_{T_2} = K_{T_1} \theta^{T_2 - T_1} \tag{2.3}$$

式中，T_1、T_2 为两种状态下的水温，℃；K_{T_1}、K_{T_2} 为 T_1、T_2 时刻的反应速率系数，s^{-1}；θ 为温度系数，其随水质不同而有所差异。

对生物化学需氧量（BOD）衰减系数 k，取 $T_1 = 20℃$ 为标准状态，则 $K_{T_1} = K_{20}$，求 $T_2 = T$ 的衰减系数 K_T，则式（2.3）变为

$$K_T = K_{20} \theta^{T-20} \tag{2.4}$$

BOD 的温度系数 θ 一般取 $\theta = 1.047$，也可根据温度变化范围查表获得。

水力特征的影响。实验室内测定的衰减系数值与实际河流中的衰减系数值同样温度下也有一定的差别，一般认为这种差别在一定程度上体现了水流的动力复氧作用。复氧作用为水中好氧微生物活动创造了比培养箱里更好的氧条件，使天然水流的衰减系数远大于实验室静态测定的结果。

固体悬浮物的影响。固体悬浮物可以吸附、携带有机污染物，又会在一定的条件下释放。此外，还能影响阳光在水中的穿透能力，从而改变生物氧化环境，影响水解过程、光解反应，使衰减系数受到一定程度的影响。

2. 河流中的重金属的迁移转化

由于重金属具有化学性质稳定、不易被微生物降解的特点，因此溶解态重金属的含量极少，多数吸附于悬浮物和底泥中。其在水体中的迁移转化过程主要有溶解态和悬移态重金属在水流中的扩散迁移过程、沉积态重金属随底质的推移过程、溶解态重金属吸附于悬浮物和沉积物后向固相的迁移过程、悬移态和沉积态重金属向间隙水溶出而重新进入水相的释放过程、悬移态重金属沉淀、絮凝、沉降过程、沉积态重金属再悬浮过程、生物过程即生物摄取、富集、微生物及生物甲基化等过程，其中吸附-解吸作用、沉降与再悬浮作用都以泥沙为载体进行。可见，重金属污染物一旦进入天然水体，大部分结合于悬浮物和沉积物的固体颗粒表面，在水中的可溶态含量很低。因此，重金属在水体固-液相中的吸附与释放过程，即重金属在水-颗粒物系统中的迁移转化过程，为重金属在水体中迁移转化最重要的环节。

虽然重金属迁移转化趋势为转入相对稳定的固相，但当一些环境因素改变时，会引起逆向转化。重金属的迁移转化受 pH、氧化还原电位（Eh）、水温、离子强度等理化因素以及微生物活动等生物因素的影响。

（1）pH：金属在水体中吸附和悬浮物沉降使其达到自净的过程，吸附过程中 pH 为至关重要的因素，多价阳离子易于被吸附在固体表面上。重金属离子的吸附量往往在一个狭窄的 pH 范围内会发生迅速变化，吸附率随 pH 的增大而增大。同时，pH 对其释放也有一定的影响：在碱性区，其释放率随 pH 的升高而略有升高；在中性区，释放率一般很低。这是因为重金属元素在酸性区释放主要是由于解吸作用和沉淀的溶解作用，而在碱性区一般认为由于有机质的分解使与之结合的重金属重新被释放。

（2）氧化还原电位：河流水体环境可以看作一个由很多无机和有机的多相体系组成的复杂氧化还原体系。在混合体系中其氧化还原电位取决于含量高的组分，称为"决定电位"体系。在有机质累积的缺氧环境中，有机质系统为"决定电位"体系。除氧系统和有机系统外，Fe、Mn 为环境中分布相当普遍的变价金属，它们在环境物质的氧化还原中起着一定的作用。

水体的氧化还原电位对沉积物吸附-解吸重金属起着重要作用。氧化还原条件对沉积物中重金属稳定性的影响与其形态组成有关。铁、锰、铝的水合氧化物，特别是对氧化还原很敏感的 Fe/Mn 氢氧化物和氧化物为水系统中重金属的主要吸附载体，很少上述物质就能对水系统中重金属的分布起着重要作用。在 Fe/Mn 氧化物结合态的含量一定时，影响释放量的主要因素为水环境的氧化还原条件。在还原条件下，Fe、Mn 易于被还原溶解，从而使被其吸着的重金属释放出来。这一过程在水体有机物含量较高时更加活跃。

（3）温度：温度作为水环境中的基本物理量，对重金属的吸附-解吸、沉淀-溶解、氧化还原、络合、螯合等一系列物理化学过程都有不同程度的影响。重金属在固体颗粒上的吸附为放热过程，解吸为吸热过程。虽然温度变化对沉积物中重金属的释放有一定程度的影响，但由于天然水体温度变化幅度不大，温度效应相对不明显。总的来说，温度升高有利于沉积物中重金属的释放，因此在夏季，河流沉积物、悬浮物将向水体释放出更多的重金属。重金属释放的温度效应，对年内温差变化显著、有机污染严重的河流更为明显。

（4）离子强度：离子强度对重金属离子吸附-解吸的影响为由于河流中离子浓度的增加将会与重金属离子竞争吸附位点，且离子强度的增加将降低溶液的活化系数，从而降低重金属的吸附。天然水体中含有大量如 Ca^{2+}、Mg^{2+}、Na^+ 和 K^+ 等阳离子，将对吸附有影响。

（5）沉积物粒度：不同粒径泥沙的吸附能力差别很大，其粒度效应表现为沉积物粒径越小，比表面积越大，吸附的重金属能力越强。沉积物中占 20% 重量的细颗粒其表面积为总表面积的 75%，因而细颗粒沉积物重金属的含量要高于粗颗粒沉积物。但实际过程中，受其他因素影响，沉积物中重金属含量并不一定随粒径的减小而增加。

吸附重金属的粒度效应除与沉积物的性质有关外，还取决于河流泥沙的运动规律[3]。根据河流泥沙运动特点，沉积物粒度越细，则越易于被水流所悬浮，反之亦然。这样决定了细颗粒组分中重金属浓度最高。而粗颗粒组分虽然同样具有很高的吸附潜能，但由于难以被水流所悬浮，所吸附的重金属量也就难以迁移转化[4]。

（6）重金属离子特性：沉积物吸附重金属的强度大小受重金属离子的价态、离子半径、有效离子半径等因素控制。在离子交换吸附反应中，离子的电价越高，半径越小，越易发生交换反应。重金属离子与沉积物的亲和力也与其水解能力有关，较易水解的离子吸附能力较大。同时，重金属离子水解形成的羟基离子也增多，促进了重金属的离子交换、络合或沉淀反应的进行。此外，重金属离子浓度增大，与吸附剂表面碰撞的机会增多，沉积物对重金属的吸附量增大。另外，重金属污染物之间的竞争吸附为水体普遍存在的现象，这种现象可能是不同的水解常数、离子半径、电位势以及重金属离子的溶解度所致。

（7）微生物活动：微生物对沉积物中重金属的直接作用包括积累和释放。具体表现为通过对重金属的吸收作用富集于细胞内部、通过带电荷的细胞表面吸附重金属离子、代谢产生酸性物质溶解重金属及含重金属的矿物、微生物代谢产物胞外多糖则能与重金属产生络合作用等。微生物对沉积物中重金属的间接作用为通过改变环境介质的特性来间接地改变重金属的活性。主要体现在微生物对沉积物中酸可挥发硫化物（acid-volatile sulfide，AVS）形成、对沉积物中有机质的氧化分解利用、铁锰化合物的氧化还原等方面。

3. 河流水体中营养盐的迁移转化规律研究

水体中的氮、磷等营养盐为河流中水生生物代谢所需的重要营养物质，但同时也为富营养化的主要来源。进入河流系统中的氮磷等营养物质在沉积物-水界面经吸附、絮凝和吸收等物理、化学和生物过程蓄积于沉积物中。当温度、溶解氧（DO）、pH、盐度等水环境条件和水动力条件发生改变时，沉积物中蕴含的氮、磷又会通过一系列反应解吸和释放，以溶解态形式进入沉积物间隙水，并向上覆水体扩散，在沉积物-水界面重新参与氮磷循环过程。因此，沉积物既为水体中氮、磷等营养物质积蓄库的"汇"，也为水体提供氮、磷等营养物质的"源"。

1）河流沉积物-水界面磷的迁移转化

水体中的磷以溶解态和颗粒态存在。其中，溶解态磷包括溶解态有机磷和溶解态无机磷，溶解态无机磷主要以正磷酸盐（PO_4^{3-}-P）形式存在，溶解态有机磷主要由磷脂、磷酸糖类、磷酸酯等组成。颗粒态磷包括颗粒态无机磷和颗粒态有机磷，研究表明颗粒态磷的赋存形态与沉积物磷一致。

河流沉积物中磷形态主要以有机态和无机态的形式存在，这些不同形态的磷因物理化学性质的差异，在生物有效性、释放特性和对水体富营养化影响等方面有着显著区别。颗粒态磷主要包括吸附在氧化物、氢氧化物和黏土矿物颗粒表面的可交换形态磷（Ex-P），磷与铁的氧化物、氢氧化物等化合物通过化学吸附和配位体交换形成的铁结合态磷（Fe-P），磷与铝氧化物、氢氧化物等化合物通过化学吸附和配位体交换形成的铝结合态磷（Al-P），磷与钙结合形成的化学性质稳定的钙结合磷（Ca-P），被铁氧化物或氧化物等一些相似性质的不溶性胶膜包裹在沉积物颗粒表面的闭蓄态磷（BD-P）以及陆源性排放物和水生生物死亡包含的生物有效有机磷（Org-P）。

　　沉积物与水体进行磷交换的过程非常复杂，它包括了磷酸盐的沉淀和溶解，颗粒态磷的沉降与再悬浮，溶解态磷的吸附与解吸和磷的生物循环等物理、化学和生物过程及其相互作用。磷交换的过程为复杂的、动态的，在温度、pH、氧化还原电位和盐度等环境因子的作用下，水体中颗粒态磷经沉降后汇集在沉积物中，而水动力和底栖生物的扰动使其悬浮进入水体中；溶解性磷酸盐具有极强的生物和化学活性，能够直接被水生植物和微生物等吸收同化；生物死亡后，尸体中的可降解性有机磷经生物和化学作用释放出来，重新参与磷循环过程，而难降解性有机磷形成泥浆沉积物；铝、铁和钙等金属能够与水体中的磷酸盐键合，生成金属结合态磷，而氢氧化铁、氧化铝和氢氧化铝等沉淀也能从水体中吸附磷酸盐；沉积物中的溶解态磷释放到间隙水中，间隙水中的磷在浓度梯度作用下向上覆水体中扩散传播，另外，沉积物和水的界面混合处也会进行溶解态磷的交换。

2）河流沉积物-水界面氮的迁移转化

　　与水体磷一样，水体氮主要以溶解态和颗粒态存在，颗粒态有机氮主要为生物碎屑和少量活体动物。溶解态氮包括溶解态有机氮和溶解态无机氮，溶解态无机氮主要有 NH_4^+-N、NO_3^--N、NO_2^--N。溶解态有机氮包括氨基酸、核酸、氨基糖、肽、蛋白质、腐殖质、叶绿素及其他色素。NH_4^+-N 和 NO_3^--N 为水体主要的溶解态无机氮，在 NH_4^+-N 和 NO_3^--N 同时存在的条件下，NH_4^+-N 优先被浮游植物吸收。

　　沉积物中的氮分为有机氮和无机氮，有机氮为沉积物氮的主要形态。有机氮在土壤中的存在形式可分为未分解及部分分解的有机物残体和腐殖质两大类。有机氮在沉积物中有丰富的存量，因此会向上覆水体释放溶解性有机氮。沉积物无机氮主要包括可交换态氮和固态氨。可交换态氮包括氨态氮、硝酸盐氮和亚硝酸盐氮，其中氨态氮为可交换态氮的主要成分，而亚硝酸盐氮含量比较少。在水生生物繁盛的湖区，可交换态氮能够被初级生产者直接吸收，用于光合作用。其中溶解态可交换态氮通过分子扩散可以迅速在间隙水中迁移，在浓度梯度作用下向上覆水体扩散，这为沉积物-水界面氮素交换的主要方式。

　　由各种外污染源进入水体内的氮负荷在沉积物-水界面发生吸附、沉积、矿化（氨化）、硝化和反硝化等一系列复杂的生物地球化学反应，其中硝化和反硝化作用为氮迁移转化的主要形式，浓度差为沉积物-水界面发氮物质交换的主要动力。

上覆水体中的有机氮一部分被生物吸收，另一部分经沉积作用，埋藏在沉积物中。在富氧条件下，沉积物中的有机氮化合物能够矿化生成 NO_3^-、NH_4^+ 等无机离子，在浓度梯度作用下向上覆水体扩散，增加水体氮含量。沉积物氮的转化机制取决于氮化合物分解的难易程度，这与水体、沉积物理化性质、微生物和底栖生物等因素有关。硝化作用生成的 NO_3^- 和上覆水体中反向扩散进入沉积物厌氧层的 NO_3^-，在厌氧环境中被反硝化细菌还原成 N_2O 和 N_2 等气体物质，逸散进入大气中，退出了水生态系统的氮循环，降低了沉积物和水体氮污染负荷。沉积物厌氧层内反硝化作用下以 N_2O 和 N_2 等无机气体形态去除的内源性氮负荷的脱氮过程，为彻底清除水体氮负荷的有效机制。

3）河流沉积物-水界面氮磷迁移转化的影响因素

沉积物-水界面氮磷的迁移转化为不同形态氮磷相互转换的主要途径，其过程受到水环境因子、沉积物理化指标和生物因子的影响。研究表明，影响沉积物-水界面氮磷迁移转化的水环境因子主要包括 pH、水温、DO 和盐度等，沉积物理化性质包括粒径、有机质、铁、钙、铝等。

pH。pH 对水和沉积物磷的迁移转化的影响主要表现在磷的吸附和离子交换作用过程中。研究表明，沉积物磷释放量随 pH 升高呈现"U"形曲线，即 pH 在中性条件下，沉积物磷释放速率最小。pH 对沉积物氮的影响主要表现在影响沉积物硝化细菌和反硝化细菌的活性。

温度。温度通过影响河流中的物理化学反应速率和水生生物的生命活动进而影响水体和沉积物氮磷的迁移转化。温度升高，内源氮磷释放的物理化学反应平衡向解吸、溶解方向移动，释放速率加快，促进溶解性无机态氮、磷进入上覆水体。该过程还可通过降低间隙水溶解氧从而降低氧化还原电位，使得氮、磷形态发生转换并释放出来。

溶解氧和氧化还原电位。好氧条件抑制了反硝化作用，NO_3^--N 消耗减少，释放通量增加。厌氧条件下沉积物中的聚磷菌能够释放大量的磷，而好氧状态会抑制磷释放。氧化还原电位条件通过影响氧化铁结合态磷进而影响沉积物磷的吸附与释放。沉积物所处氧化还原电位高时，铁主要以三价铁形式存在，与磷结合形成铁结合态磷，其溶解度低，容易固定沉积物磷；氧化还原电位低时，三价铁被还原成二价态，一价铁不容易固定磷，沉积物二价铁和磷元素易被溶解。

盐度。盐度增加时，这主要是因为水体盐度增加，水体中的 Cl^- 对沉积物表面的吸附能力增强，使得沉积物表面的 PO_4^{3-} 被置换出来，对沉积物磷具有解吸作用。盐度增加也能促进溶液中的阳离子与沉积物中的 NH_4^+ 发生交换，同时硝化作用受到抑制，使得沉积物-水界面 NH_4^+-N 的浓度较高，在浓度梯度作用下沉积物中的 NH_4^+-N 向上覆水体扩散。

金属离子。一方面，Fe^{3+}、Al^{3+}、Mn^{2+} 可直接与 PO_4^{3-} 反应生成磷酸金属化合

物，当反应过程中达到生成物的溶度积时产生化学沉淀物。另一方面，Fe^{3+}、Al^{3+}、Mn^{2+}在水体中容易形成金属氢氧化物、金属卤化合物和其他阴离子化合物，当PO_4^{3-}比其他离子竞争金属离子能力强时，发生类似离子交换反应，生成金属结合态磷。此外，氢氧化铁或氢氧化铝在形成氢氧化物的絮凝物质过程中将PO_4^{3-}包裹在胶体内，会形成惰性的磷形态。此外，Ca^{2+}也对沉积物磷的形态有一定影响。

铁锰主要通过与无机氮盐进行氧化还原反应而改变氮的存在形态，在缺氧条件下高价态铁锰离子可以与亚硝酸盐氮发生氧化还原反应，使得 NO_2^--N 含量降低，NO_3^--N 含量增加，而低价态的铁锰离子可以还原 NO_3^--N。

此外，水动力扰动、营养盐浓度、生物酶等也是影响沉积物-水界面中氮磷迁移转化的因子。在自然界中这些影响因子共同作用，故界面上沉积物氮磷的吸附释放过程非常复杂。

2.2　模型框架和建模思路

2.2.1　河流概化

1. 河网概化

在水系发达的河网地区，河道纵横交错，其内部往往还有湖泊及水闸、桥梁等水工构筑物，在模型模拟时需要进行一定的概化。河网概化一般包括河道概化、控制构筑物概化和节点概化，主要原则为概化后的河网要能够基本反映天然河网的水力特性。

（1）河道概化：输水作用较不显著的小河道在模拟时可以合并为一条概化河道，主要河道则不宜合并；对不起输水作用的小河道、沟塘、湖泊可考虑其调蓄作用，作为陆域调蓄水面来处理，对于较大的湖泊则应根据需要改划为调蓄节点；当河道形状变化较大时，划分的河段长度不宜过长。

（2）控制构筑物概化：控制构筑物主要包括排涝泵、挡潮闸等，泵闸是联围排涝体系的重要组成部分，其概化核心为模拟构筑物的控制运行方式。泵闸的运行一般按照内水高于外水开闸伺机抢排，内水低于外水且内水高于起泵水位开泵抽排直至河涌控制低水位。根据拟定的调度原则，在模型相应的模块中进行概化（如 MIKE11 模型中的 SO 模块）。

（3）节点概化：节点概化为决定河网水环境模拟精度的重要因素。在计算时可采用几何原则，根据河道交汇范围的大小确定，范围较大则应将其视作堰泽或湖泊，否则将其作为节点考虑。

2. 河道断面概化

在河流水环境模型中，河道断面一般被概化为梯形。梯形明渠均匀流的流量计算公式可表示为

$$Q = \frac{A_0^{3/5} i^{1/2}}{n(\chi_0)^{2/3}} = \frac{[(b + mh_0)h_0]^{3/5} i^{1/2}}{n[b + 2h_0 \sqrt{(1+m^2)}]^{2/3}} \tag{2.5}$$

式中，Q 为流量；A_0 为对应水深下的过水面积；i 为底坡；n 为曼宁系数；χ_0 为湿周；b 为断面底宽；m 为断面边坡系数即梯形边角的余切值；h_0 为正常水深。

可见，Q 为 m、b、h_0、i、n 的函数。在五个变量当中，仅断面底宽 b 和断面边坡系数 m 与断面形状直接相关，因而在实际运用模型过程中必须根据确定断面的形状求出这两个参数值，使得概化前后的断面保持一致的水位-流量关系。对于等腰梯形，其水面积与水深之间的关系为

$$A_0 = mh_0^2 + bh_0 \tag{2.6}$$

因此，求得实测断面在不同水位下的过水面积并将其进行截距为 0 的二次多项式回归分析，即可得到表达式

$$A = a_2 h^2 + a_1 h \tag{2.7}$$

式（2.6）与式（2.7）相比，可得 $b = a_1$，$m = a_2$，即可通过确定 b、m 的值确定断面形状，再根据断面最大过水面积确定概化的最大过水深即断面高度，从而将实测的不规则断面概化成模型计算所需的等腰梯形断面。对于其他形状的河道断面也可根据其面积与水位的关系进行概化[5]。

2.2.2　河流水动力模拟

1. 一维河流/河网水动力过程

描述一维水动力过程的数学模型通常使用圣维南方程组。
水流连续方程

$$\frac{\partial A}{\partial t} + \frac{\partial Q}{\partial x} = q \tag{2.8}$$

动量方程

$$\frac{\partial Q}{\partial t} + \frac{\partial}{\partial x}\left(\frac{Q^2}{A}\right) + gA\frac{\partial h}{\partial x} + g\frac{Q|Q|}{C^2 AR} = 0 \tag{2.9}$$

式中，x 为距离坐标；t 为时间坐标；A 为过水断面面积；Q 为流量；h 为水位；q 为旁侧入流量；C 为谢才系数；R 为水力半径；g 为重力加速度。

2. 二维河流/河网水动力过程

连续性方程

$$\frac{\partial \rho z}{\partial t} + \frac{\partial \rho Hu}{\partial x} + \frac{\partial Hv}{\partial y} = 0 \tag{2.10}$$

x 方向的动量输运方程

$$\frac{\partial \rho Hu}{\partial t} + \frac{\partial}{\partial x}(\rho Huu) + \frac{\partial}{\partial y}(\rho Hvu)$$

$$= -\rho g H \frac{\partial z}{\partial x} + \frac{\partial}{\partial x}\left(H \gamma_{\text{eff}} \frac{\partial u}{\partial x}\right) + \frac{\partial}{\partial y}\left(H \gamma_{\text{eff}} \frac{\partial u}{\partial y}\right) - \tau_{\text{hx}} \tag{2.11}$$

y 方向的动量输运方程

$$\frac{\partial \rho Hv}{\partial t} + \frac{\partial}{\partial x}(\rho Huv) + \frac{\partial}{\partial y}(\rho Hvv)$$

$$= -\rho g H \frac{\partial z}{\partial y} + \frac{\partial}{\partial x}\left(H \gamma_{\text{eff}} \frac{\partial v}{\partial x}\right) + \frac{\partial}{\partial y}\left(H \gamma_{\text{eff}} \frac{\partial v}{\partial y}\right) - \tau_{\text{hy}} \tag{2.12}$$

湍流动能输运方程

$$\frac{\partial \rho Hk}{\partial t} + \frac{\partial}{\partial x}(\rho uHk) + \frac{\partial}{\partial y}(\rho vHk) = \frac{\partial}{\partial x}\left(H \frac{\gamma_{\text{eff}}}{\sigma_k} \frac{\partial k}{\partial x}\right) + \frac{\partial}{\partial y}\left(H \frac{\gamma_{\text{eff}}}{\sigma_k} \frac{\partial k}{\partial y}\right) - \rho H \varepsilon \tag{2.13}$$

湍流耗散输运方程

$$\frac{\partial \rho H\varepsilon}{\partial t} + \frac{\partial}{\partial x}(\rho uH\varepsilon) + \frac{\partial}{\partial y}(\rho vH\varepsilon)$$

$$= \frac{\partial}{\partial x}\left(H \frac{\gamma_{\text{eff}}}{\sigma_\varepsilon} \frac{\partial \varepsilon}{\partial x}\right) + \frac{\partial}{\partial y}\left(H \frac{\gamma_{\text{eff}}}{\sigma_\varepsilon} \frac{\partial \varepsilon}{\partial y}\right) + C_{\varepsilon 1} H \frac{\varepsilon}{k} P_k - C_{\varepsilon 2} H \frac{\varepsilon^2}{k} \tag{2.14}$$

湍流动能产生项

$$P_k = \gamma_{\text{eff}} \left[2\left(\frac{\partial u}{\partial x}\right)^2 + \left(\frac{\partial v}{\partial y}\right)^2 + \left(\frac{\partial v}{\partial x} + \frac{\partial u}{\partial y}\right)^2 \right] \tag{2.15}$$

$$\gamma_{\text{eff}} = \mu + \mu_1, \mu_1 = \rho C_\mu \frac{k^2}{\varepsilon} \tag{2.16}$$

$$\tau_{\text{hx}} = C_{\text{fu}}, \quad \tau_{\text{hy}} = C_f v, \quad C_f = \frac{\rho g \sqrt{u^2 + v^2}}{C^2}, \quad C = \frac{1}{n} H^{1/6} \tag{2.17}$$

式中，x、y 为笛卡儿坐标系坐标；u、v 为 x、y 方向上的速度分量；z 为水位；H 为总水深；n 为河床底部糙率；k、ε 分为别为深度平均的湍流动能及其耗散率；γ_{eff} 为有效黏性系数；μ 为漩涡运动黏性系数；C_μ、$C_{\varepsilon 1}$、$C_{\varepsilon 2}$、σ_k、σ_ε 为湍流经验常数，见表 2.1。

表 2.1　湍流经验常数

C_μ	$C_{\varepsilon 1}$	$C_{\varepsilon 2}$	σ_k	σ_ε	σ_C
0.09	1.44	1.92	1.0	1.3	1.0

3. 三维河流/河网水动力过程

连续性方程

$$\frac{\partial \rho}{\partial t}+\frac{\partial u}{\partial x}+\frac{\partial v}{\partial y}+\frac{\partial w}{\partial z}=0 \tag{2.18}$$

x 方向的动量输运方程

$$\frac{\partial \rho u}{\partial t}+\frac{\partial}{\partial x}(\rho uu)+\frac{\partial}{\partial y}(\rho vu)+\frac{\partial}{\partial z}(\rho wu)$$
$$=-\frac{\partial p}{\partial x}+\frac{\partial}{\partial x}\left(\Gamma_\Phi \frac{\partial u}{\partial x}\right)+\frac{\partial}{\partial y}\left(\Gamma_\Phi \frac{\partial u}{\partial y}\right)+\frac{\partial}{\partial z}\left(\Gamma_\Phi \frac{\partial u}{\partial z}\right)+S_u \tag{2.19}$$

y 方向的动量输运方程

$$\frac{\partial \rho v}{\partial t}+\frac{\partial}{\partial x}(\rho uv)+\frac{\partial}{\partial y}(\rho vv)+\frac{\partial}{\partial z}(\rho wv)$$
$$=-\frac{\partial p}{\partial x}+\frac{\partial}{\partial x}\left(\Gamma_\Phi \frac{\partial v}{\partial x}\right)+\frac{\partial}{\partial y}\left(\Gamma_\Phi \frac{\partial v}{\partial y}\right)+\frac{\partial}{\partial z}\left(\Gamma_\Phi \frac{\partial v}{\partial z}\right)+S_v \tag{2.20}$$

z 方向的动量输运方程

$$\frac{\partial \rho w}{\partial t}+\frac{\partial}{\partial x}(\rho uw)+\frac{\partial}{\partial y}(\rho vw)+\frac{\partial}{\partial z}(\rho ww)$$
$$=-\frac{\partial p}{\partial z}+\frac{\partial}{\partial x}\left(\Gamma_\Phi \frac{\partial w}{\partial x}\right)+\frac{\partial}{\partial y}\left(\Gamma_\Phi \frac{\partial w}{\partial y}\right)+\frac{\partial}{\partial z}\left(\Gamma_\Phi \frac{\partial w}{\partial z}\right)+S_w \tag{2.21}$$

湍流动能输运方程

$$\frac{\partial \rho k}{\partial t}+\frac{\partial}{\partial x}(\rho uk)+\frac{\partial}{\partial y}(\rho vk)+\frac{\partial}{\partial z}(\rho wk)$$
$$=\frac{\partial}{\partial x}\left[\left(\frac{\Gamma_\Phi}{\sigma_k}\right)\frac{\partial k}{\partial x}\right]+\frac{\partial}{\partial y}\left[\left(\frac{\Gamma_\Phi}{\sigma_k}\right)\frac{\partial k}{\partial y}\right]+\frac{\partial}{\partial z}\left[\left(\frac{\Gamma_\Phi}{\sigma_k}\right)\frac{\partial k}{\partial z}\right]+P_k-\rho\varepsilon \tag{2.22}$$

湍流耗散输运方程

$$\frac{\partial \rho \varepsilon}{\partial t}+\frac{\partial}{\partial x}(\rho u\varepsilon)+\frac{\partial}{\partial y}(\rho v\varepsilon)+\frac{\partial}{\partial z}(\rho w\varepsilon)$$
$$=\frac{\partial}{\partial x}\left[\left(\frac{\Gamma_\Phi}{\sigma_\varepsilon}\right)\frac{\partial \varepsilon}{\partial x}\right]+\frac{\partial}{\partial y}\left[\left(\frac{\Gamma_\Phi}{\sigma_\varepsilon}\right)\frac{\partial \varepsilon}{\partial y}\right]+\frac{\partial}{\partial z}\left[\left(\frac{\Gamma_\Phi}{\sigma_\varepsilon}\right)\frac{\partial \varepsilon}{\partial z}\right]+C_{\varepsilon 1}\frac{\varepsilon}{k}P_k-\rho C_{\varepsilon 2}\frac{\varepsilon^2}{k} \tag{2.23}$$

湍流动能产生项

$$P_k = \Gamma_\Phi \left[2\left(\frac{\partial u}{\partial x}\right)^2 + 2\left(\frac{\partial v}{\partial y}\right)^2 + 2\left(\frac{\partial w}{\partial z}\right)^2 + \left(\frac{\partial u}{\partial y} + \frac{\partial v}{\partial x}\right)^2 + \left(\frac{\partial u}{\partial z} + \frac{\partial w}{\partial x}\right)^2 + \left(\frac{\partial v}{\partial z} + \frac{\partial w}{\partial y}\right)^2 \right]$$

$$\tag{2.24}$$

$$\Gamma_\Phi = \mu + \mu_i, \quad \mu_i = \rho C_\mu \frac{k^2}{\varepsilon} \tag{2.25}$$

式中，x、y、z 为笛卡儿坐标系坐标；u、v、w 为 x、y、z 方向上的速度分量；ρ 为水的密度；k、ε 分为深度平均的湍流动能及其耗散率；Γ_Φ 为有效黏性系数；μ 为水的分子动力黏性系数；μ_i 为湍流黏性系数；C_μ、$C_{\varepsilon1}$、$C_{\varepsilon2}$、σ_k、σ_ε 为湍流经验常数，其取值见表 2.1。

2.2.3　河流水文水质模拟

1. 一维河流/河网水文水质过程

一维水流污染物对流扩散的基本方程为

$$\frac{\partial AC}{\partial t} + \frac{\partial QC}{\partial x} = \frac{\partial}{\partial x}\left(AE_x \frac{\partial C}{\partial x} \right) + S_C + S_K \tag{2.26}$$

$$\sum_{i=1}^{NL} (QC)_{ij} \approx (C\Omega)_j \left(\frac{\mathrm{d}z}{\mathrm{d}t} \right)_j \tag{2.27}$$

式（2.26）为水质方程，式（2.27）为水质汉点方程。式中，C 为水流输送的水质变量浓度；E_x 为纵向离散系数；S_K 为与输送的物质浓度有关的生化反应项；S_C 为外部的源汇项；Ω 为汉点的水面面积；j 为节点编号；i 为与节点相连的河道编号；NL 为与节点相连的河道总数。

2. 二维河流/河网水文水质过程

$$\begin{aligned}
&\frac{\partial \rho HC}{\partial t} + \frac{\partial}{\partial x}(\rho u HC) + \frac{\partial}{\partial y}(\rho v HC) \\
&= \frac{\partial}{\partial x}\left(H \frac{\gamma_{\mathrm{eff}}}{\sigma_C} \frac{\partial C}{\partial x} \right) + \frac{\partial}{\partial y}\left(H \frac{\gamma_{\mathrm{eff}}}{\sigma_C} \frac{\partial C}{\partial y} \right) + S_C + S_K
\end{aligned} \tag{2.28}$$

式中，C 为水流输送的水质变量浓度；S_C 为污染源强；S_K 为与物质浓度有关的生化反应项；σ_C 为湍流经验常数，取值见表 2.1。

3. 三维河流/河网水文水质过程

$$\frac{\partial \rho C}{\partial t} + \frac{\partial}{\partial x}(\rho u C) + \frac{\partial}{\partial y}(\rho v C) + \frac{\partial}{\partial z}(\rho w C)$$
$$= \frac{\partial}{\partial x}\left(\Gamma_\phi \frac{\partial C}{\partial x}\right) + \frac{\partial}{\partial y}\left(\Gamma_\phi \frac{\partial C}{\partial y}\right) + \frac{\partial}{\partial z}\left(\Gamma_\phi \frac{\partial C}{\partial z}\right) + S_C + S_K \quad (2.29)$$

式中，σ_ε 为湍流经验常数，取值见表 2.1，其他参数物理意义同上。

2.2.4　复杂河流模拟思路

1. 感潮河段

感潮河流即受潮汐影响的河流（河段）。在河流入海区，侵入河口的潮汐会在河道收束、河床上升的影响下与上游来流相互作用，感潮段水位和流量随时间变化明显，水动力过程更加复杂。污染物输移过程与潮周期、潮流密切相关。针对潮汐河流的水流特点，可将其分为全顺流、全逆流、顺逆流和逆顺流等流态。模型模拟时需根据不同流态的水动力特点划分河段，通过断面间各河水流量的递推关系和汊点处的连接条件，获得不同水文水质要素的沿程变化规律[6]。

2. 闸坝控制的河流

闸、坝、水库等水利工程会改变河流水动力过程，有防洪排涝、浇灌供水、通航养殖及发电等作用。但同时，水利工程可能会使河流流速变缓，阻断鱼类洄游通道，导致河道淤积，从而影响河流水体中污染物的迁移和降解过程。

大型水库通常会导致坝前水位升高、水力停留时间延长，水温分层现象更加明显，水体扰动减少，河道型水体向湖泊型水体转变（或介于二者之间的过渡态），影响区域泥沙输移和污染物迁移转化。此外，水库影响下的河流上游支流库湾存在干流倒灌现象，导致河口区出现分层异重流，在合适的环境条件下诱发水体富营养化。小型闸、坝、堰等构筑物会导致水流不畅，影响河流对上游污染物的稀释和降解。可通过能够模拟水工建筑物影响的模型模拟不同尺寸、规模和调度操控方案影响下河流水体的水动力和污染物迁移转化规律的变化。

3. 平原河网

平原河网地区河道交错、水系复杂，通常为自然禀赋优良、经济和人口密度较大的地区，区域水环境污染和水资源短缺问题较为严重。一方面，平原河网模型模拟不同于单一河流，错综复杂的河网使得方程组离散和求解过程较为复杂。

河网水动力数学模型大体可以分为节点-河道模型、单元划分模型、混合模型以及人工神经网络模型四类，一般应用一维非恒定流圣维南方程组的分级解法进行河网水动力过程的模拟求解。另一方面，人类活动直接影响河流水体水动力和水质过程，也影响着流域产汇流过程，大型河网地区非点源污染对水质影响较为显著，污染物种类则主要由上游居民区的经济活动类型决定。

此外，平原河网地区地势较低，易受潮汐和闸、坝等水利工程影响，形成更为复杂的感潮河网区或闸坝控制下的河网区。水流流向会因潮流和闸坝的作用发生顺逆变化，从而导致悬移质泥沙和污染物在河网内部振荡和滞留，影响输移降解过程。模型模拟过程中需要考虑上述因素的影响，并进行一定的简化。

2.3　典型模型介绍

2.3.1　QUAL 模型

QUAL 系列模型起源于 1970 年，F. D. Masch 首先研发出 QUAL-Ⅰ模型，美国得克萨斯州水利发展部于 1971 年对其进行改进。经过几十年的发展和完善，QUAL 系列模型趋于完善和稳定并在水污染防治领域得到广泛应用，目前已成为水质模拟和评价、水质预报和预警预测、制定污染物排放标准和水质规划的重要工具。本小节主要对 QUAL-2K 模型介绍如下。

1. QUAL-2K 模型简介

QUAL-2K 一维稳态水质模型适用于河道内横向与垂向完全均匀混合、河流主流方向上的作用主要为平流和弥散作用的树枝状中小河流。

QUAL-2K 作为改进版本，具有以下新的特点：

（1）可将河流系统分割成长度不等的河段，将多个排污口、取水口的影响以及支流汇入和流出同时输入到任何一个河段中；

（2）根据氧化反应速率，采用两种碳化 BOD 的形式（缓慢反应形式和快速反应形式）将碳化 BOD 分为缓慢反应形式和快速反应形式来表示有机碳，此外，QUAL-2K 还可对由固定化学计量的碳、氮和磷颗粒组成的非活性有机物颗粒进行模拟；

（3）用方程模拟溶解氧和营养物质的沉积物-水相之间的反应，该方程包含有机沉淀颗粒、沉积物内部反应及上层水体中可溶解物质的浓度项；

（4）可用于模拟底栖藻类以及在碱度和无机碳浓度的基础上模拟河流 pH；

（5）通过在低氧条件下将氧化反应减少为零来调节缺氧状态，低氧条件下的

反硝化反应被很明确地模拟为一级反应;

（6）用藻类、碎屑和无机颗粒方程计算光线衰减，同时对藻类-营养物质-光三者之间的相互作用进行了校正;

（7）考虑病原体的影响，病原体的去除由温度、光线和沉积方程决定;

（8）加入藻类 BOD、反硝化作用和固着植物引起的 DO 变化等多个新因子。

总体而言，QUAL-2K 在模拟机理上较 QUAL-2E 模型的先进性和合理性体现在三个方面：加入藻类死亡对 BOD 贡献的模拟;对反硝化作用的模拟、对河底固着植物引起的溶解氧变化的模拟。QUAL-2K 可模拟组分如表 2.2 所示。

表 2.2　QUAL-2K 可模拟组分

序号	参数	单位	序号	参数	单位
1	无机磷	μgP/L	11	电导率	μS/m
2	浮游植物	μgA/L	12	无机悬浮固体	mgD/L
3	浮游植物的氮	μgN/L	13	溶解氧	mgO_2/L
4	浮游植物的磷	μgP/L	14	慢速 CBOD	mgO_2/L
5	岩屑	mgD/L	15	快速 CBOD	mgO_2/L
6	病原体	cfu/100mL	16	有机氮	μgN/L
7	碱度	$mgCaCO_3/L$	17	氨氮	μgN/L
8	总无机碳	mol/L	18	硝态氮	μgN/L
9	底藻生物量	mgA/m^2	19	有机磷	μgP/L
10	底藻氮	mgN/m^2	20	底藻磷	mgP/m^2

此外 QUAL-2K 还将计算功能进行拓展，在模拟过程改进了输入和输出等程序。在软件环境和界面方面，QUAL-2K 在 Microsoft Windows 环境下实现，所用的编程语言为 Visual Basic for Applications（VBA）。用户图形界面则用 Excel 实现。可从美国环境保护局网站获得该模型的可执行程序、文档及源代码。

2. QUAL-2K 模型的基本原理

基本方程：QUAL-2K 基本方程为一维平流弥散物质输送和反应方程，用于描述任一水质变量的时空变化，基本方程如下：

$$\frac{\partial C}{\partial t} = \frac{\partial \left(A_X D_L \frac{\partial C}{\partial x} \right)}{A_X \partial x} - \frac{\partial \left(A_X \bar{u} C \right)}{A_X \partial x} + \frac{\mathrm{d}C}{\mathrm{d}t} + \frac{S}{V} \tag{2.30}$$

式中，C 为组分浓度，mg/L; x 为河水流动距离，m; t 为河水流动时间，s; A_X 为河流过水断面面积，m^2；D_L 为河流纵向弥散系数，m^2/s；$\bar{u}$ 为河流断面的平均流速，m/s；S 为组分外的源汇项，g/s；V 为计算单元的体积，m^3。

等式右侧四项分别代表扩散、平流、组分反应和组分的外部源和汇。

除底藻变量以外，河段 i 的总质量平衡方程为

$$\frac{dc}{dt} = \frac{Q_{i-1}}{V_i}c_{i-1} - \frac{Q_i}{V_i}c_i - \frac{Q_{out,i}}{V_i}c_i + \frac{E_{i-1}}{V_i}(c_{i-1}-c_i) + \frac{E_i}{V_i}(c_{i+1}-c_i) + \frac{W_i}{V_i} + S_i \quad (2.31)$$

式中，Q_i 为河段 i 流量，m^3/s；$Q_{out,i}$ 为河段 i 输出流量，m^3/s；c_i 为河段 i 水质组分浓度，mg/L；t 为时间，s；E_i 为河段间弥散溶剂系数，S_i 为由于反应和质量传递途径带来的组分的来源和数量，V_i 为河段容积，m^3；W_i 为河段 i 的组分外部负荷。

动力学传质过程：QUAL-2K 模型的动力学传质过程忽略底藻内部的 N 和 P，动力学过程包括溶解、水解、氧化、硝化、反硝化脱氮、光合速率、呼吸、死亡、呼吸/排泄。传质过程包括复氧、沉降、泥沙需氧量、泥沙交换和沉积物无机碳通量。

3. QUAL-2K 水质模型河流的概化

QUAL-2K 通过划分河段单元将模拟河段概念化为一系列通过输移、扩散机理首尾相连、均匀混合的反应，使得 QUAL-2K 以组织模型数据进行模拟。河流概化的第一步为将河流划分为一系列的恒定非均匀流河段，不同河段长度、输入的水质、水力参数可以不同，但每一河段内应保持各参数相等。将各河段划分为整数个等长的计算单元，计算单元为 QUAL-2K 水质模型中的最小单元，各河段划分计算单元的个数可以不同。QUAL-2K 水质模型中有八种计算单元，源头单元（由 H 表示）交汇点单元（由 J 表示），交汇点上游单元（由 u 表示），系统出口单元（由 L 表示），取水口单元（由 P 表示），排放口单元（由 w 表示），水工建筑物单元（由 D 表示），标准单元（由 s 表示）。其中，河口只能有一个，其他种类计算单元的划分需符合源头不超过 10 个，河段不超过 50 个，每个河段的计算单元不超过 20 个，全流程计算单元不超过 500 个，节点不超过 9 个，点源负荷和取水口不超过 50 个。划分的计算单元越多，模型输出的精度越高，但同时，计算量也会随之增加。

对每个模型单元来说，都为一个稳态流量平衡，即

$$Q_i = Q_{i-1} + Q_{in,i} - Q_{out,i} \quad (2.32)$$

式中，Q_i 为从单元 i 到单元 $i+1$ 的出流，m^3/d；Q_{i-1} 为从单元 $i-1$ 来的入流，m^3/d；$Q_{in,i}$ 指从点源、非点源来的入流，m^3/d；$Q_{out,i}$ 为从单元 i 中点和面的取水，m^3/d。

实际运用中，需根据河流的具体情况和需要的模拟精度来对待模拟河流进行合理划分，划分原则为在水力特性明显变化处、平直河段若干间隔处、流域污染源排入点、桥梁或有水质监测资料处、水源取水口上游、水质水体分类界限处和

主支流交汇处进行划分。

4. QUAL-2K 模型主要指标

1）溶解氧（DO）

河流中，水生植物的光合作用会使溶解氧增加，而快速反应的 CBOD 氧化、硝化和水生植物的呼吸作用会造成溶解氧的减少。此外根据水体溶解氧的饱和程度，河流的复氧作用会使溶解氧相应增加或减少。

溶解氧浓度的变化方程如下：

$$S_o = r_{oa}\text{PhytoGrowth} + r_{oa}\text{BotAlgGrowth} - r_{oc}\text{FastCOxid} - r_{on}\text{NH}_4\text{Nitr}$$
$$- r_{oa}\text{PhytoResp} - r_{od}\text{BotAlgResp} + \text{OxReaer}$$

$$\text{OxReaer} = k_a(T)[o_s(T, \text{elev}) - o]$$

(2.33)

式中，r_{oa} 为光合作用（或呼吸作用）的氧气生产（消耗）量，gO_2/gC；r_{oc} 为有机碳氧化消耗量，gO_2/gC；r_{on} 为反硝化耗氧，4.57 gO_2/gN；$k_a(T)$ 为水温 T 时的复氧系数；$o_s(T, \text{elev})$ 为水温 T、绝对高程 elev 的饱和溶解氧浓度，mgO_2/L；PhytoGrowth 为水生浮游植物光合作用生长速率；BotAlgGrowth 为底藻的光合作用生长速率；FastCOxid 为快速反应的 CBOD 氧化率；NH$_4$Nitr 为氨氮的硝化速率；PhytoResp 为浮游植物呼吸速率；BotAlgResp 为底藻的呼吸速率；o 为溶解氧浓度；OxReaer 为复氧速率。

溶解氧饱和度计算方程：

$$o_s(T, \text{elev}) = e^{\ln o_s(T,0)}(1 - 0.0001148\text{elev}) \tag{2.34}$$

$$\ln o_s(T, 0) = -139.34411 + \frac{1.575701 \times 10^5}{T_a} - \frac{6.642308 \times 10^7}{T_a^2}$$
$$+ \frac{1.243800 \times 10^{10}}{T_a^3} - \frac{8.621949 \times 10^{11}}{T_a^4}$$

(2.35)

$$T_a = T + 273.15$$

式中，$o_s(T, \text{elev})$ 指水温 T、绝对高程 elev（m）的河流水体中饱和溶解氧浓度，mgO_2/L；$\ln o_s(T, 0)$ 为水温 T、标准大气压下河流水体中饱和溶解氧浓度，mgO_2/L；T_a 为绝对温度，K。

在 QUAL-2K 模型中，复氧系数可以指定为固定值，也可以根据河流的水力条件和水面风速通过下面方程计算：

$$k_a(20) = k_{ah}(20) + \frac{K_{Lw}(20)}{H} \tag{2.36}$$

式中，$k_a(20)$ 为 20℃时河流的复氧系数，d^{-1}；$k_{ah}(20)$ 为 20℃时河流水力条件计算的复氧系数，d^{-1}；$K_{Lw}(20)$ 为根据河流水面风速计算的复氧通量系数，m/d；

H 为平均水深，m。

2）生化需氧量（BOD）

在 QUAL-2K 模型中，河流中的 BOD 主要指含碳有机化合物的碳质生化需氧量（CBOD）和氮质生化需氧量（NBOD），其中 CBOD 又分为慢速反应 CBOD（C_s）和快速反应 CBOD（C_f），在温度为 20℃的条件下，CBOD 养化需要 20 天，而 NBOD 的氧化需要 100 天，因而实际应用中通常只考虑 CBOD[7]。

A. 慢速反应 CBOD（C_s）

河水中非生命形式颗粒有机物的分解会引起 C_s 含量的增加，而随自身的水解作用而减少：

$$S_{cs} = r_{od}\text{DetrDiss} - \text{SlowCHydr} \tag{2.37}$$

式中，DetrDiss 为碎屑或颗粒有机物的溶解；r_{od} 为由于碎屑等溶解，缓慢反应的 CBOD 的增加速率；SlowCHydr 为水解速率，$\text{SlowCHydr} = k_{hc}(T)C_s$。其中，$k_{hc}(T)$ 为水温条件下的水解速率，d^{-1}；C_s 为慢速反应的 CBOD 浓度，$\text{mgO}_2\text{/L}$。

B. 快速反应的 CBOD（C_f）

C_s 的水解会引起 C_f 含量增加，氧化和反硝化作用会使 C_f 含量减少：

$$S_{cf} = \text{SlowCHydr} - \text{FastCOxid} - r_{ondn}\text{Denitr} \tag{2.38}$$

$$\text{FastCOxid} = F_{oxcf}K_{dc}(T)C_f$$

式中，$K_{dc}(T)$ 为水温 T 条件下快速反应的 CBOD 的氧化速率，d^{-1}；F_{oxcf} 为低溶解氧条件下的衰减速率；r_{ondn} 为硝酸盐反硝化的氧消耗当量速率；Denitr 为反硝化速率，$\mu\text{gN/}(\text{L}\cdot\text{d})$。

3）氨氮（NH$_3$）

河流水体中氨氮来源于有机氮水解和水生植物呼吸作用，氨氮含量的减少来源于硝化作用和水生植物光合作用。计算方程如下：

$$\begin{aligned}S_{na} = &\text{DONHydr} + r_{na}\text{PhytoResp} + r_{nd}\text{BotAlgResp} - \\ &\text{NH}_4\text{Nitrif} - r_{na}P_{ap}\text{PhytoPhoto} - r_{nd}P_{ab}\text{BotAlgPhoto}\end{aligned} \tag{2.39}$$

$$\text{NH}_4\text{Nitrif} = F_{oxna}k_n(T)n_a$$

式中，P_{ap} 和 P_{ab} 分别为浮游植物和底藻的偏好系数；r 为不同反应过程中氨氮的增加（消耗）速率；DONHydr 为有机氮的分解速率；NH$_4$Nitrif 为氨氮的硝化速率；PhytoPhoto 为浮游植物的光合作用速率；BotAlgPhtot 为底藻的光合作用速率；$k_n(T)$ 为水温 T 条件下氨氮的硝化速率，d^{-1}；n_a 为氨氮浓度，mgN/L；F_{oxna} 为溶解氧衰减系数。

4）总磷（TP）

A. 溶解有机磷

河流水体中有机磷的增加来源于非生命形式颗粒态有机颗粒，而其减少来源于自身的水解作用：

$$S_{op} = r_{pd}\text{DetrDiss} - \text{DOPHydr} \quad (2.40)$$

$$\text{DOPHydr} = k_{hp}(T) p_o$$

式中，DOPHydr 为有机磷的分解速率；$k_{hp}(T)$ 为水温 T 条件下有机磷的水解速率，d^{-1}；p_o 为溶解有机磷浓度，μgP/L。

B. 无机磷

河流水体中无机磷含量的增加来源于溶解有机磷水解、浮游植物的水底藻类的呼吸作用，含量减少来源于浮游植物和水底藻类的光合作用：

$$S_{pi} = \text{DOPHydr} + r_{pa}\text{PhytoResp} +$$
$$r_{pd}\text{BotAlgResp} - r_{pa}\text{PhytoPhoto} - r_{pd}\text{BotAlgPhoto} \quad (2.41)$$

5）病原体

病原体数量的变化主要考虑死亡和沉积两方面影响。

A. 病原体的死亡

水体中光线衰减和光合作用都会造成病原体的死亡。在光照条件下病原体的死亡按照一阶衰减模型模拟，光照作用造成的病原体死亡可用 Beer-Lambert 法则计算：

$$\text{PathDeath} = k_{dx}(T) x + \frac{I(0)/24}{K_e H}\left(1 - e^{-k_e H}\right) x \quad (2.42)$$

式中，$k_{dx}(T)$ 为水温 T 条件下病原体的死亡速率，d^{-1}；$I(0)$ 指水面日照辐射热量，$cal/(cm^2 \cdot d)$；k_e 指光照消耗系数，m^{-1}；H 为水深，m；x 指单位体积病原体数量，cfu/100mL。

B. 沉积作用

河流水体中病原体的沉积表达式为

$$\text{PathSettl} = \frac{V_x}{H} x \quad (2.43)$$

式中，V_x 为病原体的沉积速率，m/d；H 为水深，m；x 指单位体积病原体数量，cfu/100mL。

5. QUAL-2K 模型的参数初始设置

模型的参数设置按输入方式可以分为两大类：一类为对于各划分河段需要分别设定的参数，包括河段的水力参数等一些自然特征值；另一类为对于整个模拟河段需要统一设定的参数，包括水生植物和非生命形式有机悬浮物的化学物质计量值、河水中各组分的生化反应参数、光照辐射参数等。这些参数的设置有多种形式，有的参数需要人为设置，有的参数可由模型内嵌的计算模型自动计算，且为部分参数模型提供多个内嵌的自动计算模型供选择。

1）水力参数

水力学参数主要来确定河道的水力特性，它的计算在 QUAL-2K 模型计算中占有重要地位，计算准确与否直接关系到模型的精度。

A. 曼宁系数

QUAL-2K 模型中，可利用 Manning 公式水力模型计算水流速度和水深参数及计算流量和水深之间的关系等。根据 Manning 公式经验参数表 2.3，确定所选研究区域的河道种类和特征。

表 2.3　Manning 公式经验参数

河道	河道特征		曼宁系数
	河道底部	河道边坡	
人工河道		混凝土	0.012
		混凝土	0.020
	砾石	石灰泥	0.023
		堆砌石	0.033
自然河道		河道无杂物，无弯曲	0.025 ~ 0.04
		河道弯曲，有少量杂草	0.03 ~ 0.05
		河道弯曲，有杂草和蓄水区域	0.05
		山区溪流，河道中有较多大型石头	0.04 ~ 0.10
		河道杂草丛生，有大型植被存在	0.05 ~ 0.20

B. 水流扩散参数

扩散参数（dispersion，m^2/s）针对河段而定，各河段不尽相同。有两种设置方式：一为在各河段参数输入过程中分别设定，二为由模型根据河段水力参数自动计算。如果在各河段参数输入过程中无设置，则模型会根据河段水力参数自动计算。

2）河段自然特征参数

A. 复氧参数

复氧参数为针对河段而言，各河段不尽相同。有两种设置方式：一为在各河段参数输入过程中分别设定，二为选择模型内置的复氧模型进行自动计算。QUAL-2K 模型有 4 个复氧模型供选择：Internal（模型的内置复氧计算模型，根据水力参数自动计算）、O'Connor-Dobbins 公式、Churchill 公式和 Owens-Gibbs 公式。

B. 河底藻类覆盖度

河底藻类覆盖度（bottom algae coverage，%）为适合植物生长的河流底部占全部河底的百分比。获得数据需要对研究区域主要干支流进行实地调查，通过地形地势、河流水温等自然条件进行判断。通常，山区河流地势较高、水流湍急、与下游比较全年水温偏低，不适合河底藻类生长；中下游地区河流落差变缓，流速放慢，河底藻类覆盖度增大；下游平原地区地势低缓、水流平稳、与上游河段相比全年水温较高，适合河底藻类生长，河底藻类覆盖度最大。

C. 河底沉积物覆盖度

河底沉积物覆盖度（bottom SOD coverage，%）主要为计算沉积物耗氧量。通常上游河段因落差较大，水流湍急，沉积物覆盖度相对较低；部分河流至下游平原至河口附近沉积物覆盖度可达到 100%。

D. 河水中物质组分的生化反应参数

河水中物质组分的生化反应参数包括河水中水生植物、非生命形式有机悬浮物、无机悬浮物的化学物质计量值，河水中各物质组分的耗氧、硝化和反硝化模型及相关系数，河水中各物质组分的氧化速率、水解速率以及温度修正系数，浮游植物、河底藻类、病原体生长死亡速率等参数。模型提供了这些参数的推荐值。

E. 光照辐射参数

光照辐射参数包括各种光照辐射利用率和模型。光照辐射短波的大气衰减模型有 2 个可供选择：Bras 和 Ryan-Stolzenbach 模型。当选择 Bras 模型时，需要确定大气浑浊度系数（通常设置为 2 或 5），2 代表大气清洁时的系数，5 代表有烟雾时的系数。选择 Ryan-Stolzenbach 模型时，需要确定大气投射系数（0.70～0.91）；光照辐射长波的大气衰减模型有 3 个可供选择：Brutsaert、Brunt 和 Koberg 模型。蒸发和大气导热的风速影响模型有 3 个可供选择：Brady-Graves-Geyer、Adams1 和 Adams2 模型。

2.3.2　DHI-MIKE 模型

MIKE 系列模型由丹麦水动力研究所（Danish Hydraulic Institute，DHI）开发。最早的 MIKE11 为一维动态模型，可用于模拟多类型区域的水文水质情况，研究的变量包括水温、细菌、氮、磷、DO、BOD、藻类、水生动物、岩屑、 底泥、金属等水文水质基本要素以及用户自定义物质。MIKE11 研究的水质变化过程很多，被广泛应用于世界许多地区。在 MIKE11 的基础上，DHI 又开发了平面二维自由表面流模型 MIKE21 和三维 MIKE31 模型[8]。20 多年来，MIKE21 在世界范围内大量工程应用基础上持续发展起来，在一维河流非恒定流模拟、平面二维自由表面数值模拟等方面具有强大的功能[9]。

1. MIKE11

MIKE11 河流模型系统可用于模拟河口、河流、河网、灌溉系统的水流、水质、泥沙输运等一维问题的专业软件包，可用于排水系统的区域分析和地面排水方案的优化；渠网优化布置以及灌区运行系统优化控制；潮汐、风暴潮、洪水分析与预报，还可处理分河道、环状河网以及冲积平原的准二维水流模拟。MIKE11的核心为水动力模块（HD），此外还包括 7 个专用模块：降雨径流模块（RR）、对流扩散模块（AD）、水质生态模块（ECO Lab）、非黏性泥沙输运模块（ST）、溃坝模型、控制构筑物模块（SO）、洪水预报模型（FF）数据同化模块（DA）。

1）水动力模块

水动力模块（HD）为通过基于垂向积分的物质和动量守恒方程，即用一维非恒定流圣维南方程组来模拟河流水体或河口的水流情况。

HD 模块可求解明渠流完全非线性圣维南方程、扩散波和动力波简化方程，还可以模拟桥梁、闸门、堰多种水工建筑物。它作为 MIKE 的基本计算模块，可与其他模块耦合计算应用于 MIKE 模型的所有应用领域。

2）控制构筑物模块

控制构筑物模块（SO）也称为水工建筑物模块，可对桥梁、堰及其他用户自定义等水工建筑物设定运行和调度规则。通过改变时间、蓄水量、水位差等多种判断要求控制其运行，它的建模过程简单而直观，但其强大的功能在很大程度上丰富了 MIKE11 模型的应用范围。

3）溃坝模型

溃坝模型通过能量方程或美国国家气象局（NWS）开发的 DAMBRK 模型方法，模拟河网中一处或多处溃坝。溃坝模型结构性能好，常与 HD 模块耦合，模拟由溃坝导致的上下游水位和流量的变化。

4）降雨径流模块

降雨径流模块（RR）包含 NAM（简单描述和模拟陆相水文循环）、UHM（单位水文线法）、SMAP（逐月土壤湿度估算模型）、Urban（时间-面积法和非线性水文法）以及 DRiFT（河道流量预报法）等多种。其中，NAM 水文模型可通过四个不同且相互影响的储水层的含水量来模拟产汇流过程。作为一种确定性、概念性、集总式模型，它可以通过降雨、蒸发、气温等有限的数据输入得到地表径流、地下水位、土壤含水率等模拟结果。它既可以单独运行，也可以与其他模块共同模拟多个流入河网流域的旁侧入流。因此，NAM 可用于模拟一个或多个子流域的降水及径流过程，为河段的水力计算提供上游及区间的入流边界条件。

值得注意的是，模型中各参数值所反映的为研究区中各子流域的平均条件，通常不能通过实测获得，只能通过率定得到，而 NAM 模型参数的率定往往需要 3 年以上长序列的水文、气象资料。模型中需要进行率定参数如表 2.4 NAM 模型常用参数所示。

5）对流扩散模块

对流扩散模块（AD）为以水动力模块模拟得到的水动力条件为基础，通过求解河流中的溶解性、悬浮性物质的一维对流扩散方程进行模拟的模块，能通过简单的模拟步骤准确计算出污染物浓度梯度较大时的水文运输过程、模拟黏性泥沙的侵蚀和沉积。对流扩散模块的一维对流扩散基本方程如下：

$$\frac{\partial C}{\partial t} + u\frac{\partial C}{\partial x} = \frac{\partial}{\partial x}\left(E_x\frac{\partial C}{\partial x}\right) - KC \qquad (2.44)$$

式中，C 为模拟物质浓度；u 为河流平均流速；E_x 为扩散系数；K 为模拟物质的一级衰减系数；t 为时间坐标；x 为空间坐标。

表 2.4　NAM 模型常用参数

参数	意义	影响	取值范围
U_{max}	地表储水层最大含水量	坡面流、入渗、蒸散发和壤中流	$10 \sim 25$ mm
L_{max}	土壤层/根层最大含水量	控制总水量平衡计算坡面流、入渗、蒸散发和基流。控制总水量平衡计算	$50 \sim 250$ mm，$L_{max} \approx 0.1\,U_{max}$
C_{QOF}	坡面流系数	坡面流量和入渗。控制峰值流量	0.1
C_{KIF}	壤中流排水常数	由地表储水层排泄出的壤中流。控制峰值产生的时间相位	$500 \sim 1000$ h
TOF	坡面流临界值	产生坡面流所需的最低土壤含水量	0.1
TIF	壤中流临界值	产生壤中流所需的最低土壤含水量	0.1
TG	地下水补给临界值	产生地下水补给所需的最低土壤含水量	0.1
CK_{12}	坡面流和壤中流时间常量	沿流域坡度和河网来演算坡面流	$3 \sim 48$ h
CK_{BF}	基流时间常量	演算地下水补给、控制基流过程线形状	$500 \sim 5000$ h

6）水质生态模块

水质生态模块（ECO Lab）基于 HD 模块，能模拟水生态环境中多种物质的相互作用及循环作用；研究重金属在水体和沉积物质中的迁移过程和潜在影响；模拟富营养化时碳、营养盐等 12 个状态变量的循环等。

7）非黏性泥沙输运模块

非黏性泥沙输运模块（ST）基于显式泥沙输运模式、动床泥沙输运模式，可计算非黏性泥沙的输运能力、形态变化和河道淤积的阻力变化。非黏性泥沙输运模块在模拟水库淤积、瞬间侵蚀和逐步侵蚀等方面具有较高的准确度。

8）洪水预报模型数据同化模块

数据同化模块常用于与 HD、AD、NAM 等模块耦合以实时校正水位、流量、污染物浓度、温度和盐度等，使模拟结果具有较高的精度，此模块适用于进行大流域实时洪水预警、水质预报等。

2. MIKE21

MIKE21 主要用于模拟河流、河口、湖泊、海岸、海湾及海洋的水流、波浪、泥沙的水文水质状况。同 MIKE11 类似，MIKE21 以水动力模块（HD）为核心基础模块，HD 可以模拟因各种作用力作用而产生的水位和水流变化及模拟任何忽略分层的二维自由表面流。由于其包括了广泛的水力现象，该模块为泥沙传输和环境模拟提供了水动力学的计算基础。MIKE21 计算参数包括两类：数值参数，主要为方程组迭代求解时的有关参数，如迭代次数及迭代计算精度；物理参数主要有床面阻力系数、风场、动边界计算参数以及涡动黏性系数等。现简要介绍国内应用较多的 MIKE21 模型中的水动力模块和水质模块。

1）水动力模块模型控制方程及边界条件

水动力模块控制方程以二维数值求解方法的浅水方程为基础，同时形成了不可压缩雷诺平均方程——纳维-斯托克斯方程，即流体低速运动中，不考虑压强对密度的影响，仅考虑温度对密度的影响，并服从静水压力，公式如下所示：

$$\frac{\partial h}{\partial t} + \frac{\partial h\bar{u}}{\partial x} + \frac{\partial h\bar{v}}{\partial y} = fvh - gh\frac{\partial \eta}{\partial x} - \frac{h}{\rho_0}\frac{\partial p_a}{\partial x} - \frac{gh^2}{2\rho_0}\frac{\partial \rho}{\partial x} + \frac{\tau_{xx}}{\rho_0} - \frac{\tau_{bx}}{\rho_0} -$$
$$\frac{1}{\rho_0}\left(\frac{\partial s_{xx}}{\partial x} + \frac{\partial s_{xy}}{\partial y}\right) + \frac{\partial}{\partial x}\left(hT_{xx}\right) + \frac{\partial}{\partial y}\left(hT_{xy}\right) + hu_s \tag{2.45}$$

$$\frac{\partial h}{\partial t} + \frac{\partial h\bar{u}}{\partial y} + \frac{\partial h\bar{v}}{\partial x} = fvh - gh\frac{\partial \eta}{\partial y} - \frac{h}{\rho_0}\frac{\partial p_a}{\partial y} - \frac{gh^2}{2\rho_0}\frac{\partial \rho}{\partial y} + \frac{\tau_{xy}}{\rho_0} - \frac{\tau_{by}}{\rho_0} -$$
$$\frac{1}{\rho_0}\left(\frac{\partial s_{yx}}{\partial x} + \frac{\partial s_{yy}}{\partial y}\right) + \frac{\partial}{\partial x}\left(hT_{xy}\right) + \frac{\partial}{\partial y}\left(hT_{yy}\right) + hu_s s \tag{2.46}$$

式中，x、y 为笛卡儿坐标系坐标；u、v 为 x、y 方向上的速度分量；t 为时间；d 为静置水深；η 为水位；h 为总水深；f 为科氏力系数；g 为重力加速度；s_{xx}、s_{xy}、s_{yy} 为辐射应力分量；ρ 为水的密度；s 为源项；u_s、v_s 为源项地流速；$\bar{u}$、$\bar{v}$ 为 x、y 方向上的速度分量的均值；表达式如下所示：

$$h\bar{u} = \int_{-d}^{\eta} u\mathrm{d}z, h\bar{v} = \int_{-d}^{\eta} v\mathrm{d}z \tag{2.47}$$

式中，T_{ij} 为水平黏滞应力项；T_{xx} 为流体黏性应力；T_{xy} 为紊流应力；T_{yy} 为水平对流，表达式如下所示：

$$T_{xx} = 2A\frac{\partial \bar{u}}{\partial x}, T_{xy} = A\left(\frac{\partial \bar{u}}{\partial y} + \frac{\partial \bar{v}}{\partial x}\right), T_{yy} = 2A\frac{\partial \bar{v}}{\partial y} \tag{2.48}$$

MIKE 模型的边界条件有三种形式，其中：

闭合边界为研究区域的陆地边界，在模型中，陆地边界定义为 0。

干湿边界也就是动边界，模型在计算动边界附近的网格时，会出现不稳定的情况，可能导致模型崩溃。为了避免模型不稳定的情况，要对干湿边界进行设定且 $h_{dry} < h_{flood} < h_{wet}$。干湿边界被设置以后，对应的单元也会被划分为干单元、湿单元和干湿单元。干单元会被忽略不计，干湿单元仅考虑其质量通量，湿单元既

考虑质量通量也考虑其动量通量。

开边界即模型研究区域的"门口"，水既可以进入模拟区域，也可以出去，和闭合边界的特性正好相反，一般在模型中定义为大于或等于 1 的数。开边界一般设置在较宽阔的入水口海峡等地方。

2）水质模块

MIKE21 的水质模块包括 AD 模块（Transport 模块）和 ECO Lab（水质生态模块）。水质模块是在水动力模块搭建好的前提下运行的。

AD 模块主要模拟因子在水体中的对流和扩散过程，通过定义不同的扩散系数来反映在不同情境下不同因子的扩散现象，对于能降解的因子来说，能够定义衰减系数来模拟其降解过程，其一级降解方程式如下所示：

$$\frac{\mathrm{d}C}{\mathrm{d}t} = -KC \tag{2.49}$$

ECO Lab 模块是在传统的水质模型概念基础上开发的水质和生态数值模拟软件，能够模拟物理沉降过程，也可以描述各种物质之间的相互作用。ECO Lab 模块由一系列的生态动力微分方程构成，其数学描述分为 6 种类型，分别是状态变量、常量、作用力、辅助变量、过程、衍生结果。①状态变量：状态变量是模型运行结果的主要参数，它代表了生态系统的状态及预测变量的状态。②常量：常量在表达式中是自变量，它与时间无关，但与空间有关。例如，模型中需要构建一个一级降解过程，就可以设定一个特定的降解速率。该降解速率就是一个常量。③作用力：作用力是在生态系统外部并对系统内部有影响的自然变量，其随时间和空间变化。④辅助变量：辅助变量就是一系列的数学表达式，包含变元和运算符。辅助变量将较长的方程表达式分割成较短的，以便于简单易懂。⑤过程：过程用于描绘状态变量的转化过程。⑥衍生结果：衍生结果由状态变量的模拟结果而得到，既可以找衍生变量与状态变量的相关关系，也可以是几个状态变量的总和，控制方程的数值离散。

平面二维数学模型 MIKE21 应用较为广泛，它具有以下优点：①用户界面友好，属于集成的 Windows 图形界面。②具有强大的前、后处理功能。在前处理方面，能根据地形资料进行计算网格的划分；在后处理方面具有强大的分析功能，如流场动态演示及动画制作、计算断面流量、实测与计算过程的验证、不同方案的比较等。③可以进行热启动，当用户因各种原因需暂时中断 MIKE21 模型时，只要在上次计算时设置了热启动文件，再次开始计算时将热启动文件调入便可继续计算，极大地方便了计算时间有限制的用户。④能进行干、湿节点和干、湿单元的设置，能较方便地进行滩地水流的模拟。⑤具有功能强大的卡片设置功能，可以进行多种控制性结构的设置，如桥墩、堰、闸、涵洞等。⑥可以定义多种类型的水边界条件，如流量、水位或流速等。⑦可广泛地应用于二维水力学现象的研究，潮汐、水流、风暴潮、传热、盐流、水质、波浪紊动、湖震、防浪堤布置、船运、泥沙侵蚀、输移和沉积等，被推荐为河流、湖泊、河口和海岸水流的二维仿真模拟工具。

但同时，MIKE21 也存在一定的局限性：矩形网格计算模块采用矩形网格有限差分法，对海岸或防波堤等不规则边界常处理成齿状，对计算结果精确度有一定影响；矩形网格计算模块难以进行小尺寸局部水工建筑物的绕流模拟；模型是在许多水力条件假设的情况下进行的，如垂向的水流加速度忽略不计，属大范围平面二维数学模型，不适用于近区三维问题。

2.3.3　WASP 模型

WASP（Water Quality Analysis Simulation Program，水质分析模拟程序）是美国环境保护局提出的水质模型系统，能够用于不同环境污染决策系统中分析和预测由于自然和人为污染造成的各种水质状况，可以模拟水动力学、河流一维不稳定流、湖泊和河口三维不稳定流、常规污染物（包括溶解氧、生物耗氧量、营养物质以及海藻污染）和有毒污染物（包括有机化学物质、金属和沉积物）在水中的迁移和转化规律，被称为万能水质模型[10]。

WASP 关于方程的求解以质量守恒为原理，在使用前需输入定义七个重要特征的输入数据：模拟和输出控制、模型分割、平流和弥散输送、边界浓度、点源和扩散源废物负荷、动力学参数及常数和时间函数、初始浓度。

1. 模型组成

WASP 由两个独立的计算机程序 DYNHYD 和 WASP 组成，前者模拟水流的流动规律，后者用于研究水中污染物的相互作用和运动规律。两个程序可连接运行，也可以分开执行。WASP 程序也可与其他水动力程序如 RIVMOD（一维）、SED3D（三维）相连运行，如果有已知水力参数，还可单独运行。WASP 是水质分析模拟程序，是一个动态模拟体系，它基于质量守恒原理，待研究的水质组分在水体中以某种形态存在，WASP 在时空上追踪某种水质组分的变化。它由两个子程序组成：富营养化模型 EUTRO 和有毒化学物模型 TOXI，分别模拟两类典型的水质问题：①传统污染物的迁移转化规律（BOD、DO 和富营养化）；②有毒物质迁移转化规律（有机化学物、金属、沉积物等）。ENTRO 采用了 POTOMAC 富营养化模型的动力学，结合 WASP 结构，该模型可预测 DO、COD、BOD、富营养化、碳、叶绿素 a、氨、硝酸盐、有机氮、正磷酸盐等物质在河流中的变化情况。TOXI 是有机化合物和重金属在各类水体中迁移积累的动态模型，采用了 EXAMS 的动力学结构，结合 WASP 迁移结构和简单的沉积平衡机理，它可以预测溶解态和吸附态化学物在河流中的变化情况。

2. 基本原理

该模型的使用方法,首先是河网模型概化,然后按照如下 4 个主要步骤进行:水动力研究、质量传输研究、水质转化研究和环境毒理学研究。第一步水动力研究要应用水动力模型程序 DYNHYD;第二步研究水流中物质的传输,要靠示踪剂研究和水质模型程序 WASP 的 TOXI 模块校验来完成;第三步研究水流和底质中的物质转化,依靠实验室研究、现场观察和试验、参数估计、模型研究相结合完成;最后一步研究污染物怎样影响环境。

WASP 模型将实际的河流水体划分成一组体积或"段",并可从横向、纵向和侧向进一步细分。若将水质模块与水动力模块相关联,则每一河段必须对应于水动力交汇点。计算区段内各水质成分的浓度后,再通过相邻区段的界面计算其传输速率。

河流概化。河段类型在沉积过程和部分转化过程中起着重要作用,各河段的体积与模拟的时间步长相关,即河段的大小由所研究问题的时间和空间尺度决定,而受水体或水中污染物本身的特征影响较小。时间步长越小,则模拟精度越高,需要的数据精度也会提高,计算量加大,模型应用过程中应根据实际需要制定模拟的时间步长。此外,由于同一河段内水体各组分是均匀分布的,在划分河段时应注意各水文水质要素的平均是否会引起较大误差,若浓度梯度较大,则需对河段进行再细分。

输运过程模拟。WASP 将物质输运分为几种类型:平流分散混合,平流指污染物随水体向下游流动,同时随着河道逐渐被稀释,分散导致高浓度区域和低浓度区域之间的进一步混合和稀释;沉积物层中孔隙水的运动,溶解的水质成分由孔隙水流携带进入底泥,并通过孔隙水扩散在底泥和水体之间交换;颗粒污染物通过固体的沉降、再悬浮和沉淀的运输,吸附在固体颗粒上的水质成分在水柱和沉积物床之间传输;地表水通过蒸发或降水而发生的水分交换[11]。

1）DYNHYD 模型程序

DYNHYD 适用于一维的水动力模拟,描述在浅水系统中长波的传播。适用条件是:假定流动是一维的;科氏力和其他加速度相对于流动方向可忽略;渠道水深可变动而水面宽度认为基本不变;波长远大于水深;底坡适度。输入参数可分为如下几类:节点参数,包括节点初始水头、表面积、底坡等;渠道参数,包括渠道长度、宽度、水力半径或水深、渠道走向、初始流速等;入流出流参数,其中入流流量为负,出流为正;下游边界条件,可以是出流,也可以是潮汐函数;风参数,指与风加速度有关的参数,包括风速、风向。

DYNHYD 程序以运动方程和连续方程为基础。前者可预测水体流速和流量;

后者可预测水位和河道体积，运动方程如下：

$$\frac{\partial U}{\partial t} = -U\frac{\partial U}{\partial x} + \alpha_{g,\lambda} + \alpha_f + \alpha_{w,\lambda} \tag{2.50}$$

式中，$\frac{\partial U}{\partial t}$ 为时变加速度，m^2/s；$U\frac{\partial U}{\partial x}$ 为位变加速度，m^2/s；$\alpha_{g,\lambda}$ 为沿渠道方向重力加速度，m^2/s；α_f 是阻力加速度，m^2/s；$\alpha_{w,\lambda}$ 为沿渠道方向风加速度，m^2/s；λ 为渠道方向；t 为时间 s；U 为沿渠道的流速，m/s；x 为沿渠道的距离，m。

连续性方程：

$$\frac{\partial H}{\partial t} = -\frac{1}{B}\frac{\partial Q}{\partial x} \tag{2.51}$$

式中，Q 是流量，m^3/s；B 是宽度，m；H 是水面高度，m；$\frac{\partial H}{\partial t}$ 是水面高度随时间变化率，m/s；$\frac{\partial Q}{\partial x}$ 是单位宽度水体积变化率，m/s。

DYNHYD 程序对上述方程组采用有限差分法求解，把要计算的水体系统概化成计算网络，流速、水头等在离散的网格点上求解。

WASP 水质模块的基本方程是一个平移-扩散质量迁移方程，它能描述任一水质指标的时间与空间变化。水体中溶解成分的质量平衡方程必须考虑所有通过直接和扩散载荷进入和离开的物质，平流和弥散输送，以及物理、化学和生物转化。

对于任一无限小的水体，水质指标 C 的质量平衡式为

$$\frac{\partial C}{\partial t} = -\frac{\partial}{\partial x}(U_x C) - \frac{\partial}{\partial y}(U_y C) - \frac{\partial}{\partial z}(U_z C) +$$
$$\frac{\partial}{\partial x}\left(E_x \frac{\partial C}{\partial x}\right) + \frac{\partial}{\partial y}\left(E_y \frac{\partial C}{\partial y}\right) + \frac{\partial}{\partial z}\left(E_z \frac{\partial C}{\partial z}\right) + S_L + S_B + S_K \tag{2.52}$$

式中，t 为时间，d；U_x、U_y、U_z 为纵向、侧向、垂直的流速，m/s；E_x、E_y、E_z 为纵向、侧向、垂直的扩散系数，m^2/s；S_L 为点源和非点源负荷，$g/(m^3 \cdot d)$；S_B 为边界负荷（包括上游、下游、底层和大气），$g/(m^3 \cdot d)$；S_K 为动力转换项（正为源，负为汇），$g/(m^3 \cdot d)$。

2）EUTRO 模块

EUTRO 模块可以模拟营养富集、富营养化和溶解氧消耗过程。物理化学过程会影响水环境中营养物质、浮游生物、碳质物质以及溶解氧的传输和交互作用。模拟的 8 个常规水质指标包括 NH_3-N（C_1）、NO_3^--N（C_2）、无机磷（C_3）、浮游植物碳（C_4）、碳 BOD（C_5）、DO（C_6）、有机氮（C_7）、有机磷（C_8），这 8 个指标分为 4 个相互作用子系统，即浮游植物动力学子系统、磷循环子系统、氮循环子系统和 DO 平衡子系统。对于用于求解每一个变量的质量平衡方程，针对底泥和水体的 8 个状态变量的质量平衡，EUTRO 子程序添加了特定的传输过程。

A. 磷循环

无机磷（DIP）的溶解是通过吸附解吸机理与颗粒无机磷反应完成的。通过内源呼吸和非侵蚀性死亡，磷可以从浮游植物生物量转化为无机磷。有机磷通过矿化作用转化为溶解无机磷。WASP 模型包含无机磷（正磷酸盐）、有机磷以及浮游植物磷。有机磷和无机磷可以根据空间变量溶解比例分为两类：颗粒浓度和溶解浓度。磷循环计算公式如下：

浮游植物磷

$$\frac{\partial(C_4 a_{pc})}{\partial t} = G_{P1} a_{pc} C_4 - D_{P1} a_{pc} C_4 - \frac{V_{s4}}{D} a_{pc} C_4 \tag{2.53}$$

有机磷

$$\frac{\partial C_8}{\partial t} = D_{P1} a_{pc} f_{op} C_4 - k_{83} \theta_{83}^{(T-20)} \left(\frac{C_4}{K_{mPc} + C_4} \right) C_8 - \frac{V_{sa}(1 - f_{D8})}{D} - C_8 \tag{2.54}$$

无机磷

$$\frac{\partial C_3}{\partial t} = D_{P1} a_{pc} (1 - f_{op}) C_4 + k_{83} \theta_{83}^{(T-20)} \left(\frac{C_4}{K_{mPc} + C_4} \right) C_8 - G_{P1} a_{pc} C_4 \tag{2.55}$$

式中，K_{mPc} 为浮游植物矿化的半饱和常数，mgC/L；C_4 为浮游植物碳，mgC/L；G_{P1} 为浮游植物生长率，d^{-1}；D_{P1} 为浮游植物死亡率，d^{-1}；a_{pc} 为磷-碳比，mgP/mg，C；k_{83} 为 20℃时的溶解有机磷矿化速率，d^{-1}；θ 为温度系数；$(1-f_{op})$ 为呼吸和死亡的浮游植物再生为正磷酸盐的部分；f_{op} 为呼吸和死亡的浮游植物再生为有机磷的部分；f_{D3} 为水体中溶解无机磷的比率；f_{D8} 为水体中溶解有机磷的比率；V_{sa} 为有机物质沉淀速率，m/d；V_{s4} 为无机物质沉淀速率，m/d。

B. 氮循环

氮循环和磷循环具有基本相同的动力过程，氮吸收速率与氮浓度相关，氮浓度受总无机氮（氨和氮）的可用量影响。在温度相关的矿化速率下，有机氮可以转化为氨；相对地，在温度和氧相关的硝化速率下，氨可以转化为氮。在缺氧的情况下，通过反硝化作用，硝酸盐可以转化为氮气。

WASP 模型的氮循环过程包括浮游植物氮、有机氮、氨和硝酸盐。公式如下：

浮游植物氮

$$\frac{\partial(C_4 a_{nc})}{\partial t} = G_{P1} a_{nc} C_4 - D_{P1} a_{nc} C_4 - \frac{V_{s4}}{D} a_{nc} C_4 \tag{2.56}$$

有机氮

$$\frac{\partial C_7}{\partial t} = D_{P1} a_{nc} f_{on} C_4 - k_{71} \theta_{71}^{(T-20)} \left(\frac{C_4}{K_{mNc} + C_4} \right) C_7 - \frac{V_{sa}(1 - f_{D7})}{D} - C_1 \tag{2.57}$$

氨

$$\frac{\partial C_1}{\partial t} = D_{P1} a_{nc} \left(1 - f_{on}\right) C_4 + k_{71} \theta_{71}^{(T-20)} \left(\frac{C_4}{K_{mNc} + C_4}\right) C_7 -$$

$$G_{P1} a_{nc} P_{NH_3} C_4 + k_{12} \theta_{12}^{(T-20)} \left(\frac{C_6}{K_{NIT} + C_6}\right) C_1 \tag{2.58}$$

硝酸盐

$$\frac{\partial C_2}{\partial t} = k_{12} \theta_{12}^{(T-20)} \left(\frac{C_6}{K_{NIT} + C_6}\right) C_1 -$$

$$G_{P1} a_{nc} \left(1 - P_{NH_3}\right) C_4 - k_{2D} \theta_{12}^{(T-20)} \left(\frac{K_{mN}}{K_{NO_3} + C_6}\right) C_2 \tag{2.59}$$

$$P_{NH_3} = C_1 \left[\frac{C_2}{\left(K_{mN} + C_1\right)\left(K_{mN} + C_2\right)}\right] + C_1 \left[\frac{K_{mN}}{\left(C_2 + C_1\right)\left(K_{mN} + C_2\right)}\right] \tag{2.60}$$

式中，a_{nc} 为氮-碳比，mg N/mg C；k_{71} 为 20℃时有机氮的矿化速率，d^{-1}；θ_{71}、θ_{12} 为温度系数；k_{12} 为 20℃时的硝化速率，d^{-1}；K_{NIT} 为硝化作用中限制因子氧的半饱和系数，$\mathrm{mgO_2/L}$；k_{2D} 为 20℃时反硝化速率，d^{-1}；K_{NO_3} 为反硝化作用的 Michaelist 常数，$\mathrm{mgO_2/L}$；f_{on} 为呼吸和死亡的浮游植物循环到有机氮的百分比，%；P_{NH_3} 为氨优先选择系数；f_{D7} 为溶解有机氮百分比，%。

C. 溶解氧

在溶解氧平衡中考虑了五个状态变量：浮游植物碳、氨、硝酸盐、碳化需氧量和溶解氧。水体中溶解氧的减少主要是水体中的好氧呼吸过程和底泥中厌氧过程的共同结果。这两个作用过程的动力学公式如下：

碳质物质的生化需氧量

$$\frac{\partial C_5}{\partial t} = a_{OC} K_{1D} C_4 - k_D \theta_D^{(T-20)} \left(\frac{C_6}{K_{BOD} + C_6}\right) C_5 -$$

$$\frac{V_{s3} \left(1 - f_{D5}\right)}{D} C_5 - \frac{5}{4} \frac{32}{14} k_{2D} \theta_D^{(T-20)} \left(\frac{K_{NO_3}}{K_{NO_3} + C_6}\right) C_2 \tag{2.61}$$

溶解氧

$$\frac{\partial C_6}{\partial t} = k_2 \left(C_2 - C_6\right) - k_D \theta_D^{(T-20)} \left(\frac{C_6}{K_{BOD} + C_6}\right) C_5 - \frac{64}{14} k_{12} \theta_{12}^{(T-20)} -$$

$$\frac{SOD}{D} \theta_2^{(T-20)} + G_m \left[\frac{32}{12} + \frac{48}{14} \frac{14}{12} \left(1 - P_{NH_3}\right)\right] - \frac{32}{12} k_{12} \theta_D^{(T-20)} C_4 \tag{2.62}$$

式中，a_{OC} 为氧-碳比，$\mathrm{mgO_2/mgC}$；k_D 为 20℃时 CBOD 还原速率，d^{-1}；θ_2 为温度系数；θ_D、θ_{12}、θ_{2D} 为 20℃时的温度系数；K_{BOD}、K_{NO_3} 为氧气限制的半饱和系数，$\mathrm{mgO_2/L}$；k_{12} 为 20℃时硝化速率，d^{-1}；k_{2D} 为 20℃时反硝化速率，d^{-1}；SOD

为底泥需氧量，$g/(m^2 \cdot d)$；k_2 为 20℃时复氧速率，d^{-1}；f_{D5} 为 CBOD 的溶解比例。

D. 模型应用

WASP 为了模拟富营养化，采用预处理程序创建一个 EUTRO 输入数据库。数据库内部分内容描述了环境、运输和边界，EUTRO 模型输入与第 6 章描述的保守性示踪模型相似。对于这些基本参数，用户可以增加转化参数，也可以增加固体类物质传输速率。EUTRO 动力学通过利用部分或全部的过程和动力学变量来分析富营养化问题。模型将富营养化分为了三个层次：简单富营养化动力学、中等富营养化动力学、中等富营养化动力学加底泥。结合 EUTRO 中求解富营养化方程所需要的输入参数，对三种实施层次进行简单描述。WASP6 的预处理程序中准备了四类参数，分别是：环境参数、传输参数、边界参数和转化参数。表 2.5 列出了 8 个缩写的状态变量。

表 2.5　EUTRO 模块的状态变量

变量	符号	浓度	单位
氨氮	NH_3	C_1	mgN/L
硝态氮	NO_3	C_2	mgN/L
无机磷	PO_4	C_3	mgP/L
浮游植物碳	PHYT	C_4	mgC/L
碳 BOD	CBOD	C_5	mgO_2/L
溶解氧	DO	C_6	mgO_2/L
有机氮	ON	C_7	mgN/L
有机磷	OP	C_8	mgP/L

3）TOXI 模块

TOXI 模块模拟有毒物质的污染，可考虑 1～3 种化学物质和 1～3 种颗粒物质，包括有机化合物、金属和泥沙等。对于某一污染物可分别计算出其在水中溶解态和颗粒态的浓度，在底泥孔隙水和固态底泥中的浓度，以及其在不同形态下的变化规律。

TOXI 主要有四个子模块，分别对应模拟不同性质的污染物，如表 2.6 所示。

表 2.6　TOXI 模块的子模块及其功能

子模块	可模拟物质
简单有毒物质	不发生反应的金属离子和简单有机污染物的模拟，如铜、锌、镉等
非电离有毒物质	活性金属的模拟，如砷、锡、铬等
有机有毒物质	可变化的有机物和可离子化的有机物的模拟，如石油、BTEX、氯化物溶剂 PCB、VOC 等
汞	汞、二价汞、甲基汞的模拟

TOXI 中的简单有毒物质包括无机有毒物质和一些小分子简单有机有毒物质。在河流水体中，有机化学物质参与吸附、挥发等转移过程和电离、降解、水解、光解和化学氧化等转化过程。在模拟过程中，一般将有机有毒物质的物理化学反应过程分为快速反应和慢速反应，快速反应的特征反应时间比模型时间步长小，可用局部平均的假设来处理；慢反应的特征反应时间比模型时间步长长得多，通过多过程反应速率集合的集总速率常数来表示，在模拟过程中，有机污染物的衰减速率可根据需要重新计算。在使用过程中，需注意有毒物质的浓度应接近痕量水平。

在 TOXI 模拟过程中，用户可为每种模拟化学品的转化反应指定简单的一级反应速率或为特定过程（生物降解、水解、光解、挥发和氧化）指定恒定的一级速率，也可使用模型提供的参数。主要涉及的反应过程有以下几个方面。

A. 简单的反应动力学

设定统一反应速率常数，即为每种模拟的化学物质指定可随河段变化的一级衰变速率常数，如果指定了一个集中衰减速率常数，则无论其他模型输入如何，化学物质都会以该速率进行反应。

$$\frac{\partial C_{ij}}{\partial t} = K_{ij}C_{ij} \tag{2.63}$$

式中，C_{ij} 为河段 j 中化学物质 i 的浓度；K_{ij} 为河段 j 中化学物质 i 的一阶衰变常数，d^{-1}。

分别设定反应速率常数，即为以下每个过程分别输入全局一级反应速率常数，如挥发、水体中的生物降解、底泥中的生物降解、碱性水解、中性水解、酸性水解、氧化、光解和其他反应等。总反应基于每个单独反应的总和，由下式给出：

$$\frac{\partial C_{ij}}{\partial t} = \sum_{k=1}^{N} K_{ki}C_{ij} \tag{2.64}$$

式中，K_{ki} 为化学物质 i 在反应 k 中的一阶转化常数。

B. 平衡吸附过程

吸附是指溶解的化学物质结合到固相上，在研究污染物环境汇和化学品毒性方面非常重要。吸附可以导致化学物质在河床沉积物中积累或在水生生物体内富集，减缓挥发和碱水解等反应，或者增强包括光解和酸催化水解在内的其他反应。

相对于其他环境过程，吸附反应通常很快，通常平衡吸附与溶解的化学物质浓度呈线性关系

$$C_{S'} = K_{ps}C_{w'} \tag{2.65}$$

在平衡状态下，各相之间的分布由分配系数 K_{ps} 控制，而每一相的化学物质总量由 K_{ps} 和固相物质的量控制：

$$f_{\mathrm{D}} = \frac{n}{n + \sum\limits_{s} K_{\mathrm{ps}} M_s} \tag{2.66}$$

$$f_{\mathrm{s}} = \frac{K_{\mathrm{ps}} M_s}{n + \sum\limits_{s} K_{\mathrm{ps}} M_s} \tag{2.67}$$

在整个模拟过程中，这些分数由分配系数、孔隙度和模拟的沉积物浓度在时间和空间上确定。给定了 j 河段中化学物质 i 的总浓度和分配系数，则溶解和吸附的浓度是可由式（2.68）与式（2.69）确定：

$$C_{\mathrm{w},ij} = C_{ij} f_{\mathrm{D},ij} \tag{2.68}$$

$$C_{\mathrm{s},ij} = C_{ij} f_{\mathrm{s},ij} \tag{2.69}$$

式中，$C_{\mathrm{w},ij}$ 为河段 j 中可溶性化学物质 i 的浓度；$C_{\mathrm{s},ij}$ 为 j 河段沉积物 s 的吸附化学物质 i 的浓度；$f_{\mathrm{D},ij}$ 为溶解相中化学物质 i 与河段 j 的分数；$f_{\mathrm{s},ij}$ 为固相 s 中化学物质 i 与河段 j 的分数。

C. 污染物的转化和反应产物

TOXI 模块模拟的三种化学物质可以是独立的，也可以通过化学反应相关联（如反应物和生成物），这种关联可通过模拟两种或三种化学物质并为每个过程指定适当的产率系数来实现：

$$S_{kc1} = \sum_{c}\sum_{k} K_{kc} c_c Y_{kc1}, c = 2,3 \tag{2.70}$$

式中，S_{kci} 为反应物 c 经历化学反应 k 后产生的生成物 i 的量，mg/(L·d)；K_{kc} 为化学反应 k 及反应物 c 的有效速率系数，d^{-1}；Y_{kci} 为反应物 c 经历化学反应 k 后产生的化学物质 i 的产率系数，$\mathrm{mg}_i/\mathrm{mg}_c$。

实际上，TOXI 模块模拟的污染物质在河流中的迁移转化规律往往比常规指标更为复杂，水体本身对它的影响只是其中的一部分，泥沙、气象、生物，以及污染物质本身的理化性质等都对其有较大的影响，因此 TOXI 模块所涉及的动力过程也更为复杂，包括转化过程（如生物降解和水解等）、吸附过程（如 DOC 吸附和悬浮物吸附等）、挥发过程等。

WASP 模型的 TOXI 模块综合考虑各过程和各影响因素，把重金属在水体中的迁移转化规律简化为重金属在水相、悬移相、底泥相三相中的迁移转化，很好地考虑了对流和扩散作用、悬浮物和底泥对溶解态重金属的吸附作用、底泥对水体重金属的解吸作用、悬浮物的沉降和再悬浮作用等对重金属迁移转化过程的影响，科学全面地描述了水体中重金属的变化过程。

TOXI 模块还可以用于模拟示踪剂传输、底质传输等复杂动力过程。底质传输是水生系统的一个重要的过程，包括水流中传输（主要是沉降，动力过程用沉降公式表示）、水底交换、沉淀负荷、底泥床运动等。采用 TOXI 程序模拟，使用者可通过模拟将整个固体颗粒作为单一变量，或分别用 1～3 种固体类型（砂、淤泥、黏土或有机、无机固体颗粒）表示。

2.3.4　其他模型

1. OTIS 模型

OTIS（One Dimensional Transport with Inflow and Storage）模型是一个适用于模拟较小河流溶质扩散运移的数学模型。OTIS 模型综合考虑河流对流、侧向补给、一阶衰减、暂态存储等因素，通过主河道与暂态存储区的相互作用，可以对保守型和非保守型溶质进行模拟优化，从而得出相应的水力参数估值，再进一步计算相应的参数，得出河流的暂态存储特征和营养盐滞留能力。其主要构成方程式为

$$\frac{\partial C}{\partial x} = -\frac{Q}{A}\frac{\partial C}{\partial x} + \frac{1}{A}\frac{\partial}{\partial x}\left(AD\frac{\partial C}{\partial x}\right) + \frac{q_{\mathrm{L}}}{A}\left(C_{\mathrm{L}} - C\right) + \propto \left(C_{\mathrm{s}} - C\right) - \lambda C \quad (2.71)$$

$$\frac{\partial C_{\mathrm{s}}}{\partial t} = \propto \frac{A}{A_{\mathrm{s}}}\left(C - C_{\mathrm{s}}\right) - \lambda_{\mathrm{s}} C_{\mathrm{s}} \quad\quad (2.72)$$

式中，C 为主流区溶质浓度，mg/L；Q 为河流流量，m^3/s；t 为时间，s；A 为河流主流区过水断面面积，m^2；x 为研究渠道长度，m；D 为扩散系数，m^2/s；q_{L} 为侧向补给强度，$m^3/(s\cdot m)$；C_{L} 为侧向补给溶质浓度，mg/L；$\propto$ 为主流区与暂态存储区的交换系数，s^{-1}；C_{s} 为暂态存储区溶质浓度，mg/L；λ 为主流区一阶衰减速率系数，s^{-1}；λ_{s} 为暂态存储区一阶衰减速率系数，s^{-1}；A_{s} 为暂态存储区断面面积，m^2。这里，主流区泛是溪流断面上流动性相对较强且水流较为集中的动态部分，包括深泓线所在范围；暂态存储区则不仅包括水底潜流带，也包含溪流水面两侧近岸的滞水区（或称死水区）及障碍物后部的漩涡等。

式（2.71）与式（2.72）中的模型参数大致分为水文参数 A、A_{s}、D、q_{L}、$\propto$ 和吸收参数 λ、λ_{s}。利用 OTIS 模型的计算过程如下：先将 λ、λ_{s} 设为零，通过试错法不断优化水文参数，使模拟得到的保守型溶质（Br^- 或 Cl^-）浓度曲线与实测浓度曲线相吻合，再利用 OTIS-P 参数包并结合 STARPAC 非线性最小二乘法，通过试错法优化 λ、λ_{s}，从而得到非保守型溶质（NH_4^+ 和 SRP）的浓度穿透曲线，最终确定模型水文参数和吸收参数的大小。

不同的水环境功能模块对河流溶质的扩散运移产生的效果也不相同，OTIS 模型中的暂态存储、对流-扩散、侧向补给等模块对溶质的扩散、运移均有不同的环境效应。其中暂态存储区主要研究可渗透区（潜流带）、滞水区与主流区进行的溶质迁移转化作用；侧向补给重点研究地下水、地表水的补给作用对河流溶质运移、扩散产生的影响；对流-扩散是溶质运移的基础，也是 OTIS 模型中的基础模块。

2. EFDC 模型

EFDC 模型即环境流体动力学模型,是由美国弗吉尼亚州海洋研究所(Virginia Institute of Marine Science,VIMS)根据多个数学模型集成开发研制的综合模型。模型由水质模块、水动力模块、泥沙-有毒物质模块构成,其中水动力模块在水平方向上采用正交曲线坐标系,垂直方向采用 sigma 坐标系,在算子分裂方法的有限差分法的基础上求解水深、压力和三个方向上的速度,是 EFDC 的基础模型。水质模块可用于计算各水质变量的源和汇,模拟包括 COD、氨氮、总磷、藻类等在内的 21 种水质变量。目前也有研究使用 EFDC 模拟水动力条件,再将其结果输入 WASP 等水质模型进行计算。泥沙模块按迁移形态将泥沙分为推移质和悬移质两类,而悬移质又由其粒径的不同分为黏性泥沙和非黏性泥沙两种,泥沙模型可对泥沙的沉降、沉积、冲刷及再悬浮等过程进行较好的模拟。有毒物质模块可在污染物各反应系数的基础上对有毒物质的源、汇及其在水体中的迁移转化进行模拟,此外,EFDC 中毒物模块还包括重金属模块,可以计算除 Hg 以外的重金属的分布。

EFDC 模型考虑三维流速场的时空分布特征,能够实现河流、湖泊、水库、河口、海洋和湿地等地表水系统的一维、二维、三维水质和水动力模拟,还能够模拟点源、非点源污染物及营养盐等物质在水体中的迁移转化过程,在实践中具有较好的应用。考虑到其同样适用于湖泊,EFDC 模型将在 3.3 节进行详细介绍。

2.4　应　用　案　例

2.4.1　基于 QUAL 模型的通州区水环境容量估算

1. 通州区流域背景分析

1)通州区流域概况

通州地区河渠纵横,多河富水。北京市的许多河流顺着地势由西北向东南从通州区出境。流经通州区的主要河流有潮白河、温榆河、凉水河、港沟河、小中河、通惠河、凤河、运潮减河和凤港减河等。

水环境容量计算过程中要对研究河流作计算分区的确定(即划分河段),河段的划分应符合以下基本要求:①河段长度不宜太短,也不宜太长;②河段中应该包含主要污染源,污染源的位置不应在河段末端,要考虑污染源进入河段能均匀混合;③河段的划分应该与水文站点、水质常规监测点相一致。依据以上分区要求，以通州区现有水环境功能区划为基础对研究河流作了河段的划分（如表 2.7 通州区现有水环境功能区划所示）。

表 2.7　通州区现有水环境功能区划

功能区名称	代码	控制断面名称	功能区长度（km）	功能区面积（km²）	功能区水质目标	功能区规划使用功能	功能区现状使用功能
北运河	CB04090001	榆林庄	36.400	189.90	IV	景观娱乐用水区	接纳城市生活工业废水
萧太后河	CB5805AF01	无	10.5	20.00	V	工农业用水区	农业用水
凤港减河	CB58050002	丁庄桥（市控）	39.2	201.00	V	工农业用水区	不能使用
小中河	CB4005AM01	北关小中河桥（市）	13.5	184.00	V	渔业用水	不能使用
温榆河下段	CB40050004	北关闸（市）	14.5	87.90	V	景观.灌溉	达不到工农业用水要求
通惠北干渠	CB58050001	次渠桥生活口（市）	17.5	—	V	工农业用水区	工农业用水区排污
通惠河下段	CB0409AE02	通惠河入口（市）	5	20.00	V	景观娱乐用水区	向河道排污
玉带河	CB5805AG01	玉带河入口（市）	11.73	10.00	V	景观娱乐用水区	工农业用水
凉水河中下段	CB58050003	许各庄	28.38	263.00	V	工农业用水区	农业用水
运潮减河	CB0304AN01	师姑庄闸	11.5	20.00	IV	饮用水水源保护区	水源保护区
港沟河	CB58050004	田村闸（市）	18.00	42.04	V	工农业用水区	接纳生产、生活废水

注："—"表示无数据

表 2.7 未包括潮白河及凤河，但含通惠北干渠，本书对通惠北干渠仅作水环境现状评价，不计算其水环境容量；另外由于潮白河已经断流，本次计算暂时不考虑。表 2.7 中若河段长度在 15 km、控制区面积在 50 km² 左右，则不再进一步细分，否则再细分，最后对通州区境内主要河流共分成 19 个河段。

2）条件假定

由于通州目前河流污染情况严重，且大部分河流无常规水文监测站点和多年流量监测数据，需对现状情况进行假定后计算理想状况下水环境容量。通州区境内河流污染物主要来源为上游污染转嫁内污染物排放。基于以上情况对水环境容量计算做如下假定：①每条河段在进口处和出口处断面浓度均达到水质功能要求，即认为上游经过规划治理后水质达标，并且假定河段中排入的污染物在到达段尾处全部降解。②不考虑河流稀释容量，只计算河流自净容量。因为在假定①中所有来水均满足水质功能要求，因此进水与河段本身水质相同，不存在稀释容量。③河流中流量由两部分组成，一部分是河流上游来水，即入境流量，另一部分是通州区由于降雨而产生的地表径流所产生的流量，即自产流量。部分小河流由于没有水文监测数据，忽略入境流量，只考虑自产流量。④目前通州河流底泥已受到污染，但计算中不考虑底泥吸附、污染物释放的影响。⑤计算容量时不考虑实际排污口位置，假定污染物均在计算河段段首一次性排放，河段中间无排污口。并且不考虑入流废水流量。⑥通州河流密布各类闸、坝，计算水环境容量时忽略部分闸、坝影响。河段划分中已经按照闸、坝的分界划分，但由于闸、坝数量较多，完全按闸、坝划分河段，河段长度过短，不利于计算，因此忽略了中间部分闸、坝。⑦小的支流和河流之间相连的沟渠对环境容量的影响忽略不计。由于小支流水文、水质数据无法获得，而且小支流的影响相对很小，因此在计算中忽略不计。河流之间的沟渠起到调节两条河流水量和取水的功能，沟渠上多闸、坝，而且数量多，很难确定其影响，因此忽略不计。⑧非点源污染不考虑。因为此次计算中只考虑的是自净容量，因此可以将非点源污染排除在外。

2. QUAL 模型构建

1）模型选定

通州区境内的主要河流均属中小河流，各河段的长度远大于河道水面宽度，污水排入水体后横向混合长度远小于河道的计算流程长，故选用一维模型。根据对通州现状的分析，选用段尾控制模型作为计算水环境容量模型。

段尾控制模型计算公式为

$$E = 86.4 C_s (Q_0 + q)(e^{\frac{kx}{u}} - 1) \qquad (2.73)$$

其中自净容量为

$$E_{自净} = 86.4 C_s Q_0 (e^{\frac{kx}{u}} - 1) \qquad (2.74)$$

式中，E 为水环境容量值，kg/d；C_s 为水质标准，mg/L；Q_0 为河流流量，m^3/s；q 为旁侧入流流量和入流废水流量，m^3/s；k 为水质降解系数，d^{-1}；x 为河流间距，km；u 为河流流速，km/d。

2）参数确定

根据所选定的模型，对两种重要水环境指标 COD 和 NH_3-N 作水环境容量计算，计算河流的自净环境容量需要知道 C_s、Q_0、k、x、u 等参数。各参数具体确定方法如下：

A. 水质标准 C_s、河流间距 x 的确定

根据我国《地表水环境质量标准》（GB 3838—2022），本计算中涉及的水质标准 C_s 数值如表 2.8 不同水质标准 C_s 数值所示[12]。河流间距由划分河段时根据统计资料获得。

表 2.8　不同水质标准 C_s 数值

	COD（mg/L）	NH$_3$-N（mg/L）
IV类水质标准 C_s	30	1.5
V类水质标准 C_s	40	2.0

B. 水质降解系数 k 确定

因子 COD 降解系数 k_{COD} 和 NH$_3$-N 降解系数 k_{NH_3-N} 的确定参考生态环境部环境规划院在全国地表水环境容量核定中推荐的降解系数值。此外，参考 2006 年 3 月底对通州区河流的实测数据对 k_{COD} 和 k_{NH_3-N} 作了相应修正，认为通州区河流的 k_{COD} 取 0.10、k_{NH_3-N} 取 0.08 为宜。

C. 设计流量 Q_0 的确定

这里水环境容量计算公式中涉及的流量暂不考虑 q，而只考虑 Q_0。本计算中没有获得直接的河流流量数据，设计流量 Q_0 是依据已有相关资料推算得到的，具体推算方法如下：河段设计流量 Q_0 由两部分流量组成，河段入境流量和河段自产流量。河段的入境流量是河流上游来水流量，而河段的自产流量是由于降水产生地表径流在通州区内所形成的流量。河流设计流量为入境流量与自产流量之和。

通州区入境地表径流主要由北运河水系入境。由北运河入境的河流主要有小中河、温榆河、通惠河、凉水河、凤港减河，入境的水量除天然径流外，还有上游灌溉回归水，城区污废水，京密引水的指标水。其中温榆河、通惠河、凉水河为主要的城市排污、排洪指标水河道，其实际来水远大于天然径流。凤港减河天然状态下并无径流入境，实际有少量水由大兴区凤河调节入境。出境水量主要由通州西南西集镇牛牧屯的北运河干流出境。

入境水量计算主要根据北运河北关闸下游的通县水文站、凉水河榆林庄水文站实测资料和历年北京市水资源公报数据推算。因为本次计算水环境容量是计算理想状态下的自净容量，并且实际流量中非天然部分受人为活动的影响变化太大，所以在计算中选取天然平均入境流量为河段入境流量。而根据通县站监测资料，运潮减河 1975～2005 年平均流量为 4.52 m³/s，因此认为温榆河 8.53 m³/s 的流量，其中 4.52 m³/s 流入运潮减河，其余 4.01 m³/s 流入北运河。如表 2.9 上游来水平均流量所示。

表 2.9　上游来水平均流量

	小中河	温榆河	通惠河	凉水河
天然年径流量（亿 m³）	0.21	2.69	0.21	0.37
天然平均入境流量（m³/s）	0.67	8.53	0.67	1.17

注：摘自北京市通州区《水资源综合规划（讨论稿）》

河段自产流量是由以下方法推算而得的，已知通州区 11 个乡镇 1956～2000 年多年平均分区面降水量，根据所研究河流的位置对数字化的通州地图做重新分区，将重新分区地图与通州区行政地图叠加，由此叠加图估算降水汇入的河流区域范围和集水区面积 S。通过通州区年降雨-径流（P-R）相关关系图可由降水量估测径流深 H，$H \times S$ 即为相应河段的自产径流量，再由自产径流量计算出平均自产流量作为河段的自产流量。如表 2.10 河段设计流量所示。

表 2.10　河段设计流量

河流名称	分段起止点	自产流量（m³/s）	入境流量（m³/s）	设计流量（m³/s）
潮白河（1 段）	港北-大沙务	—	—	—
北运河（2 段）	北关闸-榆林闸	0.12	5.62	5.74
	榆林闸-牛牧屯	0.13	7.32	7.45
运潮减河（1 段）	北关分洪闸-东堡	0.05	4.52	4.57
港沟河（1 段）	许各庄-前元化	0.12	—	0.12
凤河（1 段）	临沟屯-兴隆庄	0.18	—	0.18
通惠河（1 段）	八里桥-通济桥入北运河	0.04	0.67	0.71
温榆河（1 段）	管头-北关闸	0.07	8.53	8.60
凉水河（3 段）	马桥村西-新河闸	0.14	1.17	1.31
	新河闸-张家湾闸	0.08	1.31	1.39
	张家湾闸-榆林庄	0.06	1.52	1.58
小中河（2 段）	葛渠-故道闸	0.06	0.67	0.73
	故道闸-北关分洪闸	0.01	0.73	0.74
中坝河（1 段）	中坝河安里-北关闸	0.09	—	0.09
凤港减河（3 段）	房辛店-于府闸	0.17	—	0.17
	于府闸-军屯闸	0.20	0.17	0.37
	军屯闸-小屯	0.05	0.37	0.42
玉带河（1 段）	西门筛子庄-张家湾入萧太后河	0.05	—	0.05
萧太后河（1 段）	口子村-张家湾凉水河	0.08	—	0.08

注：表中"—"为无上游来水数据，故忽略。

D. 设计流速 u 确定

由于设计流量为理想条件下流量，因此没有相应的流速数据。2006年3月底通过实地监测调查，通州河流河宽较大，实测流速均较小，低于0.1 m/s。而设计流速如小于0.1 m/s此时往往停留时间过长，超过了一维模型的应用范围，将设计流速提高到0.1 m/s、设计流量保持不变，在此基础上进行模型计算。因此将设计流量小于1 m³/s的12条河段的设计流速统一选取为0.1 m/s。温榆河和北运河设计流量较大，设计流速应大于0.1 m/s，采用对比的方法确定设计流速，通过资料查询，1991年温榆河当流量在8.5 m³/s时，流速在0.25 m/s左右，假设河道状况没有改变，因此选取温榆河设计流速为0.25 m/s。而运潮减河和北运河流量减小，河道变宽，地势平缓，因此选取设计流速为0.2 m/s。凉水河三条河段设计流量在1.31~1.58 m³/s，选取设计流量为0.15 m/s。如表2.11河段设计流量和流速对照表所示。

表 2.11 河段设计流量和流速对照表

河流名称	分段起止点	设计流量（m³/s）	设计流速（m/s）
潮白河（1段）	港北-大沙务	—	
北运河（2段）	北关闸-榆林闸	5.74	0.2
	榆林闸-牛牧屯	7.45	0.2
运潮减河（1段）	北关分洪闸-东堡	4.57	0.2
港沟河（1段）	许各庄-前元化	0.12	0.1
凤河（1段）	临沟屯-兴隆庄	0.18	0.1
通惠河（1段）	八里桥-通济桥，入北运河	0.71	0.1
温榆河（1段）	管头-北关闸	8.60	0.25
凉水河（3段）	马桥村西-新河闸	1.31	0.15
	新河闸-张家湾闸	1.39	0.15
	张家湾闸-榆林庄，入北运河	1.58	0.15
小中河（2段）	葛渠-故道闸	0.73	0.1
	故道闸-北关分洪闸，入北运河	0.74	0.1
中坝河（1段）	中坝河安里-北关闸，入北运河	0.09	0.1
凤港减河（3段）	房辛店-于府闸	0.17	0.1
	于府闸-军屯闸	0.37	0.1
	军屯闸-小屯	0.42	0.1
玉带河（1段）	西门筛子庄-张家湾，入萧太后河	0.05	0.1
萧太后河（1段）	口子村-张家湾，入凉水河	0.08	0.1

3. 模拟结果评估及评价

1）容量计算结果

通过公式法计算可得通州区境内主要河流河段水环境容量，结果如表 2.12 通州区境内主要河流河段水环境容量计算结果所示。

表 2.12　通州区境内主要河流河段水环境容量计算结果

河流名称	分段起止点	E_{COD}（t/a）	$E_{NH_3\text{-}N}$（t/a）
潮白河（1 段）	港北-大沙务	—	—
北运河（2 段）	北关闸-榆林闸	592.70	23.46
	榆林闸-牛牧屯	1050.17	41.42
运潮减河（1 段）	北关分洪闸-东堡	310.92	12.35
港沟河（1 段）	许各庄-前元化	35.06	1.37
凤河（1 段）	临沟屯-兴隆庄	30.83	1.22
通惠河（1 段）	八里桥-通济桥，入北运河	53.36	2.12
温榆河（1 段）	管头-北关闸	753.25	29.93
凉水河（3 段）	马桥村西-新河闸	149.16	5.91
	新河闸-张家湾闸	120.30	4.78
	张家湾闸-榆林庄，入北运河	136.74	5.43
小中河（2 段）	葛渠-故道闸	77.71	3.08
	故道闸-北关分洪闸，入北运河	29.63	1.18
中坝河（1 段）	中坝河安里-北关闸，入北运河	16.61	0.66
凤港减河（3 段）	房辛店-于府闸	49.67	1.94
	于府闸-军屯闸	73.90	2.91
	军屯闸-小屯	54.77	2.17
玉带河（1 段）	西门筛子庄-张家湾，入萧太后河	10.50	0.41
萧太后河（1 段）	口子村-张家湾，入凉水河	12.78	0.50

注：由于潮白河已经断流，本次计算暂时不考虑

2）结果分析

通州河流现状：境内河流水质均超过 V 类，但水质目标大部分为 V 类，部分区以 IV 类水为目标，因此实际上全区河流水质超标，无环境容量；枯水期和丰水期水量相差很大。枯水期流动水量少，再加上闸坝拦截，与水库类似。

运用河流容量一维模型公式计算水环境容量，需要得知式中各参数的数据。其中可以准确获取的参数数据有水质标准 C_s、河流间距 x，对于旁侧入流流量和入流废水流量 q 在不便于获得的情况下不再考虑；由于通州河流的特殊性，很难用实验的方法推算出综合降解系数 k，而从文献资料中通过类比也很难找出相似

河流，只能在参考生态环境部环境规划院在全国地表水环境容量核定中推荐的降解系数值的同时，结合 2006 年 3 月实地监测数据推算值对 k 作出大概的估计，估计值应该与实际值有较好的吻合；水环境容量计算中设计流量 Q_0 和设计流速 u 的确定是关键。由于通州的河流均为中小河流，而且大多数河流污染严重、天然径流量小，没有常规水文监测站点，不能获得多年最枯月流量作为设计流量，因此采用通过通州区年降雨-径流（P-R）相关关系计算自产平均流量，再与上游来水平均流量加和作为河流设计流量。然后由设计流量估算出设计流速。由于采用的是平均流量，因此计算出的水环境容量值比实际容量要大，计算容量在枯水期容量和丰水期容量之间。

由容量计算结果可以看出，通州区容量具有地块分配不均的特点，由于水环境容量和河流流量之间成正比的关系，因此水环境容量主要集中在四条流量较大的河流上，分别为：北运河 COD 容量 1642.87 t/a，NH_3-N 容量 64.88 t/a；运潮减河 COD 容量 310.92 t/a，NH_3-N 容量 12.35 t/a；温榆河 COD 容量 753.25 t/a，NH_3-N 容量 29.93 t/a；凉水河 COD 容量 406.2 t/a，NH_3-N 容量 16.12 t/a。这四条河的 COD 和 NH_3-N 容量均占总容量的 87.5%。不考虑潮白河，其余九条河容量只占总容量的 12.5%。大部分容量集中在通州区的东北部，南部水环境容量很小。

由于计算容量过程中对实际情况做了较多假设，计算容量为理想状况下自净容量值，即可认为是通州区河流在上游水污染治理达标的前提下，天然径流能产生的理想自净容量。而这种理想容量虽然不是实际容量，但仍然可以作为指导通州区污染物总量分配和消减的相对依据。

2.4.2 基于 MIKE11 模型的十五里河水质评估

1. 十五里河流域背景分析

十五里河流域位于合肥市西南郊，自西北流向东南，在同心桥处汇入巢湖，流域面积 111.25 km²，原干流河道全长约 24.74 km。

据调研，城市非点源污水、农村生活污水对十五里河非点源污染的贡献最大，散养畜禽和水产养殖对 COD 的排放量不容忽略，通过农田流失的营养物占比例亦较大。鉴于十五里河的实际现状，十五里河流域综合治理工程初步设计方案选择以 SWMM 模型来模拟城市非点源污染，并结合 SWAT 模型对农业非点源进行模拟，最终将两者的输出数据作为 DHIMIKE11 河道模型的输入边界条件，从而实现模拟非点源污染随降雨径流进入水体的过程以及点源、非点源污染物在河道迁移消减过程。本章重点介绍 MIKE11 部分的构建和应用。

2. DHI MIKE11 模型构建

1）基础资料收集情况

MIKE11 模型的河道水动力及水质模拟需基于河网数据、河道断面数据、水文、水质监测数据，所收集基础数据如下：

A. 河网数据

十五里河共有 4 条入河支流，分别是位于河道中游的幸福渠、王年沟和位于河道下游的许小河、圩西河。

十五里河上游的天鹅湖为人工湖泊，在天鹅湖下游采用溢流坝蓄水，根据设计，天鹅湖水体 100 年一遇洪水位为 31.12 m，坝顶高程为 30.50 m，坝长 60 m，下泄流量为 45.40 m³/s。目前，十五里河沿河设置有水工构筑物，包括滚水坝和即将进行拆除、新建和改建的拦水堰。水工构筑物现状和改造情况见表 2.13 十五里河滚水坝情况表、表 2.14 十五里河拦水堰情况表。

表 2.13　十五里河滚水坝情况表

序号	地点	桩号	堰底高程（m）	堰顶高程（m）	宽度（m）	局部壅水高度（m）
1	312 国道处	17+900	14.0	14.7	12	0.02
2	繁华大道处	16+800	12.7	14.5	12	0.10
3	沪蓉高速上游	15+900	11.3	13.0	12	0.11

表 2.14　十五里河拦水堰情况表

名称	桩号	里程（m）	现状规模（m）		改造方式	设计规模（m）	
			堰高	堰宽		堰高	堰宽
新建堰 1	1440	1540	—	—	新建	3	40
新建堰 2	4113	4273	—	—	新建	1.7	13.5
拦水堰 1	830	694	0.92	10	拆除	—	—
拦水堰 2	2082	2242	2.78	6	重建	2.8	9.5
拦水堰 3	2460	2620	1.76	6	拆除	—	—
拦水堰 4	2681	2841	1.31	6	重建	1.5	11.5
拦水堰 5	3102	3262	2.03	6	上移（原桩号 3213）	2.6	11.5

B. 河道断面数据

已收集十五里河上游 75 个断面现状及设计后的河底高程数据；十五里下游 88 个断面的河底高程数据；支流许小河 65 个断面河底高程数据；支流万年沟 27 个断面河底高程数据。

C. 污染源调查数据

经调查分析，在河道下游建有十五里河污水处理厂一座，一期、二期工程总处理能力为 10 万 t/d，出水标准为一级 A，目前为满负荷运行；流域工业企业主要位于中下游的包河工业园区，企业排放废水均接管进入十五里河污水处理厂；农田和畜禽养殖主要分布在中下游的包河区，污染物在降雨期间随地表径流以非点源形式入河；城市非点源污染除本流域城市径流外，在河道中游还承担了塘西河上游转输的约 30 km² 的初期雨水污染。根据河道水量来源，流域污染物入河可以分为 3 个途径，分别是污水厂尾水排放、地表径流和沿河雨水排口旱季排污，最后一种途径也是污染物的主要入河途径。

D. 水文水质监测数据

水文站分别设置于金寨路下游小桥站、徽州大道美丹桥以及前杨桥站。河道水质监测断面分别包括天鹅湖坝下、祁门路断面、金寨路断面、第一跌水断面、金河桥断面、宿松路桥断面、绕城高速下国控断面、徽州大道、京台高速断面、新包河大道断面、许小河入河口上游断面、十五里河污水厂排口上游断面、圩西河入河口下游断面、前杨桥断面、楼郢桥断面、希望桥断面。此外，金寨路断面、徽州大道断面、许小河断面在 2015 年 7 月 23 日 11 时 50 分至 14 时 30 分期间进行了次降雨过程中的断面水质监测，该场次降雨持续时间为 11 时 50 分至 13 时 40 分，降雨共历时 110 min，平均降雨强度为 3 mm/h。

2）模型文件配置

设计方案在现有资料基础上利用 MIKE11 平台，分别基于十五里河河道现状和规划方案实施后的具体情况，建立河道水动力水质现状模型和规划模型。模型包括河网文件（SWLHNet1-nwk11）、断面文件（SWLHXSec1-xns11）、边界条件文件（SWLHBnd1-bnd11）、水动力模块参数文件（SWLHHDPar1-hd11）、对流扩散模块参数文件（SWLHADPar1-ad11）、模拟文件（SWLH-sim11），各文件设置情况如下：

A. 河网文件

设计方案现状模型和规划模型河网文件生成河网视图，方案中十五里河流域水系简化为十五里河及支流许小河组成的河网。其中十五里河全长 22640 m，支流许小河全长 5260 m，在十五里河 14789 m 处汇入。现状模型中未设置水工构筑物，规划实施后模型中沿河共设置 8 处水工构筑物，分别位于 1440 m、2082 m、2681 m、3102 m、4113 m、4900 m、6100 m、6900 m 处。

B. 河道断面文件

根据现状及规划方案实施后的河道形状调查资料以及设计报告资料，设计方案分别在十五里河沿河设置 50 个河道断面，其中包括上游边界和下游边界断面。支流许小河共设置 30 个河道断面。现状模型和规划模型设置的河道断面具体高程信息分别记录于两模型的断面文件（SWLHXSec1-xns11）中。

C. 边界条件设置及时间序列文件

边界设置包括十五里河上下游边界及沿河污染源汇入边界。设计方案现状及规划模型均设置 84 个边界。其中，十五里河上游（A1）、许小河上游边界 A55 均设置为 open inflow 边界；十五里河下游边界设置开放 open Q-h 边界；十五里河沿河共设置 61 个点源入流（point source inflow）边界，编号为 A2～A54、A75～A82，各边界所对应的流量及污染物排放数据记录于时间序列文件中 SWLH-LL-TS1-dfs0、SWLH-COD-TS1-dfs0、SWLH-NH$_3$-N-TS1-dfs0、SWLH-TN-TS1-dfs0、SWLH-TP-TS1-dfs0、SWLH-SS-TS1-dfs0）；此外 15800 m 处的污水处理厂排水口改化为恒定流量及水质边界。

各时间序列文件中分别记录了 2015/1/60：15：00～2015/10/1：15：00 期间时间间隔为 15 min 的各边界流量及 COD、NH$_3$-N、TN、TP、SS 浓度数据。

D. 参数文件

设计方案采用水动力 HD、对流扩散 AD 两个模块分别进行十五里河水文、水质模拟。其中 HD 模块初始河流水位采用全局参数，参数值为 8 m，河床糙率以曼宁系数计，设置为全局参数，参数值为 0.033。AD 模块设置的水质模拟污染物组分分别为 COD、TN、TP、NH$_3$-N，初始污染物浓度值、扩散系数、污染物衰减系数均设置为全局参数。关键参数设置情况分别如图 2.1 至图 2.3 所示。

图 2.1　河床糙率设置情况

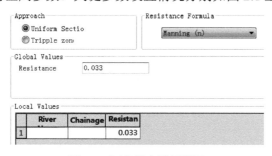

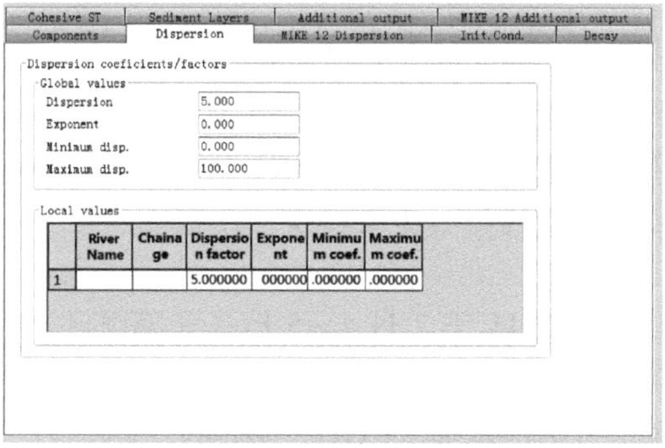

图 2.2　污染物扩散系数设置情况

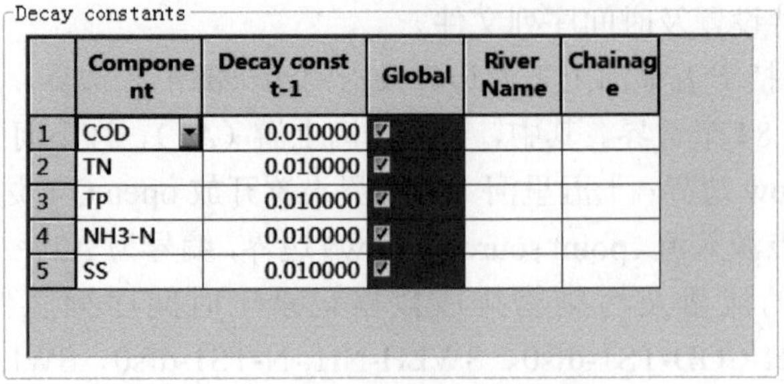

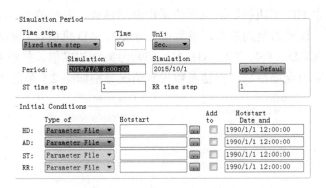

图 2.3　污染物衰减系数设置情况

E. 模拟文件

设计方案模拟选用 HD、AD 两模块，将上述各文件作为输入文件，模拟时间步长设置为 60 s 固定步长，模拟期为 2015 年 1 月 6 日 6：00：00～2015 年 10 月 1 日 00：00：00，具体设置见图 2.4。

图 2.4　模拟文件设置情况

3. 模拟结果评估及评价

1）水位模拟

运行原有的现状模型，并依据十五里河徽州大道水文站（18800 m）2015 年 6 月 26 日至 10 月 1 日期间的水位监测数据对模型模拟效果进行验证。徽州大道断面模拟水位总体低于实测水位，模拟水位和实测水位平均相对误差 14%，水位总体模拟结果偏低，模型水位模拟效果有待进一步提高。

2）水质模拟

运行原模型，并依据 2015 年 7 月 4～5 日（非降雨日）的金寨路断面水质监测数据，对模型模拟结果进行验证。各污染物模拟值与实测值相对误差见表 2.15。

可见，原模型对十五里河水质（COD、NH₃-N、TN、TP）总体可以接受各水质指标浓度模拟值与实测值变化趋势基本一致。其中，COD 相对于其他污染来说模拟效果稍好一些,其原因可能来源于 AD 模块本身对各污染物的模拟能力的差异,也可能源于实际中 COD 相对其他污染物质在河流中较为稳定,TN、TP、NH$_3$-N 受未预见因素影响较大,不确定性较高。

表 2.15 水质模型率定结果

水质指标	平均相对误差(%)	最大相对误差(%)
COD	5	10
NH$_3$-N	8	15
TN	13	25
TP	10	15

3)MIKE-11 模型评价

A. 基础资料完备性评价

对于 MIKE11 模型,目前收集的基础资料中,河网、河道断面资料较为完备,可在此基础上建立模型所需的河网文件和河道断面文件。

污染源调查资料可为模型边界条件的设置提供数据,目前已进行旱季排污监测的排口数量较少,监测时间集中在 7 月 4~5 日两天,无法为模型边界提供完善的时间序列数据。从现有数据来看,水位数据精度较高、覆盖的时间段较长,可以作为 HD 模块率定验证的基础。而水质数据虽然监测断面较多,但各个断面数据量相对较少,数据精度普遍较低,部分断面监测时间相对集中,无法准确反映河道水质的实际变化情况,若用于模型水质模块的率定具有较高的不确定性。

B. 模型配置文件评价

河网文件设置评价。设计方案模型中河网概化为十五里河及支流许小河构成的河网,而根据十五里河水系实际情况,汇入十五里河研究区范围内的较大支流还包括圩西河,因其没有断面监测数据,模型未考虑该支流汇入,对模型模拟结果准确性会有一定影响。此外,根据设计单位所提供的资料,十五里河下游共设 3 处滚水坝,上游改造前也设有 5 处拦水堰,但现有的设计方案现状模型中未考虑水工构筑物对水动力条件的影响。

边界条件设置评价。对照现状模型和规划模型各边界对应的时间序列文件发现,规划模型直接采用现状模型的边界时间序列数据,未能体现出截污工程实施前后污染源排放情况的差异。且模型中没有考虑未来生态补水工程实施后的生态补水排入边界,无法准确反映河道治理工程效果;此外,边界条件设置时,雨季径流污染物排放数据需依托 SWMM、SWAT 模型对于城市降雨径流和农业非点源污染排放的模拟结果,原 SWMM、SWAT 模型未经过率定,其可靠性直接影响MIKE11 模型的模拟结果。

关键参数设置评价。设计方案 HD 模块中初始水位、河床糙率(曼宁系数),

AD 模块中 COD、TN、TP、NH₃-N 初始浓度、污染物扩散、衰减系数均采用全局参数值。

河床糙率设置。根据十五里河相关调研资料中提供的断面形式描述并对照河床糙率表，可初步估计十五里河各河段河床糙率范围，分别如表 2.16 至表 2.18 所示。

表 2.16　国道上游河段现状断面情况

河段	里程（m）	断面形式	河床糙率范围	
			主槽	护岸
天鹅湖坝下-金寨路	0～1340	单式	0.030～0.034	—
金寨路-金河桥	1340～3300	复式	0.025～0.029	0.040～0.060
金河桥-312 国道	3300～5118	单式	0.035～0.040	—

表 2.17　国道上游河段规划设计断面情况

河段	里程（m）	断面形式	河床糙率范围	
			主槽	护岸
天鹅湖坝下-齐云山	0～200	复式	0.030～0.034	0.040～0.060
齐云山-金寨路	200～1340	复式	0.030～0.034	0.040～0.060
金寨路-312 国道	1340～5118	复式	0.030～0.034	0.040～0.060

表 2.18　国道下游河段（改造完成）断面情况

河段	里程（m）	断面形式	河床糙率范围	
			主槽	护岸
312 国道-沪蓉高速	5118～7548	单式	0.022～0.026	—
沪蓉高速-徽州大道	7548～8157	复式	0.025～0.029	0.060～0.090
徽州大道-湿地段	8157～21500	复式	0.030～0.034	0.040～0.060
湿地以下闸站枢纽段	21500～22600	单式	0.022～0.026	—

根据上表，设计方案设置的河道全局河床糙率 0.033 基本合理，但采用全局参数可能会影响到部分河段的模拟准确度。若能按照各河段形状分段设置河床糙率并考虑水工构筑物的局部壅水高度可进一步提高模型可靠性。

污染物扩散系数：根据初步设计报告及《水域纳污能力计算规程》（GB/T 25173—2010）初步计算所得的各河段扩散系数如表 2.19 所示[13]。

此外，根据 MIKE11 模型用户手册，扩散系数 D 的取值范围一般为小河 1.5 m²/s，大河 5.20 m²/s。因此，本方案中的污染物扩散系数按全局参数值 5 设置基本合理，但该参数设置可根据河道实际情况进一步细化。

表 2.19　各河段扩散系数

河段	里程（m）	J（%）	H（m）	扩散系数
天鹅湖坝下-312 国道	0～5118	2	0.2～5	0.074～9.282
312 国道-徽州大道	5118～8157	1.6	0.2～5	0.066～8.302
徽州大道-入巢湖口	8157～22600	0.2	0.2～5	0.0587～2.935

　　污染物衰减系数：借鉴中国环境规划院在《全国地表水水环境容量核定技术复核要点》（2004 年）提出的水质降解系数的参考值初步估计污染物衰减系数范围。十五里河目前的水质状况基本为 V 类水，COD、NH_3-N 的衰减系数可初步确定为 0.05～0.10 d^{-1}，按 MIKE11 中的模型衰减系数单位（h^{-1}）计分别为 0.002～0.004 h^{-1}，TN、TP 的衰减系数可参考 COD、NH_3-N 作适当调整。设计方案中设置的各污染物衰减系数 0.01 h^{-1}，该参数值的设置依据及准确性有待进一步核实。

4）总体评价

　　基于上述对模型整体方案和模型文件设置情况的分析，认为十五里河综合水质模型从基础数据、配置文件等角度来看是基本可行的，通过运行原模型对十五里河水位、水质进行模拟，模拟结果显示，水位及各污染物浓度模拟值与实测值变化趋势基本一致，相对误差属于可接受范围。但目前原综合水质模型构建尚存在一定问题。MIKE11 现状模型中，未根据河道现状水工构筑物实际情况在河网文件中设置水工构筑物，河网概化时未考虑圩西河这一较大支流；河床糙率系数、污染物扩散系数设置可根据河道实际情况进一步细化，污染物衰减系数的设置有待进一步调试。

　　综上所述，基于 MIKE11 平台建立的河道综合水质现状模型和规划模型整体方案可行，但模型构建细节仍需改善，耦合 SWMM、SWAT、MIKE11 构建的十五里河水质综合模型其模拟结果的可靠性有待提高。

2.5　本　章　小　结

　　河流是一个复杂的动水环境系统。污染物在河流中的输移扩散离不开物理过程、化学反应、生物代谢的综合作用。这些反应过程与污染物本身的特性和环境条件密切相关。污染物在河流中的物理输移过程主要包括对流、分子扩散、紊动扩散、纵向离散。在沉积物-水界面上还包括泥沙颗粒和底岸的吸附与解吸、沉淀与再悬浮、底泥中污染物的输送等过程。

　　河流水环境模型按其建模方法和求解特点，可分为确定性模型和随机模型；按描述的系统是否具有时间变化特征，可分为稳态模型和非稳态模型；按空间维度，可分为一维、二维和三维模型。许多模型在河流水环境模拟中都有较好的应用。表 2.20 常用河流水环境模型总结对本章所介绍的模型进行了总结。

表 2.20　常用河流水环境模型总结

模型	模型维度	模型构成	模拟组分
QUAL-2K	一维	光照-热量模块、水动力模块、水质模块	温度、溶解氧、氮、磷、藻类、浮游植物、细菌等组分，但不能够模拟浮游动物和硅
DHI-MIKE	一维、二维、三维	水动力模块 HD（核心）、控制构筑物模块 SO、降雨径流模块 RR、水质生态模块 ECO Lab 等	温度、细菌、溶解氧、氮、磷、硅、浮游动植物、藻类等多种组分
WASP	一维、二维、三维	DYNHYD 模块、WASP 模块（EUTRO 模块、TOXI 模块）	溶解氧、氮、磷、浮游植物、其他有毒污染物等组分

参 考 文 献

[1] 赖锡军. 流域水环境过程综合模拟研究进展. 地理科学进展, 2019, 38(8): 1123-1135.

[2] Fick A. On Liquid Diffusion. London Edinburgh Dublin Philos Mag J Sci X, 1855: 33-39.

[3] 唐洪武, 袁赛瑜, 肖洋. 河流水沙运动对污染物迁移转化效应研究进展. 水科学进展, 2014, 25(1): 139-147.

[4] 禹雪中, 杨志峰, 钟德钰, 等. 河流泥沙与污染物相互作用数学模型. 水利学报, 2006(1): 10-15.

[5] 胡鹏, 崔小红, 周祖昊, 等. 流域水文模型中河道断面概化的原理和方法. 水文, 2010, 5(30): 38-41.

[6] 朱瑶, 梁志伟, 李伟, 等. 流域水环境污染模型及其应用研究综述. 应用生态学报, 2013, 24(10): 3012-3018.

[7] 洪夕媛, 雷坤, 孙明东, 等.永定河流域张家口段水质模拟及水环境容量研究. 环境污染与防治, 2021, 43(10): 1249-1254+1262.

[8] 舒长莉, 李林, 冯韬. 基于 MIKE21 的河道饮用水源地突发污染事故模拟——以赣江南昌段为例. 人民长江, 2019, 50(3): 73-77.

[9] 季振刚. 水动力学和水质: 河流湖泊及河口数值模拟. 北京: 海洋出版社, 2012.

[10] 赵子豪, 姚建.基于 WASP 模型的山区型河流水污染控制研究. 人民长江, 2021, 52(S1): 38-41.

[11] 周刚, 熊勇峰, 呼婷婷, 等. 地表水水质模型综合评价技术体系研究. 环境科学研究, 2020, 33(11): 2561-2570.

[12] 中华人民共和国国家质量监督检验检疫总局, 中国国家标准化管理委员会.地表水环境质量标准(GB 3838—2022). 北京: 生态环境部, 2022.

[13] 中华人民共和国国家质量监督检验检疫总局, 中国国家标准化管理委员会. 水域纳污能力计算规程(GB/T 25173—2010). 北京: 水利部, 2010.

第3章 湖泊水库水环境模型

3.1 湖库水环境概述

湖泊和水库是重要的地表水体，具有生态、环境、资源等多方面功能和特性，作为流域中各种物质的汇，储存、消纳了来自地表、地下径流、雨水等携带的大量营养物和污染物。同时，在水体环境条件发生变化的情况下，湖库又有可能成为向周边环境释放污染物的源，从而对水体环境质量产生重要影响。同时，湖泊、水库是人类的重要取水地和淡水资源储存库，其水质的好坏关系到饮用水安全，对其环境过程的正确认知具有重要意义。湖库水环境过程较为复杂，涉及多种环境因素。利用数学模型对主要因素和重要过程进行合理描述，有助于加深对湖库水环境过程的理解，为湖库水环境管理和规划提供科学依据。

3.1.1 湖泊水库特点及其污染基本特征

湖泊和水库通常被认为有较多相似特征，两者在一些情况下经常互换或被统称为"湖库"，并被归为一类来进行研究，以湖泊、水库为代表的静水水体主要特征包括：

（1）流速缓慢，水体滞留时间长，水文过程复杂。

（2）水面宽广，输入的物质不断累积，水质分布通常不均匀。温度、营养物、溶解氧等易发生垂向分层；一般不受潮汐的影响。

（3）水生生态系统较为封闭，其结构特征一般受到附近土壤、植被影响。

湖泊和水库之间也存在一些明显区别，从严格意义上讲，湖泊一般是自然状态下形成的低洼汇水区域，水库则通常是指经过人工改造具有特殊功能的储水水体，有时被称为"人工湖泊"。天然湖泊拥有生态环境等方面功能，水库则通常侧重水资源功能属性（防洪、供水、航运、发电、灌溉等）。水库主要由人为控制出入流，天然湖泊则一般不受控制。另外，水库和湖泊在形态、外部负荷、管理目标等方面各有特点（表3.1）。

湖库和河流相比，由于形态、参数、水动力特征等差异，水环境模拟的方法和侧重点有所不同，流速快、水深浅、宽度窄的河流通常可被看作一维形式进行模拟，而湖泊水库则有较复杂的水力混合过程，沉积物内部的生物地球化学反应活跃，通常在一维基础上，结合二维、三维角度来考虑湖库内部物质变化过程，湖库水质模型的源汇项通常比较复杂。在湖库模型中较为关注的问题有：温度分层、富营养化、藻类生长、温室气体排放等。

表 3.1　水库和天然湖泊部分差异特征比较 [1]

特征	水库	天然湖泊
主要水流类型	风生流	吞吐流
主要类型划分依据	基于大小、形态、设计目的	基于水源、水文学
主要形态类型	高山峡谷型、峡谷-平原转化型、湖泊型、河道型等	构造湖、河成湖、牛轭湖、堰塞湖、冰川湖等
地理分布	冰川地区分布较少，受当地人为需求影响	冰川地区分布较多，区域分布上由地貌学决定
最大深度	坝前	湖中心
地貌形态	V 型，窄长	U 型，圆周形
汇水面积 CA/表面积 SA	CA>SA	CA≫SA
水动力变化	人为操控（可能出现反季节蓄放水），水位涨落周期性变化明显	自然变化，较稳定
管理目标	以调蓄洪水，水资源供给、水质达标为主	包括资源、环境、生态保护等
关键生物带	水库消落带	湖岸缓冲带
初级生产力	较低	较高
水力停留时间	较短	较长

湖泊根据水深可被分为浅水湖（水深<7 m）和深水湖（水深>7 m），根据水力停留时间（湖水体积与流出速率之比）分为短停留时间（<1 年）和长停留时间，根据营养物含量，可分为贫营养、中营养和富营养型（水库同样也可依此划分）。富营养湖泊生物产量较高，藻类浓度高，溶解氧含量低，沉积物含有大量有机质，水质差。贫营养湖泊底层水温低，具有较高的溶解氧，沉积物有机质含量低，水质一般较好，此状态多见于深水湖。湖库水力停留时间会很大程度上影响富营养化状态，水力停留时间长会有利于营养物的累积、藻类的生长。天然湖泊通常都会有一个从贫营养向富营养过渡，最终发展为沼泽的生命发展历程，但这一过程的周期历时漫长，人类活动的影响则会大大加速这一进程，例如短时间内大量养分负荷的输入会导致湖泊水质迅速恶化。

各种水库在形态、水文特征、规划管理目标等方面有差异，但大多水库的共同功能为蓄水，水力停留时间是水库的一个重要参数，水力停留时间长的水库，其内部物质迁移转化过程会对水质影响较大；水力停留时间较短的水库，入流过程对水质产生显著影响。相比天然湖泊，水库的初级生产力一般较低，在一定程度上更易受到外来养分或其他污染物引入的影响。水库在蓄水后，淹没的土壤和生物有机质的分解会产生一定量的二氧化碳和甲烷，这一过程受到水库年龄、比表面积、淹没有机质质量以及温度的影响；随着水库运行时间增长，持续的富营养化会使水库本身趋向自养，增加沉积物碳的固存，同时也增加了甲烷的生成量；一般来说，小型水库由于有较大的沉积物-水界面接触面积与体积之比，具有较高的养分反应性。根据形态、水力特征等差异，水库大致可分为河道型和湖泊型两种，河道型水库有较为明显的纵向梯度变化，坝前区域水较深，库尾及支流回水区较浅。湖泊型水库水流较缓，内部理化过程和湖泊类似。水库一般都设有泄水设施，在规定方向排水，还可根据需要设置出水口来释放不同深度的水体；另外水库可进行人为周期性蓄放水，水位变化与天然江河及湖泊有较大不同，通常起到了削峰、错峰作用。

水库尤其是深水水库，除了存在垂直分层之外，从上游河段到下游大坝之间，水质特征存在纵向梯度的差异，水库主要支流入水源头类似河流，大坝附近则接近湖泊，因此可以把水库大致分成三个主要区域，分别为上游河道区，下游湖相区，以及两个区域之间的过渡区，河区较为狭窄，水体混合充分，水体水平流动状态占主导，湖区则受浮力作用主导，垂直混合作用较强，不同水库三个区域的大小占比有较大不同。根据实际主导水动力过程的不同，需要考虑使用一维（动水）或三维（静水）相关数学模型来合理描述水质过程。

3.1.2 湖泊水库水环境污染成因和途径

由于湖库独特的水环境特征，如水体较长的水力停留时间，自净能力较差，污染物（如营养物质或有毒物质）进入湖库水体后，难以通过水流输移、搬运作用稀释或被排出，容易沉积于水底而在底泥中不断累积，是导致水环境富营养化等众多环境问题的潜在风险，可能对水生动植物乃至整个生态系统产生不良影响。

湖泊水库环境污染物可分为外源污染和内源污染两种，外源污染包括点源污染（工业废水、生活污水等）和非点源污染（大气干湿沉降、农田地表径流、土壤侵蚀等）。内源污染主要为底泥、沉积物中的污染物。外源污染物如氮磷主要通过点源、非点源方式进入水体，在外源污染物得到控制的情况下，内源污染释放是湖库水质变化的重要影响因素，如湖泊富含营养物质的底泥、底层水是持续为水体供给营养物质的重要源头，是富营养化治理需要关注的关键介质。氮、磷从底泥中释放的机理有所差异，氮的释放取决于氧化分解程度，而磷的释放主要和其沉淀形态有关。水动力、水环境条件的变化（如水力扰动和水体溶解氧含量变化）会影响内源污染物的释放，极大地改变水体的生物地球化学循环过程，这一现象在浅水湖泊中较为常见。

营养盐进入湖库的途径主要包括直接和间接两种，直接进入是指通过湖库区降水、废水排放直接通过排口进入湖库，间接进入是指污染物先通过地表径流等途径汇入湖库的支流，然后再通过支流汇入，其他间接途径还有通过地下水进入湖泊水库等。

3.1.3　湖泊水库水动力过程

水动力过程是物理因子变化的基本动力条件，不同水体的水动力过程存在明显差异，不同水动力过程在一定程度上决定温度、溶解氧和营养物质的分布，还会对泥沙、污染物以及生物群落的组成、分布产生影响。湖泊水库虽属流动缓慢的水体，但在密度梯度、风力等作用下，湖库水体处于不断变化和运动的状态中。水动力学过程主导着湖泊内部物质和能量的输移转化，在很大程度上影响水质的宏观变化状态。湖泊自身水动力特征和其几何形态存在联系，并在多种因素的驱动下产生湖流。湖水运动主要有两种形式，周期性升降波动如波浪、波漾（驻波）运动与非周期性的水平流动如湖流、增减水等。根据形成的动力条件，湖流可分为吞吐流、风生流和密度流，吞吐流是湖泊相连的河道出入流运动，风生流是由风力作用导致，密度流是由于水体在垂直方向密度分布不均。

1）吞吐流（入流和出流）

入流和出流是河流、湖库之间水体交换的主要形式，湖泊的入流水密度如果和原湖泊密度相似，会快速混合均匀，若两者存在密度差，则会影响湖泊的湍流混合，流入的水会以表层流、内部流或底部流等形式成为密度流。例如当流入水温度较高，密度相对较低时，会以表层流形式在湖水表面扩散。入流有利于湖水的混合，物质的补充，入流量、入流位置和密度差等是控制流入物质在水体中分布的重要因素；出流包括湖泊自然流出的水以及水库排水等，自然湖泊一般从表面排水，水库排水则通常通过大坝水闸来控制，湖库泄流会对水体不同位置流速、流向造成不同程度影响，从而对污染物分布规律有一定影响。出入流会影响水位、表面积和水体体积，水体收支一般用湖泊水库水平衡描述。

2）风生流

风应力是决定湖水垂直环流的重要因素之一，由风力或其他物理作用在湖面产生的涡旋和湖面波动分别可促进湖水在水平和垂直方向上的混合。风力首先施加于水面，湖水表面风能转化为湍流，通过湍流将能量向下层传递。由于湖库的垂直分层结构，湍流的穿透深度可能会受到一定限制，尤其是对于深水湖泊，很难引起沉积物的再悬浮，因此营养物质易于积累。我国有较多浅水湖泊，风浪的发展对于湖泊垂向混合作用强烈，不但会增加水体溶解氧，还有可能通过泥沙扰动释放污染物造成二次污染[2]。

3）热交换与温度层结

水温是湖库水体水环境变化的主要驱动因子，几乎所有的理化指标均与水温有关。湖库水体的热交换主要通过水面进行，热交换形式包括太阳辐射热、大气辐射热、水面蒸发损失热、水面辐射损失热等。

水体发生季节性热分层是湖沼学中最基本的物理过程。除了出入流和风应力，太阳辐射、水深是影响湖水分层的重要因素，由于季节变化，太阳辐射对湖泊的能量输入有明显差异，从而出现季节性分层现象，在春秋季节交替时期，湖水不均匀增温、矿化度不一致等导致垂向密度不均引起密度流动，会产生湖水垂直混合，在密度流的同时伴随着水质的变化。

3.1.4　湖泊水库水环境过程

湖泊具有复杂的沉积物和养分内部循环机制。水库或湖泊的拦沙效率表示入流泥沙沉入湖的比例，深水湖库通常具有较高的泥沙拦截效率。用公式可定义为：拦沙效率=(流入沉积物-流出沉积物)/流入沉积物。

河流的湍流混合作用会使部分泥沙悬浮，河流进入湖库时，流速减弱，泥沙发生沉降，颗粒较大的泥沙会沉积在水库源头形成三角洲。水库中颗粒物的大小沿纵向呈一定规律排序，由于颗粒物会吸附一定的污染物，会影响水质状况的纵向分布。总悬浮颗粒物浓度从水库入口到出口递减，透光性增加，垂直分层和内部养分循环过程增强，人类活动如清淤疏浚会影响泥沙输运过程[2]。

湖泊水库空间分层状况很大程度上影响着水环境，垂直分层是湖库的典型特征。在垂直方向上温度的差异会导致水体密度不同，基于温度廓线自上而下形成表水层、温跃层（又称斜温层或中间层）和均温层（又称滞温层），随着四季气温变化，温带湖泊垂直方向的水温呈规律性变化。夏季水体表层温度高，深层温度低，秋冬交界时期气温快速下降，表层水温下降，水密度增加，表层水下沉，上下层水对流混合，导致水温、污染物分布在水深方向上趋向均匀。大气复氧是湖泊溶解氧的主要来源，进入湖泊表面的氧气可以通过垂直混合过程转移至下层，水温的季节性分层会影响湖库溶解氧时空分布，氧含量的垂直分层又会影响生物结构和营养物质的分布。由于水体分层等原因，深水湖库存在多个关键界面，是各种重要物理、化学、生物过程的反应热点区，对于水体环境和生态系统十分关键[3]。水库的分层结构和泄流方式会对水体营养物质产生一定影响。由于营养物质浓度一般呈现表层低于底层的特点，若采用表层泄流方式，营养物容易在水库内聚集，浓度升高；采用底层泄流方式，可减少库内营养物质[4]。湖库中心至岸边因水深不同而产生水生动植物分层，分为湖岸带、浮游带和底栖带。湖岸带阳光可直接抵达湖底，生长有较多挺水、沉水、浮水植物等；浮游带一般为阳光不能直接穿透湖水抵达湖底的区域；底栖带是湖底沉积层，有较多的底栖生物[2]。

营养物是有机体生长的必需品，氮、磷、硅等元素是藻类生长代谢的物质基础，但是过多的营养物会对整个生态系统产生不良影响，高浓度的营养物质会引起水体富营养化，藻类的过度生长最终会导致水体缺氧，水质变差，生态系统功能受损，在这种情况下，营养物质被视为污染物。营养物质以不同的形态存在于水环境中，一般存在形态包括溶解态和颗粒态，在生物有机体中的形态等。形态研究一般可基于生物可利用性进行，生物可利用态一般为溶解态、自由吸附态等，直接可利用形态以溶解性无机物为主，氮磷营养物质的可利用形态有铵、亚硝酸盐、硝酸盐、磷酸盐等。由于营养物的形态会发生转化，总营养物浓度更能反映水体营养状况。营养物质可在湖库水体生态系统中的水、底泥、藻类之间进行循环，水动力条件改变导致底泥中营养物质的释放，引起藻类的大量生长，吸收了营养物的藻类死亡后的残体分解释放出营养物又返回水环境中。影响营养物迁移转化的重要过程包括藻类的吸收和释放，水解作用，溶解性有机营养物质的矿化与分解，沉积物、悬浮颗粒物吸附解吸，外部营养物输入等。各种物理、化学、生物因素以及营养物负荷和富营养化关系较为复杂，水质模型描述这些关键循环转化过程和相互作用关系。

3.2　模型框架和建模思路

3.2.1　湖库模型框架

湖泊水库水环境模型结构较为复杂，虽然有具体参数设置及模型结构上的差异，相关模型一般包含其中一个或几个重要部分，主要包括水动力模块、泥沙输移模块、水质和富营养化模块、有毒物质模块和泥沙成岩模块等，其中各个部分之间既相对独立也存在相互联系。合理概化水质过程的前提是对水动力条件的充分认识和描述，例如水动力、泥沙输移模块的条件设定会为水质模块的参数输入、过程选择提供重要依据。

湖库水环境模型的建立过程包括基础数据收集，模型选择和建立，模型求解，参数选取，参数率定、验证等。合适模型结构的选择是关键，通常根据所得观测数据系统分析确定所需模型结构，通过关键过程的识别对模型进行概化，利用实测数据与模型输出结果进行模型参数的率定与优化。

3.2.2　模型选择和建立

湖库水环境模型是对湖泊、水库中重要实际环境过程的描述和概化，相关模型的建立需要大量基础数据资料的支持，其中主要包括湖泊、水库当地地形、气象、水文、水质监测数据资料等，据此建立一个概化模型，一般来说，所需数据越完善，模型模拟的精度和效果越好。

　　环境模型按照模型变量之间的关系可以分为线性和非线性模型，按照参数的性质可以分为集总式模型和分布式模型、半分布式模型等，分布式环境模型可以更精细地定量刻画水环境过程，能够分析解决较为复杂的问题，例如污染物的运移以及其和沉积物的相互作用。但是分布式模型对数据要求较高，不能满足要求的数据精度和质量会大大降低模型的模拟效果，因此模型选择应根据要解决的实际问题、研究对象和模拟目标等合理确定，通常需要在模型的复杂性和对特定数据的适合度之间进行一定权衡，较为复杂的模型一般可以更精细刻画环境过程，但除了对数据要求较高，还会耗费更多的运算时间，有可能增加模型不确定性，降低模型普适性等。模型选择的基本原则是，所选环境模型应具有足够的精度，满足基本功能和要求，不宜过于复杂，存在可控变量，具有可操作性。以湖库为研究对象选择相应水环境模型时也应遵循上述原则，根据实际情况和对象特点合理选择，具体应考虑的因素包括所研究问题的空间维数、时间尺度、重要过程、可用数据信息、事件数等，例如在空间维数的选择上，当湖库水流交换作用较为充分、污染物分布均匀时，可以采用零维数学模型或是统计模型；污染物在断面上分布均匀的河道型水库可以采用一维模型；浅水湖库（水平尺度远大于垂向尺度）可以采用平面二维模型；深水湖库水质模拟则可以考虑采用立面二维数学模型或三维模型等[4]。通常可以利用赤池信息准则（AIC）和贝叶斯信息准则（BIC）来评价和指导模型的选择。

　　另外，湖泊、水库模型的边界条件一般应考虑：

　　（1）大气边界：尤其是浅水湖泊应考虑风场驱动下风生流等特征。深水湖泊或水库需考虑辐射、气温、云层等边界条件引起的热通量交换和热力驱动；

　　（2）出入湖流量和水质边界：对于深水湖泊或水库，在夏季必须考虑入流的层次及湖水的分层；

　　（3）取/退水边界：发电、灌溉或其他用途引起水位的快速升降，需考虑取水/退水边界；

　　（4）点源与非点源的水质边界。

　　需要强调的是，水库和湖泊模型相比，尤其在出流部分的边界条件上存在较大差异，湖泊出流过程主要受自然过程影响，而水库出流下边界主要受到人为调控作用，因此在建模过程中应区分两者的边界条件，以准确描述关键环境过程。

3.2.3　水动力过程模拟

湖泊、水库水体自身水力条件复杂,对于其水动力过程的精确刻画较为关键。湖泊的入流和出流影响湖水深度、表面积及体积,湖泊蓄水量的变化是收入和损失量的函数,一个湖泊的水量收支数学表达式如下

$$V_p + V_{Rd1} + V_{Rg1} = V_E + V_{Rd2} + V_{Rg2} + V_q + \Delta V \qquad (3.1)$$

式中,V_p 为湖面降水量;V_{Rd1} 为入湖地表径流量;V_{Rg1} 为入湖地下径流量;V_E 为湖面蒸发量;V_{Rd2} 为出湖地表径流量;V_{Rg2} 为出湖地下径流量;V_q 为工农业用水量;ΔV 为湖水贮量变量。

湖泊换水周期的长短,可作为判断能否饮用湖水资源的一个参考指标:

$$T = \frac{W}{Q \times 86400} \qquad (3.2)$$

式中,T 为换水周期,d;W 为湖泊贮水量,m^3;Q 为平均入湖流量,m^3。

水的密度 ρ 是精细化模型的重要参数,影响 ρ 的主要有温度 T、盐度 S、总悬移质泥沙浓度 C 这 3 个参数。

四个变量可以写成:

$$\rho = f(T, S, C) \qquad (3.3)$$

上述状态方程中函数 f 的具体形式按照经验公式确定:

微分形式表示为

$$d\rho = \left(\frac{\partial y}{\partial x}\right)_{S,C} dT + \left(\frac{\partial \rho}{\partial S}\right)_{T,C} dS + \left(\frac{\partial \rho}{\partial C}\right)_{T,S} dC \qquad (3.4)$$

此状态方程可以表示为

$$\rho = \rho_T + \Delta\rho_S + \Delta\rho_C \qquad (3.5)$$

式中,ρ_T 为纯水密度;$\Delta\rho_S$ 为盐度引起的密度增量;$\Delta\rho_C$ 为总悬移质泥沙引起的密度增量。

总悬移质泥沙浓度包括两部分:总悬移质固体浓度和总溶解态固体浓度。

水动力控制方程包括质量守恒、能量守恒、动量守恒。质量守恒方程描述进出给定空间的质量通量,对于不可压缩流体:

质量增量=流入的质量−流出质量+源−汇

水动力学中,质量守恒方程常在单元水柱中进行描述,单元水柱是水体一部分,是一个从水面延伸至水底的假想圆柱,作为计算的控制体积。

动量守恒:

根据牛顿第二定律导出

$$F = ma$$

式中，F 为外力；m 为质量；a 为加速度。

3.2.4　水质过程模拟

水质代表水的物理、化学、生物特征，水体水动力过程控制着水体中各种物质的输运，营养物质可能吸附于水中的泥沙等颗粒物上，从而影响营养物质的迁移转化，因此水动力过程和泥沙过程的描述对于水质过程模拟具有重要作用。

主要水质过程包括物理输送、与大气的交换、吸附解吸作用、藻类吸收、积物水界面交换、成岩作用等。水质模型主要基于以下几个方面建立：物质守恒，化学、生化过程定律，边界条件和初始条件。

水质控制方程的通用形式表示为

$$\frac{\partial C}{\partial t} + \frac{\partial(uC)}{\partial x} + \frac{\partial(vC)}{\partial y} + \frac{\partial(wC)}{\partial z} = $$
$$\frac{\partial}{\partial x}\left(K_x \frac{\partial C}{\partial x}\right) + \frac{\partial}{\partial y}\left(K_y \frac{\partial C}{\partial y}\right) + \frac{\partial}{\partial z}\left(K_z \frac{\partial C}{\partial z}\right) + S_c \tag{3.6}$$

式中，C 为水质状态变量浓度；u，v，w 分别为 x，y，z 方向的速度分量；K_x，K_y，K_z 分别为 x，y，z 方向的湍流扩散系数；S_c 为每单位体积内部和外部源和汇。

藻类等水生生物在营养物质循环过程中起到了关键作用，藻类光合作用吸收溶解性无机营养物质，使营养物质以有机磷、有机氮、难利用硅等形态循环，沉降作用使颗粒物转移至沉积物中，通过成岩作用和矿化分解，颗粒态营养物质转化为无机形态，成为藻类生长可利用的形态，实现进一步循环。水质模型中，营养物质循环过程和藻类生长紧密相关，同时藻类生长代谢可以影响溶解氧的变化、二氧化碳含量和 pH。

溶解氧是藻类繁殖的重要条件，不同藻类所需溶解氧大小有区别，夏季在低溶解氧条件下，一些蓝藻容易繁殖从而导致湖库发生水华，溶解氧同时也影响沉积物营养盐释放速率，生物代谢过程等。湖泊溶解氧平衡方程可以表示为

$$\frac{\mathrm{d}O}{\mathrm{d}t} = \left(\frac{Q}{V}\right)(O_i - O) + k_2(O_s - O) - kL \tag{3.7}$$

式中，O 为 t 时刻水体内溶解氧浓度；O_i 为流入湖泊的溶解氧饱和浓度；O_s 为某一水温条件下溶解氧的饱和浓度；V 为湖泊容积，通常表示为水面积乘以平均水深；Q 为单位时间内补给湖泊的水量；k_2 为湖水的大气复氧系数；k 为水体内生物及非生物因素的耗氧总量，与耗氧物质的耗氧率以及密度有关；L 为湖水生化需氧量。

3.3　典型模型介绍

3.3.1　箱式模型

湖泊水库水体与外界物质交换量较少，周期长，可以看作是相对独立的系统，从简单化角度出发，一般可以把湖、库看成是一个封闭的箱体来研究。湖库箱式水质模型包括完全混合箱式模型和分层箱式模型两大类型。

1. 湖库完全混合箱式模型

对于停留时间很长、水质基本处于稳定状态的中小型湖泊、水库，可以将其看作一个均匀混合的水体，在其中发生各种物质输入、输出及转化过程，代表性模型主要有沃伦威德模型、吉柯奈尔-狄龙模型等。

1）沃伦威德（R. A. Vollenweider）模型

该模型是描述富营养化过程的早期模型，属于半经验模型，主要基于磷负荷和平均水深，可看作是一般质量平衡方程的一种表达结果。适用于停留时间长，水质基本处于稳定状态的湖库水体[5]，要求数据量较小，在富营养化管理研究中得到广泛的应用。

湖泊水库被看作一个均匀混合的水体，认为水体中物质浓度变化和该种物质输入量、输出和水体沉积损失有关，公式形式表示为

$$V\frac{\mathrm{d}C}{\mathrm{d}t} = I_\mathrm{c} - sCV - QC \tag{3.8}$$

式中，V 为湖库容积，m^3；C 为营养物质浓度，$\mathrm{g/m}^3$；I_c 为营养物质输入总负荷，$\mathrm{g/a}$；s 为营养物在湖库中的沉积速率常数，a^{-1}；Q 为湖库出流流量，m^3/a。

引入冲刷速度常数 r（令 $r=Q/V$），得到

$$\frac{\mathrm{d}C}{\mathrm{d}t} = \frac{I_\mathrm{c}}{V} - sC - rC \tag{3.9}$$

给定初始条件，当 $t=0$，$C=C_0$ 时，求得上式解析解为

$$C = \frac{I_\mathrm{c}}{V(s+r)} + \frac{V(s+r)C_0 - I_\mathrm{c}}{V(s+r)} \mathrm{e}^{[-(s+r)t]} \tag{3.10}$$

库出流、入流量及营养物质输入稳定情况下，当 t 趋近于无穷大时，可达到营养物质平衡浓度 C_p：

$$C_\mathrm{p} = \frac{I_\mathrm{c}}{(r+s)V} \tag{3.11}$$

进一步令 $t_w = \dfrac{1}{t} = \dfrac{V}{Q}$ 且 $V = A_s h$，得到湖库中营养物质平衡浓度

$$C_p = \frac{L_c}{sh + \dfrac{h}{t_w}} \qquad (3.12)$$

式中，t_w 为湖库水力停留时间，a；A_s 为水面面积，m²；h 为湖库平均水深，m；L_c 为湖库单位面积营养负荷，g/(m²·a)；其中 $L_c = I_c/A_s$。

2）吉柯奈尔-狄龙模型

针对沃伦威德模型在应用中可能遇到的难以确定营养物在湖库中沉积速度常数的问题，吉柯奈尔-狄龙模型引入了较易获得的滞留系数，其公式表达为[6]

$$\frac{dC}{dt} = \frac{I_c(1 - R_c)}{V} - rC \qquad (3.13)$$

式中，R_c 为滞留系数，表示某种营养物质在湖库中滞留分数，可以根据湖库入流、出流负荷近似计算得出。

初始条件 $t=0$，$C=C_0$ 时，式（3.13）的解析解为

$$C = \frac{I_c(1 - R_c)}{rV} + \left[C_0 - \frac{I_c(1 - R_c)}{rV} \right] e^{(-rt)} \qquad (3.14)$$

当湖库出、入流和污染物输入较稳定时，t 趋近于 ∞，可达营养物质平衡浓度 C_p。

$$C_p = \frac{I_c(1 - R_c)}{rV} = \frac{L_c(1 - R_c)}{rh} \qquad (3.15)$$

根据湖库出入流近似计算滞留系数公式如下：

$$R_c = 1 - \frac{\sum_{j=1}^{m} q_{0j} C_{0j}}{\sum_{k=1}^{n} q_{ik} C_{ik}} \qquad (3.16)$$

式中，q_{0j} 为第 j 条支流出流量，m³/a；C_{0j} 为第 j 条支流出流中的营养物浓度，mg/L；q_{ik} 为第 k 条支流入流水库流量，m³/a；C_{ik} 为第 k 条支流中营养物浓度，mg/L；m 为入流支流数目；n 为出流支流数目。

2. 湖库分层箱式模型

分层箱式模型可以用来近似描述深水湖库水质分层状况，其将上、下层分别作为完全混合模型，在上下层之间存在紊流扩散的传递作用，分为夏季模型和冬季模型，夏季模型重点考虑上下分层现象，冬季模型强调上下层间的循环作用，夏季模型和冬季模型可以用"翻池"过程形成的完全混合条件联系起来。描述水质组分包括正磷酸盐（P_o）和偏磷酸盐（P_p）。

夏季分层模型相关方程：

表层正磷酸盐 P_{oe}

$$V_e \frac{dP_{oe}}{dt} = \sum Q_j P_{oj} - QP_{oe} - P_e V_e P_{oe} + \frac{k_{th}}{\overline{Z}_{th}} A_{th} \left(P_{oh} - P_{oe} \right) \qquad (3.17)$$

表层偏磷酸盐 P_{pe}

$$V_e \frac{dP_{pe}}{dt} = \sum Q_j P_{pj} - QP_{pe} - S_e A_{th} P_{pe} - P_e V_e P_{oe} + \frac{k_{th}}{\overline{Z}_{th}} A_{th} \left(P_{ph} - P_{pe} \right) \qquad (3.18)$$

下层正磷酸盐 P_{oh}

$$V_h \frac{dP_{oh}}{dt} = r_h V_h P_{ph} + \frac{k_{th}}{\overline{Z}_{th}} A_{th} \left(P_{oe} - P_{oh} \right) \qquad (3.19)$$

下层偏磷酸盐 P_{ph}

$$V_h \frac{dP_{ph}}{dt} = S_e A_{th} P_{pe} - S_h A_s P_{ph} - r_h V_h P_{ph} + \frac{k_{th}}{\overline{Z}_{th}} A_{th} \left(P_{pe} - P_{ph} \right) \qquad (3.20)$$

式中，下标 e 和 h 分别为上层和下层；下标 th 和 s 分别为斜温区和底层沉淀区的界面；P 和 r 分别为净生产和衰减的速度常数；k 为竖向扩散系数；$\overline{Z}$ 为平均水深；V 为箱体积；A 为界面面积；Q_j 为由河流入湖流量；Q 为湖泊出流量；S 为磷的沉淀速度常数。

冬季循环模型相关方程：

全湖正磷酸盐 P_o

$$V \frac{dP_o}{dt} = Q_j P_{oj} - QP_o - P_{eu} V_{eu} P_o + rVP_p \qquad (3.21)$$

下层偏磷酸盐 P_p

$$V \frac{dP_p}{dt} = Q_j P_{pj} - QP_p - P_{eu} V_{eu} P_o - rVP_p - SA_s P_p \qquad (3.22)$$

式中，下标 eu 为上层（富营养区）。

夏季、冬季模型可以用秋季或春季"翻池"过程形成的完全混合状态作为初始条件，此时

$$P_o = \frac{P_{oe} V_e + P_{oh} V_h}{V} \qquad (3.23)$$

$$P_p = \frac{P_{pe} V_e + P_{ph} V_h}{V} \qquad (3.24)$$

3.3.2　EFDC 模型

1. 原理和基本结构概述

EFDC（Environmental Fluid Dynamics Code）三维环境流体动力学模型属于三

维动态模型，是一个多参数有限差分模型，由威廉玛丽大学弗吉尼亚海洋科学研究所（VIMS）John Hamrick 等开发，模拟对象包括湖泊、水库、河流、湿地、河口等，是功能强大、应用广泛的水环境模型[7, 8]。

EFDC 是一个公共、开源多功能地表水建模系统，由多个模块构成，包括水动力、泥沙、有毒物质、风浪和富营养化模块等，模拟计算过程中首先完成流场计算，获得三维流速场的时空分布特征，在此基础上计算泥沙迁移、冲淤作用，进而模拟受黏性泥沙吸附影响的各水质变量变化过程。

EFDC 水动力学模块可计算包括流速、温度、盐度、近岸羽流和漂流等。水动力学模型输出变量可直接与水质、底泥迁移和毒性物质等模块进行耦合，作为物质运移的驱动条件。同时 EFDC 也提供了与 WASP 等软件的接口，输出可供水质模拟使用的 HYD 文件。EFDC 泥沙模块可进行多组分泥沙的模拟，根据在水体里面的迁移特征把泥沙分为悬移质和推移质；悬移质根据粒径大小分为黏性泥沙和非黏性泥沙，进而还可细分为若干组。可根据物理或经验模型模拟泥沙的沉降、沉积、冲刷及再悬浮等过程。EFDC 有毒污染物模块模拟各类型污染物在水体中的迁移转化过程，该模块需要研究者针对特定有毒污染物提供具体反应过程设定反应系数。EFDC 的水质模块，主要模拟水体中以藻类生长为中心的各变量间相互关系。而底质模块则模拟沉积物与水体之间的物质交换过程。

2. EFDC 主要模块简介

1）σ 坐标系

EFDC 控制方程基于水平边界拟合正交曲线坐标系和垂向 sigma 坐标系

$$\begin{cases} x = \varphi(x^*, y^*) \\ y = \phi(x^*, y^*) \\ z = (z^* + h)/(\zeta + h) = H/(\zeta + h) \end{cases} \tag{3.25}$$

式中，(x^*, y^*, z^*) 为任意点 O 的直角坐标；(x, y, z) 为 O 点的正交曲线 σ 坐标；ζ、h 和 H 分别是 O 点的水面高程、河床高程和水深。

2）水动力和物质运输模块

水动力模块可计算包括水体流速、温度、盐度、羽流和漂流等，作为物质运输移动的驱动，水动力模块输出变量可以和水质模块等进行耦合，因此水动力模块是其他子模块的基础；动力学方程基于三维不可压缩的、变密度紊流边界层方程组，为了便于处理由于密度差而引起的浮升力项，常常采用 Boussinesq 假设。其水平采用曲线正交坐标，垂向采用 sigma 坐标，水动力模块控制方程如下[7]：

动量方程

$$\frac{\partial(mHu)}{\partial t} + \frac{\partial(m_y Huu)}{\partial x} + \frac{\partial(m_x Hvu)}{\partial y} + \frac{\partial(mwu)}{\partial z} - \left(mf + v\frac{\partial m_y}{\partial x} - u\frac{\partial m_x}{\partial y} \right) Hv$$

$$= -m_y H \frac{\partial(g\zeta + p)}{\partial x} - m_y \left(\frac{\partial h}{\partial x} - z\frac{\partial H}{\partial x} \right) \frac{\partial p}{\partial z} + \frac{\partial}{\partial z}\left(m\frac{1}{H}A_v \frac{\partial u}{\partial z} \right) + Q_u \qquad (3.26)$$

$$\frac{\partial(mHv)}{\partial t} + \frac{\partial(m_y Huv)}{\partial x} + \frac{\partial(m_x Hvv)}{\partial y} + \frac{\partial(mwv)}{\partial z} + \left(mf + v\frac{\partial m_y}{\partial x} - u\frac{\partial m_x}{\partial y} \right) Hu$$

$$= -m_x H \frac{\partial(g\zeta + p)}{\partial y} - m_x \left(\frac{\partial h}{\partial y} - z\frac{\partial H}{\partial y} \right) \frac{\partial p}{\partial z} + \frac{\partial}{\partial z}\left(m\frac{1}{H}A_v \frac{\partial v}{\partial z} \right) + Q_v \qquad (3.27)$$

$$\frac{\partial p}{\partial z} = -gH\frac{\rho - \rho_0}{\rho_0} = -gHb \qquad (3.28)$$

连续方程

$$\frac{\partial(m\zeta)}{\partial t} + \frac{\partial(m_y Hu)}{\partial x} + \frac{\partial(m_x Hv)}{\partial y} + \frac{\partial(mw)}{\partial z} = 0 \qquad (3.29)$$

$$\frac{\partial(m\zeta)}{\partial t} + \frac{\partial(m_y H \int_0^1 u\mathrm{d}z)}{\partial x} + \frac{\partial(m_x H \int_0^1 v\mathrm{d}z)}{\partial y} = 0 \qquad (3.30)$$

$$\rho = \rho(p, S, T) \qquad (3.31)$$

物质输移方程

$$\frac{\partial(mHS)}{\partial t} + \frac{\partial(m_y HuS)}{\partial x} + \frac{\partial(m_x HvS)}{\partial y} + \frac{\partial(mwS)}{\partial z} = \frac{\partial}{\partial z}\left(m\frac{1}{H}A_b \frac{\partial S}{\partial z} \right) + Q_S \qquad (3.32)$$

$$\frac{\partial(mHT)}{\partial t} + \frac{\partial(m_y HuT)}{\partial x} + \frac{\partial(m_x HvT)}{\partial y} + \frac{\partial(mwT)}{\partial z} = \frac{\partial}{\partial z}\left(m\frac{1}{H}A_b \frac{\partial T}{\partial z} \right) + Q_T \qquad (3.33)$$

式中，u、v、w 分别为边界拟合正交曲线坐标 x、y、z 方向上的水平速度分量；m_x 和 m_y 为水平坐标变换尺度因子；$m = m_x m_y$ 为度量张量行列式的平方根；A_v 为垂向紊动黏滞系数；A_b 为垂向紊动扩散系数；f 为科里奥利系数；p 为压力；ρ 为混合密度；ρ_0 为参考密度；S 为盐度；T 为温度；Q_n 和 Q_v 为动量的源汇项，Q_S 为盐度的源汇项；Q_T 为温度的源汇项。在各种系数已知的条件下，联立以上公式，可以解出 u、v、w、p、ρ、S、T 和 ζ 8 个变量。

经过 σ 坐标变换后沿垂方向 z 的速度 w 与坐标变换前的垂向速度 w^* 间的关系为

$$w = w^* - z\left(\frac{\partial \zeta}{\partial t} + u\frac{1}{m_x}\frac{\partial \zeta}{\partial x} + v\frac{1}{m_y}\frac{\partial \zeta}{\partial y} \right) + (1-z)\left(u\frac{1}{m_x}\frac{\partial h}{\partial x} + v\frac{1}{m_y}\frac{\partial h}{\partial y} \right) \qquad (3.34)$$

$H = h + \zeta$ 为总水深，是坐标变换前垂向坐标相对于 $z = 0$ 的平均水深 h 与自由水面波动 ζ 之和。式（3.30）是由式（3.29）得到的沿深度积分的连续性方程，积分时利用了垂向边界条件 $z=0$ 和 $z=1$ 处 $w=0$ 。

　　紊流闭合模型：控制方程组中黏性系数 A_v 和扩散系数 A_b 分别由式（3.35）与式（3.36）确定。

$$A_v = \phi_v q l = 0.4(1+36R_q)^{-1}(1+6R_q)^{-1}(1+8R_q)ql \tag{3.35}$$

$$A_b = \phi_b q l = 0.5(1+36R_q)^{-1}ql \tag{3.36}$$

$$R_q = \frac{gH\partial_z b}{q^2}\frac{l^2}{H^2} \tag{3.37}$$

式中，q^2 为紊动强度；l 为紊动长度；R_q 为 Richardson 数；ϕ_v 和 ϕ_b 为稳定性函数，用来分别确定稳定和非稳定垂向密度分层条件下水体的垂直混合或输运的增减，其中紊动强度和紊动长度由以下输移方程来确定：

$$\frac{\partial(mHq^2)}{\partial t}+\frac{\partial(m_y Huq^2)}{\partial x}+\frac{\partial(m_x Hvq^2)}{\partial y}+\frac{\partial(mwq^2)}{\partial z}=\frac{\partial}{\partial z}\left(m\frac{1}{H}A_q\frac{\partial q^2}{\partial z}\right)+Q_q \tag{3.38}$$

$$+2m\frac{1}{H}A_v\left[\left(\frac{\partial u}{\partial z}\right)^2+\left(\frac{\partial v}{\partial z}\right)^2\right]2mgA_b\frac{\partial b}{\partial z}-2mH\frac{1}{B_1 l}q^3$$

$$\frac{\partial(mHq^2 l)}{\partial t}+\frac{\partial(m_y Huq^2 l)}{\partial x}+\frac{\partial(m_x Hvq^2 l)}{\partial y}+\frac{\partial(mwq^2 l)}{\partial z}$$

$$=\frac{\partial}{\partial z}\left(m\frac{1}{H}A_q\frac{\partial q^2 l}{\partial z}\right)+Q_l+m\frac{1}{H}E_1 A_v\left[\left(\frac{\partial u}{\partial z}\right)^2+\left(\frac{\partial v}{\partial z}\right)^2\right] \tag{3.39}$$

$$+mgE_1 E_3 l A_b\frac{\partial b}{\partial z}-mH\frac{1}{B_1}q^3\left[1+E_2\frac{1}{(KL)^2}l^2\right]$$

$$\frac{1}{L}=\frac{1}{H}\left[\frac{1}{z}+\frac{1}{(1-z)}\right] \tag{3.40}$$

式中，B_1，E_1，E_2，E_3 均为经验常数；Q_q 和 Q_l 为附加的源汇项，如子网格水平扩散，一般说来，垂直扩散系数 A_q 与垂直紊动黏滞系数 A_v 相等。

　　泥沙输运方程

$$\partial_t(mHS)+\partial_x(m_y HuS)+\partial_y(m_x HvS)+\partial_z(mwS)-\partial_z(mw_{sj}S)$$

$$=\partial_x\left(\frac{m_y}{m_x}HK_H\partial_x S\right)+\partial_y\left(\frac{m_x}{m_y}HK_H\partial_y S\right)+\partial_z\left(m\frac{K_v}{H}\partial_z S\right)+Q_S \tag{3.41}$$

式中，S 是悬浮泥沙单位体积质量浓度；K_v 和 K_H 分别指垂向和水平紊动扩散系数；w_{sj} 是沉降速度；Q_S 是泥沙的源汇项。

　　冲淤模型：

　　根据水动力计算中得到的流速，由二次阻力公式计算河床剪应力 τ_{xz} 和 τ_{yz}

$$\left(\tau_{xz},\tau_{yz}\right)=\left(\tau_{bx},\tau_{by}\right)=c_{b}\sqrt{u^{2}+v^{2}}\left(u,v\right) \tag{3.42}$$

$$c_{b}=\left[\frac{\kappa}{\ln\left(\varDelta/2z_{o}\right)}\right]^{2} \tag{3.43}$$

式中，c_{b} 为潮流摩阻系数；$\varDelta$ 为底层厚度；$z_{o}=z_{o}{}^{*}/H$ 为单位深度的粗糙度。

河床泥沙在较快水流动力作用下会发生扰动，当水流对河床剪应力大于临界冲刷应力时，产生冲刷。导致泥沙重新进入水体中。冲刷率可表示为

$$\frac{\partial m_{e}}{\partial t}=E\left(\frac{\tau_{b}}{\tau_{ce}}-1\right)^{\alpha},\tau_{b}\geqslant\tau_{ce} \tag{3.44}$$

$$\frac{\partial m_{e}}{\partial t}=0,\qquad\tau_{b}<\tau_{ce} \tag{3.45}$$

式中，τ_{b} 为河床剪应力（τ_{xz} 和 τ_{yz} 的合力）；τ_{ce} 为临界冲刷剪应力；E 为冲刷系数。

单位时间内沉积在单位面积上的泥沙质量由式（3.46）和式（3.47）计算：

$$\frac{\partial m_{d}}{\partial t}=\left(S_{d}w_{sj}\right)\left(1-\frac{\tau_{b}}{\tau_{cd}}\right),\tau_{b}\leqslant\tau_{cd} \tag{3.46}$$

$$\frac{\partial m_{d}}{\partial t}=0,\qquad\tau_{b}>\tau_{ce} \tag{3.47}$$

式中，τ_{cd} 为临界淤积剪应力；S_{d} 为接近底床的泥沙浓度，临界淤积剪应力一般可通过实验室和现场测量资料来确定。

3）沉积物的污染物迁移转化

沉积过程模拟主要针对水体和底泥污染物的相互作用。模型中底质层被分为两层，上层与水体接触，根据泥沙表面溶解氧的变化处于厌氧或好氧状态，下层一直为缺氧状态，上层厚度由氧气可渗透距离确定，远小于下层厚度。沉积过程模块包含三个主要过程：颗粒态有机物（POM）的沉降，沉积物中 POM 的矿化，最终返回水体的沉积通量。水体中颗粒态有机碳、氮、磷及硅等为模型提供驱动条件，该过程进入沉积物中的颗粒态物质即为沉积通量。

4）水质-富营养化模块（生态动力学过程）

EFDC 水质模型中的动力学过程源于 CE-QUAL-ICM 水质模型，表 3.2 列出了水质模型状态变量，早期的水质模型例如 WASP 是利用生化需氧量来代表需氧有机物，而 EFDC 与之不同，其水质模型是基于碳的，用含碳量来描述。

对于每个水质状态变量，质量平衡方程式均可以表示为

$$\frac{\partial}{\partial t}\left(m_{x}m_{y}HC\right)+\frac{\partial}{\partial x}\left(m_{y}H\mu C\right)+\frac{\partial}{\partial y}\left(m_{x}HvC\right)+\frac{\partial}{\partial z}\left(m_{x}m_{y}\omega C\right)$$
$$=\frac{\partial}{\partial x}\left(\frac{m_{y}HA_{x}}{m_{x}}\frac{\partial C}{\partial x}\right)+\frac{\partial}{\partial y}\left(\frac{m_{x}HA_{y}}{m_{y}}\frac{\partial C}{\partial y}\right)+\frac{\partial}{\partial z}\left(m_{x}m_{y}\frac{A_{z}}{H}\frac{\partial C}{\partial z}\right)+m_{x}m_{y}HS_{c} \tag{3.48}$$

式中，C 为各水质状态变量的浓度；μ, v, ω 分别为在曲线 σ 坐标下 x, y, z 方向的速度分量；A_x, A_y, A_z 分别为 x, y, z 方向上的紊流扩散系数；S_c 为每个单位体积的内外源汇项；H 为水体深度；m_x, m_y 为水平曲线坐标 x, y 方向上的比例因子。

表 3.2　EFDC 模型水质状态变量

蓝藻	难降解颗粒有机氮
硅藻	易降解颗粒有机氮
绿藻	溶解性有机氮
大型藻	氨氮
难降解颗粒有机碳	硝酸盐氮
易降解颗粒有机碳	生物硅颗粒
溶解性有机碳	活性硅
难降解颗粒有机磷	化学需氧量
易降解颗粒有机磷	溶解氧
溶解性有机磷	总活性金属
总磷酸盐	

各水质状态变量描述如下：

藻类循环过程：藻类在水循环中起着关键因子的作用，通过光合作用吸收二氧化碳转化为有机碳，并提供氧气，同时利用水中的营养成分进行生长代谢，作为生产者为食物链提供源源不断的物质、能量输入，模型中藻类生物量用含碳量来统一量化。在 EFDC 模型中，基于藻类独特特征和在生态系统中的作用主要被归为四类进行模拟：蓝藻、硅藻、绿藻和大型藻类。藻类生物量循环过程中的源汇项为藻类生长、基础新陈代谢、捕食压力和沉降四个过程，可用式（3.49）表示：

$$\frac{\partial B_x}{\partial t} = \left(P_x - BM_x - PR_x\right) \cdot B_x + \frac{\partial}{\partial z}\left(WS_x \cdot B_x\right) + \frac{WB_x}{V} \tag{3.49}$$

式中，B_x 为藻类生物量，用碳来表示，gC/m^3；t 为时间，d；P_x 为藻类生长速率，d^{-1}；BM_x 为基础新陈代谢速率，d^{-1}；PR_x 为藻类被捕食速率，d^{-1}；WS_x 为藻类死亡沉降速率，m/d；WB_x 为外部藻类负荷 gC/d；V 为细胞容积，m^3。$x=c, d, g$ 分别代表三种蓝藻、硅藻和绿藻；z 为垂直坐标。

模型中，藻类生长速率主要受可利用营养盐量、水温、光照强度三个因素的影响，其具体关系表示如下：

$$P_x = PM_x \times f(N) \times f(I) \times f(T) \tag{3.50}$$

式中，PM_x 是最佳条件下的生长速率，d^{-1}；$f(N)$ 是营养盐浓度的影响系数（$0 \leqslant f \leqslant 1$）；$f(I)$ 是光照强度的影响系数（$0 \leqslant f \leqslant 1$）；$f(T)$ 是环境温度的影响系数（0

$\leqslant f \leqslant 1$）。

对于蓝藻，如果在咸水环境当中，还将受到盐分胁迫作用抑制其生长，盐分对蓝藻生长的影响可用式（3.51）表示：

$$P_c = PM_c \times f(N) \times f(I) \times f(T) \times f(S) \qquad (3.51)$$

式中，$f(S)$ 是盐分对蓝藻生长速率的影响系数（$0 \leqslant f \leqslant 1$）。

根据 Liebig 最小因子定律（生长速率由最小的营养盐浓度决定），水体中氮、磷、硅营养盐含量限制着藻类的生长，营养盐对藻类的生长可用 Monod 方程表示，在公式中半饱和浓度是关键参数，半饱和浓度为生长速率达到最大生长速率一半时所对应的可利用营养盐浓度。对于蓝藻和绿藻的营养盐浓度影响系数可用式（3.52）表示：

$$f(N) = \min\left(\frac{NH_4 + NO_3}{KHN_x + NH_4 + NO_3}, \frac{PO_4d}{KHP_x + PO_4d} \right) \qquad (3.52)$$

式中，NH_4 为氨氮的浓度，g/m^2；NO_3 为硝态氮浓度，g/m^2；KHN_x 为藻类生长吸收氮的半饱和常数 g/m^2；PO_4d 为溶解态磷酸盐浓度，g/m^2；KHP_x 为藻类生长吸收磷的半饱和常数，g/m^2。

硅藻生长需要氮、磷、硅营养元素，对硅藻生长的营养盐限制因子可采用公式（3.53）确定：

$$f(N) = \min\left(\frac{NH_4 + NO_3}{KHN_x + NH_4 + NO_3}, \frac{PO_4d}{KHP_x + PO_4d}, \frac{SAd}{KHS + SAd} \right) \qquad (3.53)$$

式中，SAd 为溶解的可利用硅浓度，g/m^2；KHS 为硅藻吸收硅元素的半饱和常数，g/m^2。

光照是浮游植物和水生生物进行光合作用的必要条件，藻类的生长是随着光强的增加而增加直到达到最佳光强，超过最佳光强后，又会对藻类生长产生抑制作用。这一现象可用斯蒂尔方程（Steele's equation）表示

$$f(I) = \frac{I}{I_s} e^{1 - \frac{I}{I_s}} \qquad (3.54)$$

式中，I 是光照强度；I_s 是最佳光照强度。

斯蒂尔方程描述了一个空间点的瞬时限光过程，假设光强随着水深的增加而呈现指数衰减，斯蒂尔方程可变为

$$f(I) = \frac{2.72FD}{K_{ess}\Delta z}\left(e^{\alpha_b} - e^{\alpha_t} \right) \qquad (3.55)$$

$$\alpha_b = -\frac{I_0}{FDI_s} e^{-K_{ess}(ZD + \Delta z)} \qquad (3.56)$$

$$\alpha_t = -\frac{I_0}{\text{FDI}_s} e^{-K_{\text{ess}} ZD} \qquad (3.57)$$

式中，FD 为白昼时间比例，$0 \leqslant \text{FD} \leqslant 1$；$K_{\text{ess}}$ 为全辐射衰减系数，m^{-1}；Δz 为模型分段计算厚度，m；I_0 为水面日照强度；ZD 为从水面到水下模型计算部分顶部的距离，m。

温度也是浮游植物和水生生物生长的关键参数之一，藻类生长随着温度增加而增加，直到达到最佳温度为止；超过最佳温度后，藻类的生长会随着温度增加而下降，温度对藻类生长的影响类似于高斯概率曲线，如（3.58）所示：

$$f(T) = \begin{cases} e^{-KTgx_1(T-T_{\text{mx}})^2}, T \leqslant T_{\text{mx}} \\ e^{-KTgx_2(T_{\text{mx}}-T)^2}, T > T_{\text{mx}} \end{cases} \qquad (3.58)$$

式中，T 为温度，℃，由水动力模型提供；T_{mx} 为藻类生长的最佳温度，℃；$KTgx_1$ 为当 $T \leqslant T_{\text{mx}}$ 时温度对藻类生长的影响系数；$KTgx_2$ 为当 $T > T_{\text{mx}}$ 时温度对藻类生长的影响系数。

氮循环过程：氮被分为有机氮和无机氮，有机氮的状态变量包括溶解性有机氮（DON），易降解颗粒有机氮（LPON）和难降解颗粒有机氮（FPON），无机氮的组成包括氨氮（NH_4）和硝态氮（NO_3），硝态氮包括硝酸盐氮和亚硝酸盐氮。氨氮会被硝化细菌氧化为硝酸盐，氨不完全氧化的产物亚硝酸盐的浓度一般比硝酸盐低。藻类和浮游植物在生长期间吸收氨氮和硝态氮，在呼吸和死亡分解过程中释放出有机氮和氨氮；部分有机氮颗粒水解成溶解态有机氮，其余的沉降到底泥中；溶解态有机氮矿化为氨氮。在有氧条件下，部分氨氮经过硝化作用被氧化为硝态氮；在缺氧条件下，硝态氮经过反硝化作用被还原为氮气进入大气中。沉降到底泥中的颗粒态氮被矿化后，主要以氨氮的形式又返回到水体中，硝态氮则根据水体和底泥中的浓度梯度来确定在不同介质中的分配状况。水体中氨氮和硝态氮都存在的情况下，氨氮被浮游植物优先吸收利用，浮游植物吸收氨氮的优先系数可用经验公式（3.59）表示：

$$\begin{aligned} \text{PN}_x = & NH_4 \left(\frac{NO_3}{(\text{KHN}_x + NH_4)(\text{KHN}_x + NO_3)} \right) \\ & + NH_4 \left(\frac{\text{KHN}_x}{(NH_4 + NO_3)(\text{KHN}_x + NO_3)} \right) \end{aligned} \qquad (3.59)$$

式中，PN_x 为藻类吸收氨氮的优先系数（$0 \leqslant \text{PN}_x \leqslant 1$）。

磷循环过程：模型在计算过程中将磷分为磷酸盐（无机磷）和有机磷两类，总磷酸盐包括溶解性磷酸盐，吸附到无机固体颗粒上的磷酸盐，藻类体内磷酸盐等。有机磷分为溶解性有机磷、易降解颗粒有机磷、难降解颗粒有机磷。溶解态磷、颗粒态磷和藻类含磷可以采用差分求解，水体中有机磷可以用与有机氮类似的反应动力学方程表达。

硅循环：硅被分为活性硅和生物硅颗粒，硅藻仅可利用活性硅，生物硅颗粒在模型中是由硅藻死亡而产生，通过溶解形成可利用硅或沉降于沉积物中。

溶解氧：溶解氧是水质模型的重要参数，可利用氧含量和能量、养分的流动及生物分布相关，参与藻类、沉积物、碳、氮、磷等成分的平衡转化。藻类通过光合作用释放氧、呼吸作用消耗氧。藻类对碳氮的吸收和溶解氧产生过程如式（3.60）和式（3.61）所示：

$$
\begin{aligned}
&106CO_2 + 16NH_4^+ + H_2PO_4^- + 106H_2O \\
&\longrightarrow protoplasm + 106O_2 + 15H^+
\end{aligned} \tag{3.60}
$$

$$
\begin{aligned}
&106CO_2 + 16NO_3^- + H_2PO_4^- + 122H_2O + 17H^+ \\
&\longrightarrow protoplasm + 138O_2
\end{aligned} \tag{3.61}
$$

式中，当氨氮作为氮的来源时，固定 1 mol 二氧化碳产生 1 mol 氧，当硝态氮作为氮的来源时，固定 1 mol 二氧化碳产生 1.3 mol 氧。溶解氧动力学反应过程可由式（3.62）表示：

$$
\begin{aligned}
\frac{\partial}{\partial t}DO =& \sum_{x=c,d,g}\left[(1.3-0.3PNx)Px - \frac{DO}{KHrx+DO}BMx\right]AOCR \cdot Bx \\
&- AONT \cdot NT - \frac{DO}{KHodoc+DO}AOCR \cdot Kdoc \cdot DOC \\
&- \frac{DO}{KHodoc+DO}Kcod \cdot COD + \frac{Kr}{\Delta z}(DOs-DO)
\end{aligned} \tag{3.62}
$$

式中，AOCR 为呼吸时溶解氧和碳的比例，2.67 gmO$_2$/gmC；COD 为化学需氧量；Kcod 为 COD 降解速度；KHodoc 为 COD 降解时所需的溶解氧半饱和浓度；AONT 为硝化每摩氨氮所需的溶解氧量；DOs 为饱和溶解氧浓度；Kr 为复氧系数；PNx 为光合作用产氧速率。

有机碳：模型中考虑了三种有机碳的状态变量，分别为难降解、易降解、可溶性有机碳。易降解和难降解是基于降解的时间尺度，易降解有机物的降解时间通常在几天或数周，难降解有机碳主要在沉积物中缓慢分解，可能在沉积数年后增加沉积物的需氧量。

总活性金属：铁、锰等金属颗粒可以与磷酸盐、溶解态硅结合吸附，影响营养盐的迁移行为，模型中利用总活性金属来表示在磷酸盐和硅迁移过程中具有活性的金属总浓度。

3.3.3　Delft3D 模型

Delft3D 水动力-富营养化模型是一套功能强大的软件系统，主要应用于地表水环境，如沿海、河流、河口地区等，能进行大尺度水动力模拟，可以模拟二维、三维水流、波浪、水质、泥沙输送、河床地貌等过程。Delft3D 拥有丰富的内置模块（除考虑温度、光照、沉降、内源沉积物，还包括甲烷、硫、铁、锰等非常规物质），藻类划分较细致（包括光能限制、营养限制藻类），各部分拥有共同接口，可实现交互。

1. Delft3D 水动力（FLOW）模型

Delft3D-FLOW 模块是多维（2D/3D）流体动力学模拟程序，用于计算非恒定流多维水动力和物质输送。应用领域包括：潮汐和风驱动流，分层和密度驱动流，河流流量模拟，深层湖库模拟，盐水入侵，湖库海洋热力分层，干旱和洪水模拟。系统方程包括水平动力方程、连续方程和物质运输方程。这些方程以正交直角坐标或球坐标表示。

Delft3D-FLOW 是基于 Navier-Stokes 方程，以浅水方程和 Boussinesq 假设为依据，垂直动量方程中，垂直加速度被忽略，得出静水压力方程。3D 模型中，垂直速度根据连续性方程得出。在有限差分网格上求解一组偏微分方程组以及一组适当的初始条件和边界条件。水平方向上，Delft3D-FLOW 使用正交曲线坐标，支持两种坐标系：笛卡儿坐标 (ξ,η) 和球面坐标 (λ,ϕ)。

球面坐标是正交曲线坐标的一种特殊情况：

$$\begin{cases} \xi = \lambda \\ \eta = \phi \\ \sqrt{G_{\xi\xi}} = R\cos\phi \\ \sqrt{G_{\eta\eta}} = R \end{cases} \tag{3.63}$$

式中，λ 为经度；ϕ 为纬度；R 为地球半径（6378.137 km）。

垂直方向上 Delft3D-FLOW 提供了两种不同的垂直网络系统，分别为 σ-model 和 Z-model。

Delft3D-FLOW 模块计算得出的流体动力学条件（如速度、水位、密度、盐度、垂直涡流黏度、垂直涡流扩散率）可以用作其他模块的输入。

其中的一些假设和简化处理包括：

在 σ 坐标系中，假定深度远小于水平长度，在很小的纵横比情况下，浅水假设有效，垂直动量方程被简化为静水压力关系。垂直加速度可忽略不计；仅在压力项中考虑了可变密度的影响；在 σ 坐标系中，没有考虑浮力对垂直流的直接影响；如果没有指定特定温度模型，通过自由表面的热交换是零，通过底部的热量损失始终为零。

2. Delft3D 水质（D-Water Quality）模型

D-Water Quality 模型中包含有初级生产者、次级生产者水平的生物成分，沉积物成分以及水体中的化学成分，系统中的组成成分按功能组进行划分，每个功能组包括几种具有相似物理、化学、生物行为的物质，例如 NO_3，NH_4，PO_4，Si 四种营养物属于一个功能组，它们均属于初级生产所需基本物质。

1）水体温度

水温影响水质过程发生的速率，反应速率对于温度的依赖性可用式（3.64）表示：

$$k = k^{20} \times k_T^{(T-20)} \tag{3.64}$$

式中，k 为在温度 T 时的反应速率常数，d^{-1}；k^{20} 为在 20℃下的反应速率常数，d^{-1}；k_T 为温度系数（范围在 1.01～1.10）；T 为水温，℃。

2）溶解氧和 BOD

溶解氧和有机物通过光合作用联系在一起，有如下关系：

$$CO_2 + H_2O \longrightarrow CH_2O + O_2 \tag{3.65}$$

有机物的矿化或降解反应是该过程的逆反应，反应有机物来源包括水中本土初级生产者和外源废水负荷，有机物的可降解性一般随有机物老化而降低。天然水体中的有机物种类较多且微量，难以分别进行识别和量化，一般会以化学需氧量（COD）、生化需氧量（BOD）、总有机碳（TOC）、颗粒有机碳（POC）和溶解有机碳（DOC）等相关综合评价参数来表示有机物的含量。

D-Water Quality 中和溶解氧、有机物相关的参数见表 3.3。

表 3.3　溶解氧、有机物参数

名称	具体描述	单位
OXY	溶解氧	gO_2/m^3
$CBOD_5$	碳质五日生化需氧量	gO_2/m^3
$CBOD_u$	碳质最终生化需氧量	gO_2/m^3
$NBOD_5$	氮质五日生化需氧量	gO_2/m^3
$NBOD_u$	氮质最终生化需氧量	gO_2/m^3
COD	化学需氧量	gO_2/m^3
SOD	沉积物需氧量	gO_2

溶解氧、$CBOD_5$ 和 SOD 质量平衡如下所示：

$$\frac{\Delta O_2}{\Delta t} = 负荷 + 传输 + 复氧 + 净初级生产 - 矿化 - 硝化 + 反硝化 \tag{3.66}$$

$$\frac{\Delta CBOD_5}{\Delta t} = 负荷 + 传输 - 沉降 - 矿化 \tag{3.67}$$

$$\frac{\Delta SOD}{\Delta t} = 负荷 + 沉降 - 矿化 \tag{3.68}$$

3）大肠杆菌

作为水体污染和疾病的常用指示指标，大肠杆菌可用来判断水体是否被粪便污染。模型中大肠杆菌可以作为独立单元处理，高温、高盐、太阳辐射（尤其是短波紫外线）会加剧大肠杆菌的死亡。

关于大肠杆菌的一般质量方程表示为

$$\frac{\Delta C}{\Delta t} = 负荷 + 传输 - 死亡 \tag{3.69}$$

式中，C 为大肠杆菌细胞浓度，MPN/m^3；t 为时间，d。

关于大肠杆菌死亡率的经验方程为

$$Rmrt = kmrt \times Cx \tag{3.70}$$

$$kmrt = (kmb + kmcl) \times ktmrt^{(T-20)} + kmrd \tag{3.71}$$

$$kmcl = kcl \times Ccl \tag{3.72}$$

$$kmrd = krd \times f(I) \tag{3.73}$$

式中，Cx 为大肠杆菌群浓度，MPN/m；I 为每日水面太阳紫外线辐射，W/m；kcl 为氯化物相关死亡率常数，$m^3/(g \cdot d)$；kmb 为基本死亡率，d^{-1}；$kmcl$ 为氯化物相关死亡率，d^{-1}；$kmrd$ 为辐射相关死亡率，d^{-1}；$kmrt$ 为一阶死亡率，d^{-1}；krd 为辐射相关死亡率常数，$m^2/(W \cdot d)$；$ktmrt$ 为死亡率温度系数；$Rmrt$ 为大肠杆菌死亡率，$MPN/(m \cdot d)$；T 为温度，℃；Ccl 为氯化物浓度，g/m^3。

4）悬浮泥沙、沉降和侵蚀

沉积物是由各种地壳中岩石物理化学降解和各种生物过程形成的有机、无机颗粒物质，自然水体中的颗粒物根据粒度可以分类如表 3.4 所示。

表 3.4　自然水体中颗粒物分类

名称	粒径
石粒（gravel）	>2 mm
沙粒（sand）	0.06～2 mm
粉砂粒（silt）	0.004～0.06 mm
黏粒（clay）	<0.004 mm
有机颗粒（organic particles）	数微米

细颗粒（黏性）沉积物的尺寸范围从几微米到 70 μm 左右，倾向于在水中悬浮，这种细颗粒悬浮物的行为对水质有很大影响，悬浮颗粒物会增加水体浊度，

从而会影响藻类光合作用和生长，悬浮颗粒物较大的比表面积也会影响水中污染物的归趋。颗粒物可以通过对流和湍流运动而被输送，其归趋取决于沉降、沉积过程以及河床过程等；粗粒（非黏性）沉积物粒径较大，一般大于 100 μm，其传输速率由局部瞬时流量条件决定。

D-Water Quality 中，总负荷传输方程采用的是 Engelund 和 Hansen 的方法[9]。

水体中的颗粒物和沉积物中的颗粒物质量平衡方程如下所示：

$$\frac{\Delta c_{\mathrm{w}}}{\Delta x} = 负荷 + 传输 - 沉降 + 再悬浮 \tag{3.74}$$

$$\frac{\Delta c_{\mathrm{b}}}{\Delta t} = 负荷 + 沉降 - 再悬浮 - 掩埋 + 挖掘 \tag{3.75}$$

A. 悬浮细颗粒物的沉降过程

颗粒物的沉降取决于颗粒大小、密度以及周围水系统的化学条件，沉积量可用式（3.76）进行描述：

$$D = w_{\mathrm{s}} C \left(1 - \frac{\tau_{\mathrm{b}}}{\tau_{\mathrm{d}}} \right) \tag{3.76}$$

式中，D 为悬浮物沉积通量，g/(m²·d)；w_{s} 为悬浮物沉降速率，m/d；C 为河底附近悬浮物颗粒物浓度，g/m³；τ_{b} 为底部剪应力，Pa；τ_{d} 为沉积临界剪应力，Pa。

B. 细颗粒物的侵蚀过程

当剪切力超过沉积物阻力时，就会发生床层物质的侵蚀，阻力以临界侵蚀强度为特征，临界应力取决于颗粒化学成分、粒径分布以及生物扰动。均质床层物质侵蚀公式如下：

$$E = M \left(\frac{\tau_{\mathrm{b}}}{\tau_{\mathrm{e}}} - 1 \right) \tag{3.77}$$

式中，E 为侵蚀速率，g/(m²·d)；M 为一阶侵蚀率，g/(m²·d)；τ_{b} 为剪应力，Pa；τ_{e} 为侵蚀临界剪应力，Pa。

D-Water Quality 中，可选择可变或固定的沉积物层，对于可变层选项，基于沉积物层中可用沉积物的量来限制侵蚀通量。而对于固定层选项，通量不受限制，只要上层沉积层有足够物质，再悬浮就会只在该层进行，如果上层沉积物被完全侵蚀，再悬浮则会在下层沉积物发生。

5）营养物质

形成有机物的主要元素为碳、氮、磷、硫、氧、氢，一些微量元素没有包含在模型框架中，硅由于可被特定的浮游植物利用，也通常被视为营养物质，其归于硅酸盐矿物中。

养分循环四大重要部分包括溶解性无机养分、颗粒态无机养分、有机体以及有机碎屑，初级生产者可吸收利用溶解无机营养物质和二氧化碳，在不考虑食物链中高营养级会利用低营养级的情况下，初级生产者死亡后养分会再次可利用，部分养分再次以溶解无机养分形式释放，另一部分以可溶或颗粒态的碎屑有机物形式释放，氧气、硝酸盐、三价铁、硫酸盐等电子受体在分解有机物过程中被利用，其中硝酸盐和硫酸盐既是营养物也是电子受体。颗粒态有机物可以沉降于沉积物中，从而导致养分被困于其中，有机物的降解会使营养物质重新释放到水体中，降解过程中会产生二氧化碳和甲烷，沉积物中的大量营养物质会发生硝化、反硝化、吸附、沉淀等各种生物、物理、化学过程。

3.3.4　CE-QUAL 模型系列

CE-QUAL-R1 和 CE-QUAL-W2 系列模型是由美国陆军兵团（USACE）水道试验站（Waterways Experiment Station，WES）开发。

CE-QUAL-R1 是垂向一维水质模型，其温度和浓度梯度仅在垂直方向上计算，用于研究模拟水质在水体垂直方向上的变化，蓄水前后的水质问题，以及水库管理对水质的影响等。研究对象包括垂向分层现象明显的湖泊、水库等，可以模拟的水质变量包括水温，pH，溶解氧，氮、磷等营养物质，重金属，颗粒物，藻类，可溶性有机质等。该模型需要的数据量较大，参数较多，包括初始条件，几何、物理参数，生化反应速率，水文气象时间序列以及流入水质浓度。CE-QUAL-R1 的一个重要特征就是每一层可变的厚度，可变层的好处是由于没有层之间的垂直流动，减少了数值离散，如果有垂直流，物质和能量会在层与层之间传递，导致混合增加，通过层的扩散和收缩可避免这种情况。

简化的生态表达：各种生物物种及生态关系通过聚类作为功能组在模型中体现。模型没有考虑种间关系及详细的生态过程；

模型假设一个集水区可以由一系列垂直混合的水平层来表示，其中热能和物质均匀分布在每一层中；该假设的局限性包括：水质成分的纵向和横向变化无法预测，所有入流成分都迅速分散于水平层上，大坝附近和水库最深处的模拟预测更具代表性。

质量守恒假设：模型假设每一个物理、化学和生物成分的动态变化都可以用质量守恒原理来描述，模型考虑了流入水增加的质量，流出水减少的质量，生态过程导致的内部变化。

质量守恒方程：CE-QUAL-R1 的数学结构是基于一组微分方程，来描述每一个水平层的质量和能量守恒。

[质量变化率] = $\sum$[平流质量流入率] − [平流质量流出率] + [净扩散质量流入率]

　　　　　　 + [物理生物化学物质源速率] − [物理生物化学物质汇速率]

数学公式表达为

$$\frac{\partial}{\partial t}(VC) = \sum_k Q_{in}C_{in} - Q_{out}C + \frac{\partial}{\partial z}\left(DA\frac{\partial C}{\partial Z}\right)\Delta Z + \text{Source Rates} - \text{Sink Rates} \qquad (3.78)$$

式中，k 为支流系数；V 为层体积；C 为物质浓度；Q_{in} 为层流入量；C_{in} 为流入浓度；Q_{out} 为层出流量；D 为扩散系数；A 为水平表面层面积；ΔZ 为层厚；t 为时间；Z 为层高。

上述公式可以用来代表模型中每一层的各种组成成分，这种公式形式可以在模型中广泛表示各个部分的动态过程。

CE-QUAL-W2 是二维水质和水动力学模型，其由直接耦合的水动力模型和水质输移模型组成，模型假设水体的横向流动状态是平均的，用于模拟垂直方向和纵向水体，研究对象主要为湖泊、水库、河流、河口等，较为适合相对狭长的湖泊以及分层水库的水质模拟[10, 11]。可以模拟的水质变量包括水温、溶解氧、氮、磷、藻类、浮游动物、可溶性有机质、泥沙、沉积物成岩作用等。

其水质模型如下：

$$\frac{\partial BC}{\partial t} + \frac{\partial UBC}{\partial x} + \frac{\partial WBC}{\partial z} - \frac{\partial\left[BD_x\left(\frac{\partial C}{\partial x}\right)\right]}{\partial x} - \frac{\partial\left[BD_z\left(\frac{\partial C}{\partial z}\right)\right]}{\partial z} = C_q B + SB \qquad (3.79)$$

式中，B 为时间空间变化的层宽，m；C 为横向平均的组分浓度，mg/L；D_x、D_z 分别为 x、z 方向上温度和组分的扩散系数，m/s；U、W 分别为 x 方向、z 方向的横向平均流速，m^2/s；C_q 为入流或出流的组分的物质流量率，mg/（L·s），S 为相对组分浓度的源汇项，mg/（L·s）。

3.3.5　PCLake 模型

PCLake 是 Janse 团队开发的浅水湖泊综合生态系统模型，是分析水生生态系统较为广泛使用的食物网模型，是用来分析浅水湖泊富营养化问题、制定水环境管理策略的常用工具。适用对象为浅水、非分层湖泊，其不考虑湖泊水平和垂直分层变化，重点描述对浅水生态系统环境状态有重要影响的生态相互作用关系和养分循环过程，主要模拟自然或人为因素导致的营养盐（N、P、Si）输入量变化引起的浅水湖泊各种生物、非生物因子效应，关注三种类型浮游植物（硅藻、绿藻、蓝藻）与大型沉水植物之间的竞争关系[12]。

PCLake 模型的目标是解释一些湖泊生态相关问题，例如在何种营养物负荷水平和其他因素影响下，浅水湖会从以浮游植物为主要初级生产力（浑浊状态）向以大型沉水植物为主导的状态（清澈状态）过渡，PCLake 模型相关应用情况主要包括，估算浅水湖泊临界营养负荷，判断影响临界负荷的因素和相对贡献，评估不同类型湖泊富营养化发生的主导机制，不同管理方案对于退化生态系统恢复的影响特征和管理效果，预测气候变化对湖泊浮游植物量的影响等。可利用 PCLake 进行评估的相关管理方式包括流域管理及地方性管理措施，如改变养分负荷，水文措施（如冲刷作用），湿地保护，生物操纵，清淤疏浚等[13, 14]。

PCLake 模型结构较为灵活，可根据实际问题拆分和整合出不同结构，其主要由湖泊和湖滨湿地两大模块构成，分为水体和表层沉积物两个层次结构，湿地模块可用于模拟沼泽带恢复对湖泊环境质量的影响。模型中涉及的状态变量包括水深、非生物成分（如无机物、腐殖质、生物碎屑、氧含量等）、浮游植物（如硅藻、绿藻、蓝藻等），沉水植物，动物群落（浮游动物、底栖动物等），沼泽植被（芦苇根茎芽）等。模型整体由每个状态变量对应的微分方程相互耦合而成，核心生物变量为浮游植物和沉水植物，关键非生物因素为养分和透明度。模型基于一些重要功能组对生态系统营养结构进行描述，营养结构和养分循环相互耦合，描述了氮、磷、硅的物理化学过程以及泥沙-水之间的交换过程，营养物氮、磷循环在模型中闭合（除了出入流和反硝化作用），通过动态模拟营养物和生物量的比例，将大多成分用几个基本元素表达来实现，无机碳（CO_2）在模型中没有被详细描述，不同生物的养分和干重比存在差异。

模型主要输入变量有进水流量或停留时间，渗漏率，营养物负荷，颗粒物负荷（干重，有机质含量）及种类，水温和光照，平均湖深和面积，沉积物特征等；主要输出为所有状态变量的生物量或浓度，以及各种派生变量和通量等（图 3.1）。

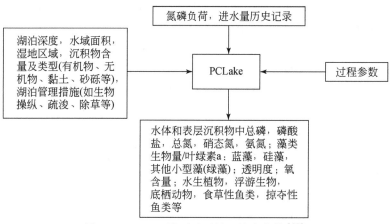

图 3.1　PCLake 模型重要输入输出参数[15]

模型中的重要过程：

1）非生物和微生物过程

该模型的基础是传输过程，包括营养物、有机物和外部负荷等传输过程。通过定义流入量、流出量可改变水深；沉积物表层厚度固定（默认值为 0.1 m），其包含无机物、腐殖质、植物残体碎屑和孔隙水等。再悬浮和沉降过程影响水–沉积物间的物质交换，沉积物再悬浮随着颗粒物孔隙度和鱼类数量的增加而增加，随植被覆盖的增加而减少。

模型中可降解有机物的矿化是温度的一阶过程，腐殖质被认为矿化速度很慢，沉积物释放的养分溶解于孔隙水中，根据浓度差异来模拟孔隙水和上覆水体中溶解性磷和氮的交换。磷酸盐的释放速率取决于温度和残体量，随季节周期变化。随着沉积物氧气含量增加，硝化作用增强，反硝化作用减弱；模型中也有水体中矿化和硝化过程的相关描述，水体中的氧气根据生物耗氧量、底泥耗氧量、大气复氧量、植物产氧量等来进行动态模拟。

2）浮游植物

浮游植物模块主要分为三大类，包括蓝藻、硅藻和其他小型食用藻类，每一类的生物量（干重）由以下方程表示：

$$\frac{\mathrm{d}x}{\mathrm{d}t} = 生产 - 呼吸 - 死亡 - 沉降 + 再悬浮 - 被取食 \pm 传输 \tag{3.80}$$

以 N、P 营养物为单位来表示则为

$$\frac{\mathrm{d}y}{\mathrm{d}t} = 摄取 - 排泄 - 死亡 - 沉降 + 再悬浮 - 被取食 \pm 传输 \tag{3.81}$$

生产过程（碳固定）取决于最大生长率、温度、日长、光照、氮磷含量等，对于硅藻来说还与硅含量相关。蓝藻和硅藻的光依赖性生长由斯蒂尔方程表示，该方程可表示在强光下的生长抑制。对于其他藻类，假设没有光抑制现象，过程描述基于 Monod 方程。藻类可利用的光取决于光强以及在水中的消光程度（依据朗伯-比尔定律），消光系数与水的背景消光、有机及无机碎屑以及浮游、大型植物相关，由于考虑了自遮光效应，限制了最大生物量。

呼吸和自然死亡的损失被描述为一阶过程，呼吸作用主要取决于温度。如果内部养分比例较低，则认为与呼吸作用对应的养分排泄减少。沉降过程也被表示为一阶形式，沉降率为沉降速率除以水深，沉降的藻类被作为单独的状态变量，可通过再悬浮重新进入水体，模型中假定沉降藻类不再生长，但会受呼吸和死亡的影响，被底栖动物食用。模型中三种藻类参数值不同，蓝藻有更强的光亲和性和更高的磷吸收率，但它的最大生长率较低，对温度较为敏感。硅藻有较低的最适温度，而其他小型藻不受强光的限制。硅藻和其他小型藻都有较高的生长率和损失率。只有硅藻会受硅含量的限制。

3）水生植被

以生物量描述沉水植物方程可以表示为

$$\frac{\mathrm{d}x}{\mathrm{d}t} = 生产 - 呼吸 - 死亡 - 鸟类食用 - 管理措施 \tag{3.82}$$

以植物中储存的营养素氮磷来表示则是

$$\frac{\mathrm{d}y}{\mathrm{d}t} = 摄取 - 排泄 - 死亡 - 鸟类食用 - 管理措施 \tag{3.83}$$

水生植被生物量被分为地下（根部）和地上（茎）两部分，地上部分生物生产量主要取决于最大生长率、温度、日长、光照、氮磷含量等。通过假设在冬季的高根比和生长季节的低根比对季节性变化进行描述；大型植物主要根据可利用性从水体和沉积物孔隙水中吸收养分，植物呼吸和营养物排放过程与浮游植物建模类似，死亡率在生长季节较低，固定比例的植物能在冬季存活下来。植被也可能对系统中其他组分有一些间接影响，例如再悬浮过程的抑制作用，有助于掠食性鱼类的生长等。

4）食物网

食物网模块较为简单，包括浮游动物、大型动物、白鲑鱼（幼鱼和成年鱼）以及掠食性鱼类，通用方程为

$$\frac{\mathrm{d}x}{\mathrm{d}t} = (摄食 - 排泄) - 呼吸 - 死亡 - 被捕食 \tag{3.84}$$

浮游动物以浮游植物和残体为食，浮游动物的摄食偏好用选择性常数表示[16]。底栖生物假定以食用泥沙、碎屑为主，还有一些藻类，可以从食物中积累一定的磷。幼年白鲑以浮游动物为食，成年白鲑以底栖动物为食，掠食性鱼类以这两类白鲑为食。每年 5 月将一小部分成年生物量转移至幼年生物量来模拟产卵过程，每年年底有一半的幼鱼成熟；白鲑有较高的磷同化率，成年白鲑在喂食过程中搅动沉积物从而导致水中产生一定的颗粒和养分通量，模型中考虑了这种间接作用，并假定掠食性鱼类数量取决于植物含量，可以根据与湖泊相连的湿地大小来判断对鱼类的承载能力。

5）湿地模块

湿地模块部分主要包含一个芦苇简化生长模型，其和水体以及表层沉积物中的养分过程加以耦合，湿地植被的生物量分为根和芽两个独立的状态变量，在春季部分根的生物量分配给芽，夏季芽进行光合作用生长（取决于水深、沉积物表层营养物、光照和温度），秋季又将部分芽生物量分配给根。模型只考虑沉积物表层营养物的吸收，可以考虑植物被定期收割的影响，湖泊和湿地之间的混合由交换系数乘以浓度差进行描述。

PCLake 模型的局限性主要体现在：

（1）主要适用于浅水湖泊领域，且浅水湖泊是均质的。

（2）模型需要大量参数，在模拟浅水湖泊水质变化过程中难以通过单一数据展开评估，需要做大量模型校准的工作。

（3）模型涉及较多生态过程，由于实际条件限制，一些参数只能近似处理，会增加模型不确定性。

3.4　水质模型应用实例：密云水库 EFDC 模型的构建

3.4.1　区域概况及研究价值

密云水库为华北地区最大的水库之一，水库库容约 43 亿 m^3，最大水面面积 188 km^2，平均年径流量 9.8 亿 m^3，年供水量 7.7 亿 m^3。密云水库是首都北京重要的地表饮用水源地。它拦蓄密云以上潮白河上游的来水，提供北京市工农业和城市生活水源，具有以供给首都用水为主导功能，同时兼有防洪、灌溉、发电等作用的综合功效。

3.4.2　密云水库水环境模型配置与构建

模型的配置主要包括地形、气象、水文、水质边界条件和初始条件的配置。本书案例以 2008 年为模型率定期，2010 年为验证期，除地形边界以外，其他条件分别进行设置。

1. 地形边界配置

本书将收集的水库底部 1：5 万高程数据导入 EFDC 模型中，得到密云水库库区地形边界，并计算了配置之后库区的水位。容积曲线和水位面积曲线，与实测进行对比，实测与模型模拟结果有很好的一致性，说明模型的地形边界设置合理，满足模型模拟的需要。模型的入库边界站点有白河入库口和潮河入库口，作为模型的入流边界点；模型的出库边界站点有白河主坝和潮河主坝，作为模型出库的边界点。

2. 模型气象边界条件

气象边界条件主要包括密云气象站监测的日尺度气象数据。主要包括日均气压、日均气温、降水、相对湿度、风速、风向、太阳辐射等，将 2008 年密云气象站日气象数据与 2010 年气象数据输入到模型中，作为模型模拟的气象边界条件。

3. 水文边界条件

水文边界条件包括潮河下会水文站日均流量、白河张家坟水文站日均流量、潮河主坝日均出流流量及白河主坝日均出流流量。密云水库流域除张家坟水文站和下会水文站控制的流域以外，还有清水河、牤牛河等较小的流域没有水文监测站点，因此将降水转化为径流作为另一输入边界条件。其计算公式如下：

$$Q = F \cdot C \cdot P \cdot \left(A_{sm} - A_s\right) \tag{3.85}$$

式中，A_{sm} 为密云水库没有监测的流域面积；A_s 为水库的面积；P 为日降水量；C 为无量纲的径流系数；F 为单位转换因子。

4. 水质边界条件

水质边界条件主要包括张家坟水文站和下会水文站入流水体的水温、溶解氧、总氮、总磷等水质指标。将收集到的数据整理为模型输入的格式，作为模型水质边界条件；水温边界由于缺少实测数据，研究中采用简化的方式将气温数据作为入库流量的水温边界；入流水体溶解氧浓度未收集到实测数据，本书采用饱和溶解氧的计算公式，利用水温和气压计算得出溶解氧浓度，作为溶解氧的输入边界；氮、总磷入库边界采用白河张家坟站、潮河下会站的月均数据。

5. 初始条件

初始条件是模型模拟起始点时模型模拟参数的起始状态，包括水位、水温、溶解氧、氮、磷以及叶绿素 a 初始条件等。通过文献调研、分析监测数据，2008 模型率定期和 2010 年模型验证期初始条件的设置如表 3.5 所示。

表 3.5　模型验证初始条件设置

类型	指标	初始值		单位
		率定期	验证期	
水动力	水位	135.01	135.85	m
	水温	6	6	℃
水质	溶解氧	8	8	mg/L
	总氮	0.7	0.8	mg/L
	总磷	0.01	0.01	mg/L
	藻类	0.005	0.005	mg/L

3.4.3　密云水库水环境模型率定与验证

本书采用密云水库库区 2008 年的水文水质数据进行率定。模型水动力率定主要包括水位和水温的率定，水质率定主要包括溶解氧、总氮、总磷以及叶绿素 a 的率定。选择 2010 年为模型的验证期。采用与 2008 年率定所得到的模型的参数，重新设置模型的边界条件和初始条件进行模拟计算。输入的边界条件有 2010 年的气象边界、水文边界和水质边界。水动力验证主要包括水位和水温验证，水质验证包括溶解氧、总氮、总磷、叶绿素 a 验证。

3.4.4　密云水库水环境时空分布特征

为明确密云水库水环境的时空分布特征，本书选取 2010 年为代表水文年，模拟分析密云水库水动力和水质的时空分布特征。其中水动力主要分析水库水位变化、流场分布以及水温的分布规律；水质主要分析溶解氧、总氮、总磷以及叶绿素 a 的时空分布。选取水位、流场和叶绿素指标为例进行详细介绍。

1. 水位及流场时空分布特征

密云水库 2010 年水深时空分布如图 3.2 所示。时间分布特征方面，由水深等值线分布可见，2010 年不同季节水库水深变化不大，水深约在 1.32 m。空间分布特征方面，潮河部分水深整体大于白河部分和库东部分，库东部分水深整体较浅。

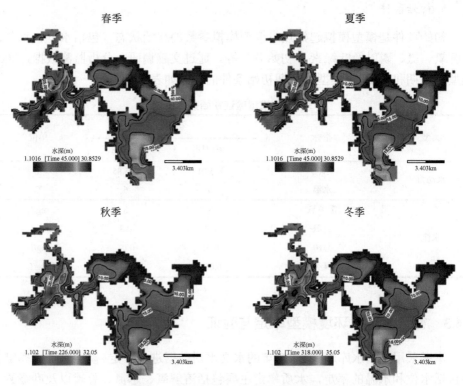

图 3.2　密云水库 2010 年水深时空分布

流场是外在驱动力和地形共同作用的结果，由于入流流量较小，且水库水力停留时间长，水体交换慢，故外在驱动力中风场是主要的驱动力。图 3.3 为密云水库不同季节流场时空分布。时空分布流场的时间分布特征来看，密云水库春季和冬季的流场类似，春季和冬季潮河部分形成顺时针旋转的涡流场；夏季和秋季的流场类似，涡流并不明显。这是由于密云水库地区是季风气候，特别春冬季东北风占主导且风速较大，驱动水体形成涡流。流场的空间分布特征来看，密云水库库东和潮河部分水深较浅的部分流速相对较大，而水深较大的部分相对流速较小。

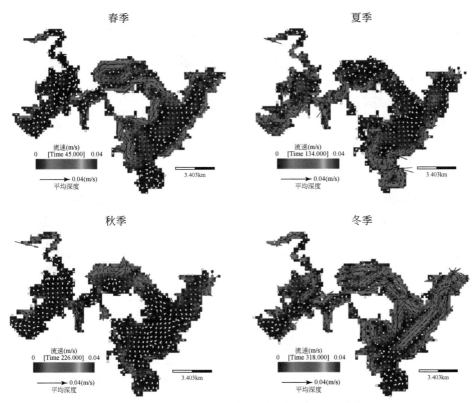

图 3.3　密云水库 2010 年不同季节流场时空分布

2. 叶绿素 a 时空分布特征

藻类在富营养化过程中扮演着重要角色，对水质模拟至关重要。藻类通过营养盐吸收和死亡影响氮循环、磷循环、溶解氧平衡和食物链。叶绿素 a 浓度是反映藻类生长过程最直观的指标之一，其浓度高低代表了藻类浓度的变化。藻类暴发是湖库富营养化的直接表现，探讨叶绿素 a 的时空分布特征，能够了解水库藻类生长的时空分布特征，直观反映水库富营养化现象。

由图 3.4 可知，叶绿素 a 出现峰值的时间集中在 130～190 天（即 5 月初至 7 月初）。为了认识库区藻类暴发过程，选取 130～190 天这段时间进行分析。在第

130 天，叶绿素 a 开始在库东等浅水区域增长，但刚开始浓度较低，不到 2 μg/L；但 5 天之后，叶绿素 a 浓度急剧增高，峰值接近 15 μg/L，面积急剧扩大，由库东向潮河部分和白河部分扩展；10 天之后，叶绿素 a 扩展到整个库区，白河主坝和潮河主坝达到了接近 10 μg/L 的浓度峰值；之后整个库区叶绿素 a 浓度开始下降，到第 190 天整个库区叶绿素 a 浓度恢复到暴发初第 130 天的水平。

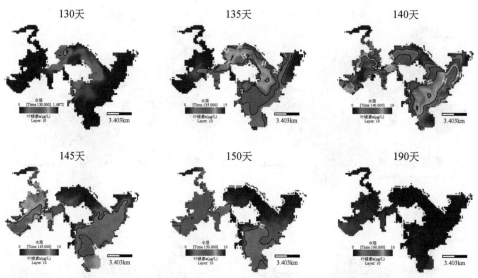

图 3.4 密云水库藻类暴发期表层叶绿素 a 浓度平面变化过程

图 3.5 为密云水库藻类暴发期叶绿素 a 浓度垂面变化过程。从图中可以看到，叶绿素 a 在表层暴发后逐渐向底层沉降。第 130 天时，表层叶绿素 a 浓度开始增大，5 天之后浅水区表层叶绿素 a 浓度急剧增大，10 天之后整个库区上层叶绿素 a 达到峰值，之后随着时间推移叶绿素 a 的浓度高值向下层迁移，最终沉降到库区底部，分解矿化为无机物，回归到营养盐的循环中。

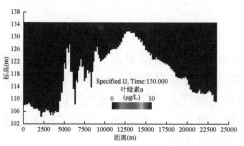
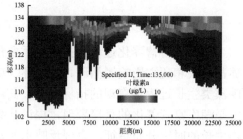

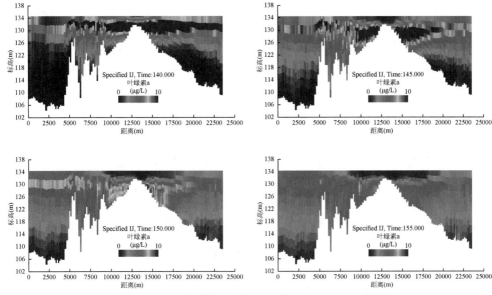

图 3.5 密云水库藻类暴发期叶绿素 a 浓度垂面变化过程

3.5 本 章 小 结

本章首先介绍了湖泊水库水环境和污染过程基本特征，并重点分析其污染成因和途径。分别对湖库水动力和水质模拟过程进行了分析介绍，并对一般湖库模型的结构框架和建模步骤进行概述，以几个目前常用的湖库水环境模型为例，分析湖库模型的原理，结构及重要模块计算方程，包括简单的箱式模型及 EFDC、Delft3D、CE-QUAL-R1、CE-QUAL-W2 和 PCLake 等模型，模型总结见表 3.6，最后结合实例介绍了 EFDC 模型的相关应用。

表 3.6 典型湖泊水库水环境模型总结

模型	维度	时间尺度	适用对象	主要模拟组分
湖库完全混合箱式模型	零维	1 年	停留时间长,水质处于稳定状态的湖库	营养物
EFDC	三维	1 天	适用于湖泊、水库、河流、湿地、河口等	流速、温度、盐度、泥沙、毒性物质、藻类等
Delft3D	二维三维	1 天	沿海潮汐、湖库、河流、河口地区等	流速、水位、水温、密度、盐度、溶解氧、泥沙、营养物、藻类等
CE-QUAL-R1	一维	1 天	垂向分层现象明显的湖泊、水库等	水温,pH,溶解氧,氮、磷等营养物质,重金属,颗粒物,藻类,可溶性有机质等

续表

模型	维度	时间尺度	适用对象	主要模拟组分
CE-QUAL-W2	二维	1 天	湖泊、水库、河流、河口等，较为适合相对狭长的湖泊以及分层水库	水温、溶解氧、氮、磷、藻类、浮游动物、可溶性有机质、泥沙、大肠杆菌等
PCLake	零维	1 天	浅水、非分层湖泊	营养物、藻类、水生植物、浮游动物、鱼类等

　　随着环境模型的不断发展和对环境过程的深入研究，相关环境模型持续发展和改进，其精度和处理效率不断提高，同时有助于加深对于湖泊、水库水体环境中各种复杂相互作用的理解。模型的适用性的评价与研究，和其他模型的深度耦合，以及多种技术手段的共同应用成为相关模型研究的重要发展趋势。

参 考 文 献

[1] Hayes N M, Deemer B R, Corman J R, et al. Key differences between lakes and reservoirs modify climate signals: A case for a new conceptual model . Limnology and Oceanography Letters, 2017, 2(2): 47-62.

[2] Ji Z-G. Hydrodynamics and water quality: Modeling rivers, lakes, and estuaries. Hoboken, N.J., Hoboken, N.J: Wiley-Interscience, c2008.

[3] 陈敬安, 王敬富, 于佳, 等.西南地区水库生态环境特征与研究展望.地球与环境, 2017, 45(2): 115-125.

[4] 陈凯麒. 地表水环境影响评价数值模拟方法及应用. 北京: 中国环境出版社, 2018.

[5] Vollenweider R A. Input.output models with special reference to the phosphorus loading concept in limnology. Schweizerische Zeitschrift für Hydrologie, 1975, 37: 53-84.

[6] Dillon P J. The phosphorus budget of Cameron Lake, Ontario: The importance of flushing rate to the degree of eutrophy of lakes. Limnology and Oceanography. 1975, 20(1): 28-39.

[7] Hamrick J M. A Three-dimensional environmental fluid dynamics computer code: theoretical and computational aspects. Special Report No. 317 in Applied Marine Science and Ocean Engineering, 1992.

[8] Hamrick J M. User's Manual for the Environmental Fluid Dynamics Computer Code. Virginia: Virginia Institute of Marine Science, 1996.

[9] Engelund F, Hansen E. A monograph on sediment transport in alluvial streams. Copenhagen: Teknisk Forlag, 1967.

[10] Afshar A, Feizi F, Moghadam A Y, et al. Enhanced CE-QUAL.W2 model to predict the fate and transport of volatile organic compounds in water body: Gheshlagh reservoir as case stud.

Environmental Earth Sciences, 2017, 76(23).

［11］Terry J A, Sadeghian A, Baulch H M, et al. Challenges of modelling water quality in a shallow prairie lake with seasonal ice cover. Ecological Modelling, 2018, 384: 43-52.

［12］Janssen A B G, De Jager V C L, Janse J H, et al. Spatial identification of critical nutrient loads of large shallow lakes: Implications for Lake Taihu (China). Water Research, 2017, 119: 276-287.

［13］Zhang Y, Liang J, Zeng G, et al. How climate change and eutrophication interact with microplastic pollution and sediment resuspension in shallow lakes: A review. Science of the Total Environment, 2020: 705.

［14］Stefanidis K, Varlas G, Papadopoulos A, et al. Four decades of surface temperature, precipitation, and wind speed trends over lakes of Greece. Sustainability, 2021, 13(17).

［15］Janse J H. Model studies on the eutrophication of shallow lakes and ditches. Wur Wageningen Ur, 2005.

［16］宋莹, 安申群, 陆玉广, 等.再生水补给差异对浮游动物群落结构的影响——以北京市清河、温榆河、白河为例. 环境保护科学, 2021, 47(4): 83-90.

第4章 流域水环境模型

4.1 流域水环境污染概述

4.1.1 流域污染物来源

1. 流域的定义

流域是由分水线所包围的集水区，用来指一个水系的干流和支流所流经的整个区域。一个典型流域具有汇流、蓄水与调节等水文功能与化学迁移、栖息地等生态功能，各功能之间彼此联系、相互影响，共同发挥作用。

流域可以分为河流、湖泊或水库、河口等部分，三者与周围地域相互作用，共同构成了流域复杂的功能特征。其中，河流是由于地表径流长期侵蚀地面形成沟壑，溪流汇集而成。湖泊是在陆地表面受到内动力和外动力作用形成凹陷，内部蓄水而成。河口是河流的终点，即河流与其他水体之间过渡交融的区段，河口处断面扩大，水流速度骤减常有大量泥沙沉积而形成三角洲。按水体类型，河口可以分为支流河口、入湖河口、入库河口以及入海河口等。

2. 流域的基本特征

1）流域的自然地理特征

A. 气候特征

包括降水、蒸发、湿度、气温、气压、风等要素，它是河流形成与发展的主要影响因素，也是决定流域水文特征的重要因素。

B. 下垫面条件

下垫面指流域的地形、地质构造、土壤和岩石性质、植被、湖泊、沼泽等情况。流域的下垫面条件反映了每一水系形成过程的具体条件，与非点源污染息息相关，并会影响径流的变化规律，进而影响到水质状况。当研究河流水质、水文的动态特性时，需要对流域的自然地理特征及其变化情况进行专门的研究。

2）几何特征

流域的几何特征主要是指流域的形状、面积、长度、平均高程、平均宽度、平均坡度、不对称系数等。

A. 流域面积

流域面积指流域分水线包围区域的平面投影面积（km²），可以在地形图上勾绘出流域分水线，采用方格法或求积仪法求出面积。

B. 流域长度和平均宽度

以流域出口为中心向河源方向作一组不同半径的同心圆，在每个圆与流域分水线相交处作割线，各割线中点的连线长度即为流域的长度，即河源边线至河口的最长直线距离。流域平均宽度为流域面积与流域长度之比。

C. 河网密度

河网密度是流域内河流干支流总长度与流域面积的比值。

D. 流域平均高程和平均坡度

平均高程是流域内各相邻等高线间的面积与其相对应平均高程相乘之和与流域面积的比值（m）。流域平均坡度是指流域内最高、最低等高线长度的一半及各等高线长度乘以等高线间的高差乘积之和与流域面积的比值。测量方法是将流域地形图划分为 100 个以上的正方格，依次定出每个方格交叉点上的高程以及与等高线正交方向的坡度，取其平均值即为流域平均高度和平均坡度。

E. 流域形状系数

形状系数是流域平均宽度与流域长度之比，在一定程度上以定量的方式反映了流域的形状，扇形流域的形状系数较大，狭长形流域形状系数较小。

3. 流域污染物来源

按污染源分布可以分为点源污染和非点源污染。点源污染是指具有固定排放点的污染源，如工业废水、城市生活污水等由排放口集中排入流域的污染源，其污染负荷的计算方法已经比较成熟，在流域模型中常以排口来简化计算；非点源污染是指在大面积降雨、径流的冲刷作用下，溶解态污染物和非溶解态污染物汇入流域造成的污染，主要来源于降水径流、土壤侵蚀、农药化肥、农村生活污水、畜禽粪便、底泥污染、大气沉降、水产养殖、污水灌溉等，由于非点源污染来源的复杂性和不确定性，其形成过程研究和负荷定量化计算难度较大，最为有效的方法是建立模型。

4.1.2　流域水文过程

1. 水文循环与水量平衡

1）水文循环

流域水文循环及其演变过程受控于全球水循环的影响，流域内各种形态的水在太阳辐射、地心引力等作用下，通过蒸发、水汽输送、凝结降水、下渗以及径流等环节，不断地发生相态转化和周而复始的运动。从流域整体角度来说，这个循环过程可以设想从海洋蒸发开始，蒸发的水汽升入空中，并被气流输送至各地，大部分留在海洋上空，少部分深入内陆流域，在适当条件下，这些水汽凝结降水，其中海面上的降水直接回归海洋，降落到流域陆地表面的雨雪，除重新蒸发升入空中的水汽外，一部分成为地面径流补给流域系统内的江河、湖泊，另一部分渗入岩土层中，转化为壤中流与地下径流。地面径流、壤中流与地下径流，最后流入海洋，构成全球性统一的、连续有序的动态大系统。

2）水量平衡

水量平衡，在水文循环过程中指在任一时段内研究区的输入水量与输出水量之差为该区域内的水量变化值。水量平衡法是分析研究水文现象、建立水文要素之间定性或定量关系、了解时空变化规律的主要方法之一。

对于某一区域，水量平衡方程为

$$I - O = \Delta S \tag{4.1}$$

式中，I 为给定时段内输入区域的总水量；O 为给定时段内输出区域的总水量；ΔS 为给定时段内蓄水量的变化量。

对于某一区域来说，水量年际变化往往很明显，丰水年、枯水年交替出现。降水量时空差异性导致了流域水量分布不均，造成了不同流域水量平衡的差异。由于流域自身的复杂性，在一定时段内流域中各水文要素（降水、蒸发、径流等）之间的数量变化关系，可通过求出某个流域在某一段时期内的水量平衡综合地表示出来。一般流域水量平衡方程可表达为

$$P - R - E = \Delta S \tag{4.2}$$

式中，P 为流域降水量；E 为流域蒸发量；R 为流域径流量；ΔS 为流域储水量的变化量。

在较长时间尺度上，流域储水量的变化量 ΔS 的值趋于零，因此流域多年的平均水量平衡方程可表达为

$$P_0 = E_0 + R_0 \tag{4.3}$$

式中，P_0 为多年平均降水量；E_0 为多年平均蒸发量；R_0 为多年平均径流量。

2. 陆面产汇流过程

径流形成过程极其复杂，难以精确描述，可将其概化为若干子过程并以尽可能精确的数学物理方法来表示。总的来说，径流形成过程可概化成产流过程和汇流过程。

1）产流过程

根据流域下垫面情况的不同，流域产流过程分为蓄渗产流过程和超渗产流过

程。降雨开始后，除了一小部分降落在河槽水面上的雨水直接形成径流外，大部分降雨消耗于截留、下渗、填洼与蒸散发，不立即产生径流。

降雨过程中植物截留量不断增加直至达到最大截留量，植物截留量与降水量、植被类型及郁闭程度有关。在非森林流域，截留量一般在几毫米至几十毫米以内；在森林流域，年最大截留量可达年降水量的 20%～30%。

下渗发生在降雨期间及雨停后地面尚有积水的地方。在降雨过程中，当降雨强度小于下渗能力时，雨水将全部渗入土壤中。渗入土壤中的水，首先满足土壤吸收的需要，一部分滞蓄于土壤中，在雨停后耗于蒸发，超出土壤持水力的水将继续向下渗透。当降雨强度大于下渗能力时，超出下渗强度的降雨（也称超渗雨）形成地面积水，蓄积于地面洼地，即填洼。地面洼地通常都有一定的面积和蓄水容量，填洼的雨水在雨停后也消耗于蒸发和下渗。平原和坡地流域，地面洼地较多，填洼量可高达 100 mm，一般流域的填洼水量约十毫米至几十毫米。随着降雨继续进行，满足填洼后的水开始产生地表径流，在一次降雨过程中，流域上各处的蓄渗量及蓄渗过程的发展是不均匀的，因此地表径流产生的地方时间有先有后，先满足蓄渗的地方先产流。

流域上降雨渗入土壤的水使包气带含水。土层中的水达到饱和后，在一定条件下，部分水沿坡地土层侧向流动，形成壤中径流，也称表层径流。下渗水流达到地下水面后，以地下水的形式沿坡地土层汇入河槽，形成地下径流。因此，流域上的降水，经过不同的过程可能产生的径流成分包括地表径流、壤中流和地下径流三种。习惯上又把地表径流和壤中流统称为直接径流。

在流域产流过程中，植物截留、下渗、填洼、蒸散发及土壤水的运动均受制于垂向运行机制，水的垂向运行过程构成降雨在流域空间上的再分配，从而构成流域不同的产流机制，形成不同径流成分的产流过程。

2）汇流过程

降落在流域上的雨水，从流域各处向出口断面汇集的过程被称为流域汇流。流域汇流包含坡面流、壤中流、地下水流以及河道汇流等多种水流的汇集，可分为坡面汇流和河网汇流两个阶段。

在坡面汇流阶段，雨水经过产流阶段扣除损失后形成净雨，净雨在坡面汇流过程中，部分沿坡面注入河网成为地面径流；部分下渗形成表层流（壤中流）和地下径流再流入流域河网。地面径流流速较大且流程短，汇流时间较短；地下径流通过土层中各种孔隙再汇入河网，流速小，汇流时间较长；表层流汇流时间介于二者之间。地面径流在坡面流动过程中，部分会深入土层中成为表层流；而表层流在流动中，部分水流又会回归地面成为地面径流。

各种水源的径流进入河网后，即开始河网汇流阶段。在该阶段，各水源水流汇集，从低一级河流汇入高一级河流，从上游到下游，最后汇集到流域河流的出口断面。

　　河网中水流的汇流速度快于坡面，但汇流路径长，汇流时间较长。坡面汇流和河网汇流阶段在实际降雨过程中并无截然的分界。流域汇流过程见图4.1。

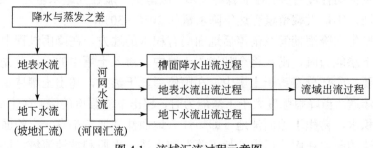

图 4.1　流域汇流过程示意图

4.1.3　流域土壤侵蚀过程

　　降水条件下土壤养分及化肥农药等的迁移有两个过程：一是在降水过程中，土壤养分等物质随下渗的水分向土壤深层迁移；二是当降水强度大于土壤入渗能力时产生地表径流。土壤表层的养分及化肥农药等在雨滴打击及径流冲刷作用下，通过对流和扩散作用向地表径流传递，并随地表径流和泥沙进行迁移。

　　降雨和径流是土壤化学物质的溶剂和载体，也是土壤养分流失的动力，而土壤是降雨和径流作用的界面。土壤养分在土壤侵蚀条件下的流失过程，实际上是土壤养分和径流相互作用的过程。土壤侵蚀过程中养分迁移包括降雨径流过程、土壤养分与径流相互作用过程、输移过程和土壤溶质淋溶过程。

　　1）降雨径流过程

　　降雨超过土壤下渗速度时产生径流并逐渐汇集，形成地表径流冲刷与沟蚀。冲刷过程中，污染物质就会随径流和泥沙流失。降雨径流过程研究，大多是以水文学为基础，重点研究产汇流特性。非点源污染研究中，重点考虑产流条件的空间差异，代表性的是美国水土保持局20世纪50年代提出的SCS模型。我国水文工作者提出了许多有特色的产流计算法或模型。其中，最具代表性的有蓄满产流模型、流域平均下渗曲线与下渗率流域分配曲线相结合的超渗产流模型。

　　2）土壤养分与径流相互作用过程

　　径流在坡面形成、汇集和传递，与表层土壤发生作用。其作用表现为三种方式：土壤液相中的可溶性养分在径流中的溶解；土壤颗粒吸附的矿物质养分在径流中的解吸；土壤颗粒中的养分随产流在坡面传递和被水体携带。被解吸、浸提的养分和颗粒吸附的养分会随着径流的流动而迁移，从而造成养分的流失。在模拟化学物质从地表或近地表土壤溶液到地表径流的迁移过程中，存在着几种不同的理论：①水膜理论。该理论假设在土壤-径流界面存在着一层停滞水膜，化学物质通过该水膜是普通的分子扩散过程；②混合层。假设在土壤表层存在一个混合层，在混合层内降水、土壤水和入渗水瞬间混合，但混合层以下没有化学物质参与地表迁移；③将土壤-水系统分成三个部分径流层或积水层、交换层和土壤层，认为其中的交换层是由雨滴打击控制土壤化学物质进入径流的过程。

3）土壤养分输移过程

被浸提或解吸的养分会随着水流动而迁移，吸附于泥沙的养分会随着泥沙的迁移而损失。养分的迁移形态主要由本身的性质决定，且迁移量在每一种迁移形态中所占的比例不同。氮素主要以溶解态流失，磷素主要以泥沙结合态为主，这是因为磷素易被吸附。

4）土壤养分淋溶过程

淋溶作用是指土壤物质中可溶性或悬浮性化合物（黏粒、有机质、易溶盐、碳酸盐和铁铝氧化物等）在渗漏水的作用下由土壤上部向下部迁移，或发生侧向迁移的一种土壤发生过程。土壤中普遍存在这一过程，淋溶作用包括淋洗作用、螯合淋溶作用和机械淋移作用等。在淋溶过程中，土壤物质可能会经过溶解、化学溶提、螯合和机械淋移等作用。淋溶作用导致土壤上部的物质流失和淋溶层的形成。从土壤剖面上层向下层淋溶的土壤物质往往在下层淀积下来，形成各类淀积层。淋洗作用还会造成某些土壤物质随地下水等从土壤剖面中完全流失。

4.1.4　流域污染物迁移转化过程

1. 污染物陆面迁移转化

流域污染物的陆面迁移，指地表污染物随着径流在陆面上迁移的过程，属于非点源污染。径流是影响流域污染物陆面迁移的主要因素之一，降雨-径流过程一般伴随着流域非点源污染的产生，降雨对地表的冲击和径流对地表的冲刷是地表中的溶解态污染物和非溶解态污染物脱离土壤、进入水体的主要动力，降雨的强度和历时、降雨前期的地表条件等影响非点源污染的负荷。

降雨到达地面后，可将其分为四个部分：径流、蒸发、补充土壤含水量和补充地下水量。汇流部分可以分为地表径流、壤中流和地下径流。地表径流指降雨在地面上形成的坡面漫流，通过机械作用侵蚀土壤将其剥离地面，夹带大量泥沙和污染物的径流进入流域，所占比重最大。壤中流指土壤表层或不连续界面上形成的一种水流，地下径流指浅层地下水回补地表水体形成的回归流，二者主要通过淋溶作用，溶解土壤中的溶解态污染物，使其脱离土壤，随土壤水运动进入地下水体和地表水体。

在非点源污染物的陆面传输过程中，吸附态污染物一般只通过地表径流传输，而溶解态污染物的传输路径随化学成分变化而改变。土壤对硝态氮和氨氮吸附能力较弱，二者可以通过地下径流和壤中流传输，而土壤对各种形态的磷的吸附能力极强，因此磷一般不通过地下径流和壤中流传输。

2.污染物在水体中的迁移转化

污染物在水体中的迁移分为推流迁移、分散稀释、转化运移三个部分。

推流迁移：指在水流作用下污染物在 X、Y、Z 三个方向上平移运动产生的迁移作用。污染物在推流作用下只改变位置，不改变浓度。污染物在各个方向上的通量等于各个方向上水流的速度分量与污染物在河流水体中浓度的积。

分散稀释：污染物在河流中的分散稀释作用有三种，分子扩散、湍流扩散和弥散。分子扩散指由分子的随机运动引起的质点分散现象；湍流扩散指在河流水体的湍流场中质点的各种状态的瞬时值相对于其平均值的随机脉动而导致的分散现象；弥散指多孔介质中两种流体相接触时，某种物质从含量较高的流体中向含量较低的流体迁移，使两种流体分界面处形成过渡混合带，混合带不断发展扩大，趋向于成为均质的混合物质。对于湖泊、水库等静止水体中，分散稀释的主要方式是分子扩散；对于流动水体，分散稀释的主要方式是湍流扩散和弥散。

转化运移：指污染物在悬浮颗粒上的吸附和解吸，污染物颗粒的凝聚、沉淀和再悬浮，底泥中污染物随底泥沉积物运移以及热污染的传导和散失等。流域污染物主要以非点源污染为主。

1）氮元素的迁移转化过程

流域中氮元素主要以 NH_4^+-N、NO_3^--N、NO_2^--N、有机氮等形式存在[1]，主要来源于大气沉降的挥发氨和氮氧化物、城市工业点源废水、农田土壤、沉积物释放。农田土壤中的氮元素主要通过两个途径进入流域水体，一是随水入渗到地下水及淋溶作用，造成土壤中氮元素的淋失，二是随地表径流和土壤侵蚀迁移到地表水体中。沉积物中氮元素的迁移转化是物理化学生物作用的共同结果，河流上游的沉积物在向下游迁移的同时向下沉积，沉积物中氮元素的变化过程包括吸附、沉淀、生物的硝化、反硝化、同化吸收、氨化以及厌氧氨氧化反应等，主要以沉积物最上层发生的硝化和反硝化作用为主。在富氧条件下，沉积物中的有机氮通过矿化作用转化为硝态氮和氨氮扩散进入水体中，水体中的硝态氮能通过扩散作用进入沉积物的厌氧层中，经反硝化作用被还原成氮气进入大气中。

2）磷元素的迁移转化过程

磷按其赋存状态可分为无机磷和有机磷两大类，无机磷包括吸附态、矿物态和溶解态，有机磷包括植素类、磷脂类和核酸类。流域中磷元素主要来自于农田排磷，农田中磷的天然来源是岩石风化过程中磷酸盐的大量溶解，人为来源主要是磷肥施用。土壤中的磷元素主要通过地表径流、土壤侵蚀进入流域水体，由于土壤对磷的吸附能力很强，因此磷不易通过淋溶作用进入地下水。

进入流域水体后，磷元素在水体和沉积物之间交换转化，主要通过生物循环、溶解态磷的吸附与解吸、固态含磷颗粒的沉降与再悬浮等过程。

磷的循环转化主要在土壤中通过植物和微生物进行，具体循环转化过程见图 4.2。

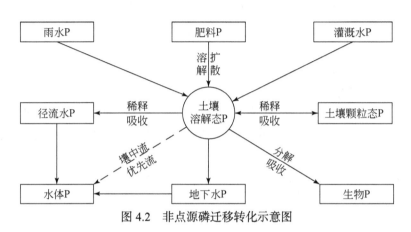

图 4.2 非点源磷迁移转化示意图

3. 非点源污染物影响因素

流域非点源污染的形成受降雨、土壤、地形、土地利用类型、人类活动等多种因素影响。

1）降雨量

降雨是非点源污染迁移转化的主要驱动因子，作用形式分为侵蚀、溶解两种。降雨强度越大、降雨历时越长，产生的径流量越大，陆面流失的泥沙和污染物的量越多，丰水期地表径流对污染物贡献率较大，枯水期贡献率较小。Sharpley 和 Williams 在 Chesapeake 流域经多年研究发现，该流域 90%氮磷流失发生在占降量 10%的几场暴雨事件中[2]。

2）土地利用类型

不同的土地利用类型由于其管理方式和自然状态不同，其植被覆盖率、施肥量等因素也有所不同，导致非点源流失的强度的差异。例如植被覆盖率较高的林地，一方面可以对降雨起到截留作用，另一方面土地保持能力较强，可以有效减少降雨对土壤的冲刷。

3）土壤种类

除了土地利用类型外，土壤种类也会影响非点源污染物的迁移。饱和水力传导度较低的土壤，其产生壤中流的能力越差，通过壤中流迁移的氮含量越低。土壤类型是影响氮、磷含量的主要因素，沙质土壤中污染物会以渗流、蒸发等形式排出；壤质土能够吸收大量水分还能够稳定地保存在土体中；黏质土则渗透性和水分涵养能力较差，容易产生地表径流。

4）地形条件

地形条件中的坡度和坡长对地表径流量和径流强度影响较大，主要通过影响径流量和土壤侵蚀强度影响土壤中养分的流失量[3]。径流的速度、径流形成的时间与坡度有关，进而影响到坡面表层土壤颗粒侵蚀方式、起动和径流的挟沙能力，坡度增加，水土流失加剧，地表径流、壤中流携带的污染物浓度升高。坡长主要影响了降雨的再分配，导致各个坡面断面产生不同的径流量，径流量从上至下不断增加，进一步加剧了土壤侵蚀和养分流失。

5）农业管理措施

流域污染物主要受农业管理措施中施肥和耕种方式的影响。农业非点源污染绝大部分都来自于农田化肥的施用，过量的施肥导致未被作物和土壤吸收固定的氮磷元素随地表径流流失，因此施肥的时间、强度、方式、种类、次数等因素都影响土壤氮磷的径流流失量[4]。耕种方式导致的氮磷流失主要是通过影响土地的疏松度和结构布局，不同耕种方式下的农业活动，如免耕、翻耕、顺坡种植等，其土壤侵蚀量和氮磷流失量差异较大。

4.2　流域水环境模型框架和建模思路

4.2.1　模型框架

流域系统以水循环为纽带，自然过程与经济过程在流域中相互联结、互相影响，研究流域水环境模型，需要对影响流域水环境的各个自然和社会过程机理分别进行分析，总体框架如图 4.3 所示。

4.2.2　流域概化

由于污染物的迁移转化过程受地形、土壤、气候等多种因素影响，而流域内土地利用类型多样，空间异质性强，因此将流域进行空间上的离散，将其分为小的箱体单元，对每个箱体单元各自进行模拟，然后进行汇总得到整个流域尺度的模型，流域概化方法如下：

（1）将流域划分为两部分：干流和干流相连的湖泊；干流外的陆域和水域；

（2）依据模拟精度的需要将湖泊划分成网格，依据河网水系结构和水功能区边界将河网水系划分为一系列河段；

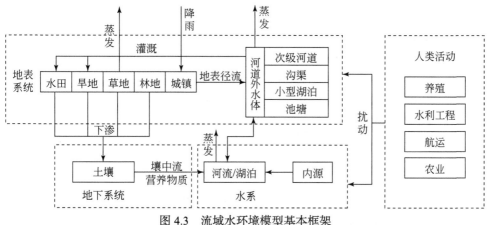

图 4.3　流域水环境模型基本框架

（3）结合水资源分区、水系特征、水功能区划等，将干流以外区域划分成不同的箱体单元，在每个箱体单元内依据土地利用状况、产污产流特征，将箱体单元进一步概化。

4.2.3　水文模拟方法及步骤

1. 蒸散发模型

Horton 建立了植被蓄水能力和蒸发与截留总损失之间的关系方程：
$$I_n = S_v + kE_r t_r \tag{4.4}$$
式中，I_n 为截留总损失；S_v 为是林冠遮蔽区植被的蓄水能力；k 为植被表面积与其遮蔽面积的比；E_r 为植被表面蒸发量；t_r 为降雨历时。

2. 下渗模型

国外学者提出了具有不同特点和用途的模型来描述入渗过程，如 Green-Ampt 模型，Kostiakov 模型，Philip 模型，Horton 模型、Holtan 等。

1）Green-Ampt 模型

Green-Ampt 模型是最早提出的下渗模型（1911 年），模型假定初始干燥的土壤在有薄层积水时，入渗过程中湿润锋面始终为一个干湿截然分开的界面，即湿润区为饱和含水量，湿润锋前为初始含水量，因此土壤水分剖面分布呈阶梯状，由此建立了具有一定物理基础的 Green-Ampt 模型：
$$i = k\left(t + \frac{\Omega}{I}\right) \tag{4.5}$$
式中，i 为下渗速率，m/s；k 为土壤导水率，m/s；t 为下渗时间，s；Ω 为基质重要参数，m；I 为下渗量，m。

2）Kostiakov 模型

Kostiakov 模型于 1932 年提出，形式如下：

$$i = at^{-b} \tag{4.6}$$

式中，i 为下渗速率，m/s；a、b 为经验参数；t 为下渗时间，s。

3）Philip 模型

Philip 模型认为在入渗过程中任意时刻的入渗率与时间呈幂级数关系，形式如下：

$$i = St^{-0.5} + A \tag{4.7}$$

式中，i 为下渗速率，cm/min；S 为土壤吸收率，cm/min；t 为下渗时间，min；A 为稳定下渗率，cm/min。

4）Horton 模型

Horton 在 1933 年提出经典的下渗理论，认为地表土壤都有其特定的入渗能力，当降水强度超过入渗能力时，土壤将按照其差值水量入渗，多余降水部分将在坡面产生地表径流，而如果降水强度小于入渗能力，降水将全部入渗。在连续降雨条件下，土壤最初阶段有较大的入渗率。随着下渗水量的不断增加及入渗锋面的延伸，下渗率变小并趋于稳定，其值接近土壤的水力传导率，这个值称为稳定入渗率。Horton 在观察研究地表径流后于 1940 年建立了下渗能力随时间呈指数变化的经验性入渗模型：

$$i = f_c + (f_0 - f_c)\mathrm{e}^{-kt} \tag{4.8}$$

式中，i 为下渗速率，m/s；f_0 为初始下渗率，m/s；f_c 为稳定下渗率，m/s；k 为经验参数。

5）Holtan 模型

1961 年 Holtan 提出常量以上的下渗能力直接与土壤中剩余的非饱和空隙空间（或蓄水量的剩余量）的某次方成比例，形式为

$$f - f_c = aF_p^n \tag{4.9}$$

式中，f 为下渗能力；f_c 为稳定下渗率；F_p 指下渗能力，等于起始时土壤蓄水量减去已下渗的量；a 和 n 指由土壤和植被决定的常数。

3. 降雨径流模型

SCS 模型是常用的降雨-径流模型，是美国水土保持局（Soil Conservation Service，SCS）1972 年提出的一种以曲线数 CN（curve number）计算径流量的方法。SCS 法有三个基本假设：存在流域洼地和土壤的最大蓄水容量 S；实际需水量 F 与蓄水容量 S 之间的比率等于实际径流量 Q 与降雨 P 和初损 I_a 产值的比率；初损 I_a 和蓄水容量 S 之间为线性关系。模型的数学表达式为

$$\begin{cases} \dfrac{F}{S} = \dfrac{Q}{P - I_a} \\ I_a = a - S \end{cases} \tag{4.10}$$

式中，a 是常数，一般取 0.2。

根据水量平衡公式

$$F = P - I_a - \theta \tag{4.11}$$

得到径流的计算公式

$$\theta = \frac{(P - I_a)^2}{P - I_a + S} \tag{4.12}$$

其中

$$S = \frac{25400}{CN} - 254 \tag{4.13}$$

式中，Q 为地表径流量，mm；I_a 为初损，主要包括降雨产流初期的地表蓄留、植被拦截和土壤下渗量，mm；S 为土壤最大潜在持水量，mm，与土地类型、土壤属性、土地管理、作物管理等因素有关；CN 为曲线数，它的大小和土壤渗透率、土地利用和土壤前期函数条件有关，CN 大则说明流域的截留量小，产流大。根据前期土壤湿润程度分为三种不同的土壤潮湿状态，分别为菱蔫点（AMC Ⅰ）、平均含水量（AMC Ⅱ）和田间持水量（AMC Ⅲ）状态，AMC Ⅰ 和 AMC Ⅲ状态下的 CN 值计算为

$$CN_1 = CN_2 - \frac{20(100 - CN_2)}{100 - CN_2 + \exp[2.533 - 0.0636(100 - CN_2)]} \tag{4.14}$$

$$CN_3 = CN_2 \cdot \exp[0.00673(100 - CN_2)] \tag{4.15}$$

以上 CN 值是在坡度为 5%的土地上得到的，用式（4.16）进行修正：

$$CN_{2s} = \frac{(CN_3 - CN_2)}{3}[1 - 2\exp(-13.86 slp)] + CN_2 \tag{4.16}$$

式中，CN_{2s} 为 AMC Ⅱ条件下的曲线数修正值；slp 为子流域的平均坡度。

4.2.4　土壤侵蚀与产沙过程模拟

1. 侵蚀产沙模拟

土壤侵蚀产沙模块是非点源污染模型中主要的子模型之一。土壤侵蚀产沙模型（方程）可以建立影响土壤侵蚀的各因素与最重要的土壤侵蚀指标——土壤侵蚀强度之间的数量关系，在土壤侵蚀调查与水土保持规划治理中有着重要的作用。土壤侵蚀模型研究始于 20 世纪 60 年代 Wischmeier 提出著名的通用土壤流失方程

（USLE），20 世纪 80 年代以来，土壤侵蚀模型与计算机和信息技术融合，土壤侵蚀预测工具从传统的图表发展到计算机软件。目前土壤侵蚀预测模型的研究已经由统计模型发展到具有一定物理意义的过程模型，由坡面模型发展到流域模型，由集总式模型发展到分布式模型，由只能预测年侵蚀量发展到可以预测不同降雨、不同时段的侵蚀量以及土壤侵蚀的连续过程，除传统的 USLE 以外，RUSLE，EUROSEM，LISEM，WEPP，AGNPS 等新的土壤侵蚀模型不断出现。SWAT 模型采用了改进的 USLE 模型（MUSLE）来描述土壤侵蚀，使用径流因子代替降水动能函数，改善了泥沙量的预测。ANSWERS、HSPF 等模型的土壤侵蚀模块则更具有机理性，将侵蚀过程分为雨滴溅蚀、径流冲蚀和径流运移等若干个子过程。

土壤侵蚀产沙模型作为定量评价土壤流失的工具，是开展水土保持和综合治理的有效工具。一般而言，土壤侵蚀产沙模型可分为经验模型、概念模型和物理模型。表 4.1 列出了这三类模型中最为常用的一些模型。

表 4.1　常用土壤侵蚀模型及其主要特征

模型名称	类型	应用范围	时间分辨率	空间分辨率	区分细沟/细沟间侵蚀	单次暴雨/连续
USLE RUSLEMUSLE	经验模型	坡面	年土壤流失量	否	否	
ANSWERS	概念模型	流域	分布式	分布式（二维）	否	单次
CREAMS	概念模型	田块	暴雨侵蚀量	否	是	单次
WEPP	物理模型	坡面和流域	分布式	分布式	是	连续
EUROSEM/KINEROS	物理模型	田块和子流域	分布式	分布式（二维）	是	单次
EUROSEM/MIKE SHE	物理模型	坡面和子流域	分布式	分布式（二维）	是	连续
LISEM	物理模型	子流域	分布式	分布式	是	单次
EPIC	物理模型	坡面	分布式	分布式	是	连续

1）经验模型

A. Musgrave 方程

Musgrave 方程是最早成功应用于侵蚀控制的方程之一，方程将土壤侵蚀与土壤可蚀性、植被、坡度、坡长和雨强的关系表示为

$$A = CRS^{1.35} L^{0.35} P_{30}^{1.75} \tag{4.17}$$

式中，A 为长期平均沟蚀和片蚀损失值；C 为土壤侵蚀因子；R 为相对土壤覆盖因子（作物管理系数）；S 为坡度；L 为坡长；P_{30} 为重现期为两年的 30 min 降雨量。

B. USLE

1965 年，Wischmeie 和 Smith 等在大量小区观测和人工模拟降雨试验资料的基础上建立了经验性的通用土壤流失方程（USLE）：

$$A = R \cdot K \cdot L \cdot S \cdot C \cdot P \tag{4.18}$$

式中，A 为单位面积上土壤流失量；R 为降雨侵蚀力因子；K 为土壤可蚀性因子；L 为坡长因子；S 为坡度因子；C 为作物覆盖和管理因子；P 为水保措施因子。

USLE 的提出促进了土壤侵蚀学科的发展，使其由定性分析发展到定量研究阶段。自 USLE 以后不断有新的土壤侵蚀模型出现，但是因 USLE 结构简单、运行方便，在长达 40 年的时间内，其在美国和世界应用范围之广，是其他土壤侵蚀模型无法比拟的。但随着时代的发展，USLE 的局限性也不断显现。首先，USLE 是经验模型，不能描述土壤侵蚀的物理过程，缺乏对侵蚀过程及其机理的深入剖析，只考虑了降雨侵蚀力因子，而未考虑与侵蚀密切相关的径流因子，坡长与降雨、坡度与降雨等有关因子交互作用也被忽略等。同时，ULSE 只能用于长期负荷估算，对单独的降雨事件无能为力。另外，ULSE 主要用于模拟平缓坡地，难以模拟陡坡地的土壤侵蚀，不太适用于采用垄作、等高耕作以及其他带状耕作措施的土地，也不能及时反映一些重要的农事活动（如施用化肥、喷洒农药等）的影响。

C. MUSLE 和 RUSLE

随着人工降雨试验技术的发展和土壤侵蚀过程研究的深入，人们对侵蚀过程概念模型有了更深刻的认识。20 世纪 90 年代以来，结合 GIS 的 MUSLE 和 RUSLE 相继出现，大有取代 USLE 的趋势，MUSLE 表示为

$$A = R \cdot (V_{Q} \cdot Q_{P})^{0.56} K \cdot L \cdot S \cdot C \cdot P \qquad (4.19)$$

式中，V_{Q} 为径流量；Q_{P} 为洪峰流量；其他符号含义同上。

1985 年，美国水土保持局开始对 USLE 进行修正，研发了 RUSLE。USLE 和 RUSLE 都是基于缓坡的侵蚀预报模型，USLE 可以用来预测一定坡度条件下单位面积土壤流失量，改进后的 RUSLE 基本保持了 USLE 原来的结果和特点，也是基于年降雨的侵蚀产沙模型，但其在高强度次降雨居于侵蚀主导地位的地区的运用受到限制。修正后的 MUSLE 中引入了经验性的径流能量因子来代替降雨因子，使得该模型可以估算单次暴雨产生的土壤侵蚀量。

2）概念模型

20 世纪 70 年代是概念模型的发展时期，人们为了解决经验模型应用中遇到的很多不足，提出并发展了大量的概念模型，其中包括 CREAMS（Chemical Run off and Erosion from Agricultural Management Systems）、ANSWERS（Areal Non-point Source Watershed Environment Response Simulation）和修正后的 ANSWERS-MODANSW。CREAMS 通常用于 $<0.4\ km^{2}$ 流域，最大不超过 $4\ km^{2}$，可以评价田间尺度多种耕作措施下侵蚀和水质状况。假设土壤、地质、土地利用等方面的特性相对均一，并以此进行流域土壤侵蚀的预报，但不能用于较大尺度的流域，也不能提供降雨过程的信息，模拟过程的功能十分有限。ANSWERS 的模拟范围从几万平方米到 $20000\ hm^{2}$，可以用以模拟分析农业地区雨后及降雨期间流域水文

特征，可以计算径流传输条件下的土壤流失，可与栅格 GIS 连接并利用遥感数据，所用渗透方程（Holtan）是统计模型，土壤侵蚀预报以 USLE 为基础。

概念模型介于经验模型和物理模型之间，相对经验模型而言，概念模型的进步之处在于引进了质量和能量守恒定律，但其主要缺点是缺乏对土壤侵蚀过程的物理描述，参数率定往往失真。一方面，为描述土壤侵蚀和沉积的空间变化，概念模型运用了连续性方程并将研究区离散成一些元素（网格）。在每个元素（网格）的土壤侵蚀和输移遵循 Meyer 和 Wischmeier 于 1969 年提出的模型理论，即土壤侵蚀的输出量等于输入量和降雨-径流产生的泥沙侵蚀量之和，且输出总量不得超过降雨-径流的输移能力。就这些基本概念而言，概念模型与分布式物理模型很相似。另一方面，概念模型应用了 USLE 的某些因子，这些因子的物理意义并不十分明确，如 USLE 采用了 C 和 K 因子来计算土壤流失总量，而不能像 ANSWERS 和 MODANSW 一样，对单次暴雨过程的每个环节进行描述。而 CREAMS 模型对土壤侵蚀过程的描述并不完全准确，它以单次暴雨总量来计算土壤侵蚀量，而对泥沙输移则采用瞬时流速来计算。

3）物理模型

物理模型重在描述土壤侵蚀的物理机制，包括影响土壤侵蚀的绝大多数因子以及它们在时空上的变化，同时也对土壤侵蚀各因子及其相互之间的复杂关系进行描述。

分布式物理模型与经验模型、概念模型相比，具有许多优点：分布式物理模型不仅能够计算泥沙浓度在时间上的变化，而且还能计算其在空间上的变化，从而有助于识别有高度侵蚀危险的区域以及推算从田间尺度到流域尺度上的土壤侵蚀量；另外，物理模型中对过程的物理性描述可以用来验证新的理论，同时借助敏感性分析可以得出对整个侵蚀过程起重要作用的影响因子或侵蚀过程，从而将模型作为一种规划工具，发挥出它更大的潜能。但是，由于物理模型自身的复杂性、对输入数据严格要求以及对计算机性能的要求等因素，物理模型的广泛应用受到了限制。几种常见的物理模型介绍如下。

A. WEPP 模型

WEPP 是美国农业农村部农业研究局主持开发的一个土壤侵蚀模型，是迄今为止较为成熟和先进的土壤侵蚀过程模型之一。

WEPP 模型可以预报和模拟每天或每次的降雨、入渗、地面径流过程产生的侵蚀和泥沙运移等，也可以计算日、月、年平均径流和泥沙运移状况等。该模型不考虑沟蚀和崩塌等重力侵蚀。WEPP 模型土壤侵蚀过程包括分离、搬运和沉积。坡面侵蚀包括细沟和细沟间侵蚀。侵蚀量是搬运能力和输沙量的函数。

WEPP 模型认为土壤侵蚀过程由降水和径流过程共同决定。模型中，降水过程可以由气候模拟器给出，土壤水分状况可由土壤水文过程模型模拟，其他土壤水分参数可由土壤 GIS 数据库提供。在上述边际条件已知的情况下，WEPP 模型可以通过 Green-Ampt 方程计算坡面产流情况。

WEPP 模型采用模块化结构，共有九个功能模块：天气随机生成模块、冬季过程模块、灌溉模块、水文过程模块、土壤模块、植物生长模块、残留物分解模块以及地表径流模块和侵蚀模块，不同模块间通过数据关系相互连接。

B. EUROSEM 模型

由欧盟开发的 EUROSEM 模型属于动态分布式模型，通过对土壤侵蚀过程的物理描述，并以分钟为时段模拟次降雨条件下地块或小流域侵蚀过程。EUROSEM 模型可以在单独地块或小流域中预测水力侵蚀强度，它主要涉及植物对降雨的截留、到达地表的降雨总量和动能、茎干流总量、由雨滴打击和径流冲刷引起的土壤分散量、泥沙沉积和径流搬运能力，并考虑了土壤侵蚀和泥沙沉积对细沟性状大小的影响。

该模型需要降雨观测数据来计算雨强及降雨总量。在模型计算流程中，降雨首先被植物冠层截留；然后分为穿透雨、叶流和茎流，在分别计算它们的动能后，再计算土壤溅蚀分离量；最后计算入渗，在减去地表填凹容量后，用动能波方程模拟地表径流线路，并对径流和地表之间的土壤颗粒交换进行连续动态模拟。模型正确地模拟了细沟流和细沟间流，并用产沙量来表示土壤流失，其定义是空间某点在某段时间内产生有相应边坡的不同沟道单元，而边坡则进一步被分为土壤、土地利用和坡形特征相对一致的面或者单元。

C. LISEM 模型

LISEM 是根据 ANSWERS 模型和 De ROO 等 1989 年提出的对土壤侵蚀过程的描述，结合 RS 和 GIS 技术，利用荷兰南部黄土区实验观测资料开发而成，属于次降雨分布式过程模型。LISEM 以 PCRaster GIS 软件为基础，程序代码完全由 GIS 命令构成，是第一个与 GIS 完全集成并直接利用遥感数据的土壤侵蚀预报模型。模型充分考虑了土壤侵蚀产沙的各个环节，其基本过程包括降雨、截留、填洼、入渗、土壤水分垂直运动、表层水流、沟道水流、土壤分散、泥沙输移等，同时还考虑了紧实土、道路和表面结皮的影响。模型最新版本还包括车痕、侵蚀和沉积泥沙分级、径流中养分流失以及浅沟模拟。

LISEM 能用于模拟一个 $1 \sim 100 \ hm^2$ 的农业流域类似降雨所产生的径流和侵蚀，但不能应用于多个子流域组合的大流域的侵蚀产沙预报。模型对数据参数量的需求量较大，对于团粒的移动特征参数、土壤导水参数等需通过实验方法获取；在模型参数的读取、交换以及模型的自动计算方面有待改进。

LISEM 模型以 PCRaster 系统为基础，将流域在空间离散化为一系列大小相等的栅格单元，对降雨侵蚀过程等时间间隔分割，按照时间步长分时段模拟侵蚀过程。对每个栅格，在降雨和植被截留计算后，减去入渗和表面存储得到网状径流。

然后，使用流体力学原理计算击溅、径流侵蚀和沉积，并且用运动波方程模拟径流和泥沙汇集到出水口的过程。然而，以栅格为计算单元可能会给最终的侵蚀产沙预测带来较大偏差。

D. EPIC 模型

EPIC 模型是美国得克萨斯农工大学黑土地研究中心和美国农业农村部草地、土壤和水分研究所等研制的农田生产和水土资源管理综合评价动力学模型，在世界范围内已得到较为广泛的应用。EPIC 模型由气象模拟、水文学、侵蚀泥沙、营养循环、农药残留、植物生长、土壤温度、土壤耕作、经济效益和植物环境控制等模块组成，含有 300 多个数学方程。

EPIC 的降水模型需要输入逐月降水概率和雨-晴天转换概率，地表径流的预报在逐日降水量估算基础上采用 SCS 曲线方程计算。EPIC 模型中作物生长模块是一种多作物通用型生长模型，能够模拟上百种大田作物、园艺作物、草原牧草和树木生长，其特点是根据各种作物生理生态过程的共性研制成模型的主体框架，再结合各种作物的生长参数和田间管理参数分别进行各种作物生长与产量模拟。EPIC 模型对土壤剖面氮磷运移、转化和作物营养过程的定量描述较为细致，模型运行所需要的土壤剖面理化性状的参数有 20 多项。EPIC 模型将土壤剖面分为 10 个土层，逐层描述土壤温度、水分、空气状况，进而定量描述土壤中不同形态氮磷养分的运移、转化及作物吸收的速率和数量。在逐日太阳辐射量、最高气温、最低气温和降水量等气象要素驱动下运行，EPIC 模型逐日进行作物基本生理生态过程、土壤水肥循环与平衡状况的描述和计算，并能够输出逐日、逐周、逐旬、逐月或逐年等不同时间尺度的作物生产系统状态变量值，从而揭示土壤剖面氮磷运移、转化和作物营养的动态变化规律，可作为农田土壤氮磷养分管理评价的科学依据。

2. 土壤养分及其养分流失模型

降雨和径流是土壤养分流失的动力，土壤是其作用的界面，土壤养分与降雨、径流的相互作用过程是土壤养分流失产生的关键。

1）土壤养分与降雨的相互作用

土壤养分与降雨的相互作用表现为两种形式：其一，表层土壤养分在雨滴作用下，向雨水中释放或被雨滴溅蚀；其二，表层土壤养分，尤其是硝态氮随雨水下渗到土壤中。土壤养分随径流损失分为两部分：可溶解性养分溶于径流中随径流流失；吸附性养分被吸附于泥沙颗粒，以无机态和有机质形式存在。一般地，土壤养分的流失过程大致可分为以下四个阶段：降雨初期，地表土壤水分含量较低，雨滴打击使干燥土粒溅起；随后土粒逐渐被水分饱和，土壤养分被水浸提；在击溅的同时，土壤团粒和土体被粉碎和分散；随降雨的继续，地表出现泥浆，细颗粒出现移动或下渗，阻塞空隙，促进地表径流的产生，雨滴打击使泥浆溅散。

降雨发生时，当降雨强度小于土壤入渗率，表层土壤中的养分，尤其是硝态氮会在土壤深层沉积，发生土壤侵蚀时，土壤表层硝态氮随饱和水流在土壤剖面向下迁移。降雨消失后，入渗的硝态氮在土壤剖面进行扩散、质流，一部分硝态氮随根系延伸被作物根系吸收利用，另一部分硝态氮通过淋溶作用进入作物不能利用的深度，进而污染地下水源。1978 年，Davidson 等根据硝态氮在土壤中的淋溶轨迹，利用"活塞移动"理论来简单描述硝态氮的淋溶行为。1982 年，Rose 等利用偏微分方程来研究硝态氮在土壤中的淋溶行为：

$$\frac{\partial C}{\partial T} = \frac{D\partial^2 C}{\partial Z^2} - \frac{V\partial^2 C}{\partial Z} \tag{4.20}$$

式中，C 为土壤溶液中硝态氮的浓度；D 为偏微分方程系数；T 为时间变量；Z 为土壤深度；V 为纯水在土壤中的入渗流速。但该模型的输入因子在大田实验中难以获得，限制了其应用性。

2）土壤养分与径流的相互作用

土壤养分与径流的相互作用大致可以分为三类：土壤养分与径流相互作用深度模型、土壤养分的径流释放和传输模型，土壤养分的坡面流失行为模型。

A. 土壤养分与径流相互作用深度模型

在大田试验条件下，Sharpley 对径流与土壤溶质相互作用深度（EDI）模型进行了修正，建立了土壤可溶性养分与径流相互作用模型：

$$N_r = \frac{KN_0 \text{EDI} \cdot \text{BD} t^\alpha W^\beta}{V} \tag{4.21}$$

式中，N_r 为径流中土壤可溶性养分的浓度；t 为暴雨历时；EDI 为土壤表层可溶性养分与径流相互作用深度；BD 为表层土壤容重；V 为产流期径流深；N_0 为原地土壤可溶性养分含量；K、α、β 为模型的参数。

王全九基于相互作用深度概念和有效混合层内溶质质量平衡原理，建立了土壤溶质与径流相互作用混合模型[5]：

$$c(t) = c_0 \exp\left[\frac{-it}{h_{\text{mix}}(\theta_s + \rho_s k_d)}\right] \tag{4.22}$$

式中，$c(t)$ 为径流中溶质浓度；c_0 为土壤初始浓度；i 为雨强；t 为时间；h_{mix} 为混合深度；θ_s 为土壤饱和含水量；ρ_s 为土壤含量；k_d 为吸附系数。

由于 it 为累计降雨量，根据 $c(t)$ 与 it 的相关分析可计算 h_{mix}，具体公式为

$$h_{\text{mix}} = \frac{1}{b(\theta_s + \rho_s k_d)} \tag{4.23}$$

式中：

$$b = \frac{\ln c(t) - \ln c_0}{I(t)} \quad (4.24)$$

不完全混合模型假定土壤溶质在降雨过程中与雨水不完全混合，土壤溶质的浓度为 $c(t)$，则径流溶质的深度为 $ac(t)$，透过混合层向下层迁移水的浓度为 $bc(t)$，a、b 为相互对立的参数，该模型可以分别考虑径流与雨水入渗的作用，通过有效混合深度内的质量平衡原理可以求出径流深质浓度变化过程：

$$bc(t) = c_0 \exp\left[\frac{bi - (b-a)ft}{h_{\text{mix}}(\theta + \rho_s k_d)}\right] \quad (4.25)$$

式中，f 为土壤入渗速率；a、b 为模型参数。

B. 土壤养分在径流中释放和传输模型

土壤养分释放模型多半是经验模型，其中较为完善的是 Rony Waalach 等于 1988 年建立的改进型经验模型：

$$C_{\text{out}}(t) = \frac{C_0 \xi}{1+W}\left[\exp(WT)\text{erfc}(\sqrt{WT}) - \exp(-T) + 2\sqrt{\frac{W}{\pi}}E(\sqrt{T})\right] \quad (4.26)$$

$$T = \frac{P_t}{H}; \xi = \frac{K_E}{P}; W = \frac{K_E^2 H}{P D_E}; K_E = \frac{K_L}{pdK_D + \theta} \quad (4.27)$$

式中，$C_{\text{out}}(t)$ 为某时刻流出坡面断面口径流的养分浓度；P_t 为 t 时刻的降雨率；H 为径流水的深度；P 为全径流过程的降雨率；D_E 为养分有效扩散系数；C_0 为地表土壤中溶液养分的浓度；K_D 为土壤颗粒在径流中的分散系数；K_L 为土壤颗粒在径流中的传递系数。

C. 土壤养分在坡面流失行为模型

土壤养分在坡面流失行为模型是在土壤侵蚀模型的基础上发展起来的，通过研究土壤侵蚀特征和养分在径流中的传递规律，从土壤水分入渗、径流和降雨特征等方面研究土壤养分流失规律。Donigian 建立了适合农业土壤养分径流流失模型（ARM），该模型不仅能模拟降雨侵蚀过程，而且能模拟养分在径流作用下迁移、扩散、释放过程。美国农业农村部根据流域侵蚀和养分流失特征，建立了农业化学物质迁移模型（ACTMO），ACTMO 模型由水分子模型、侵蚀沉淀子模型和化学物质迁移子模型构成，其中水分子模型通过降雨、入渗、蒸发、径流等过程模拟土壤水分平衡，侵蚀沉淀子模型通过泥沙颗粒分布、黏粒的富集预测土壤侵蚀过程，化学物质迁移子模型能够模拟氮磷钾的吸收与解吸过程、土壤养分流失过程、土壤养分在径流中的传递行为。

4.3 典型模型介绍

4.3.1 SWAT 模型

1. SWAT 模型概述

SWAT 模型（Soil and Water Assessment Tool）是一种基于地理信息系统（GIS）的分布式流域水文模型，是由美国农业农村部农业研究中心（Agriculture Research Service of the United States Department of Agriculture，ARS-USDA）和美国得克萨斯农工大学农业生物研究中心（Texas A&M AgriLife Research）联合开发的流域模型。

SWAT 模型属于半分布式水文模型，首先根据地形特征将流域划分成具有流域边界、流域出口的子流域，并提取各子流域内的平均坡度、河道流向、长度和宽度等流域信息。模型的最小计算单位是水文响应单元（Hydrology Respond Unit，HRU），HRU 是模型将子流域内的地形特征、土地覆盖特征、土壤类型和坡度等级划分等信息重叠后，用以计算各子流域的径流过程、土壤侵蚀过程、泥沙、营养物及其他污染物迁移转化过程的基本单元。SWAT 模型属于机理模型的一种，能够有效模拟径流和污染物的时空变化特征，分析流域地形特征、下垫面特征、土地管理特征、气候特征、水文特征等因素对地表降雨径流、土壤侵蚀、污染物淋溶输出及地下水环境等过程的影响；SWAT 模型具有多种模拟步长的优势，包括小时、日、月和年尺度，模拟的空间尺度囊括小流域、中大尺度流域，甚至整个区域尺度，这些优势便于对流域的非点源污染产生机理、变化过程、形成原因及其环境影响进行详尽分析。SWAT 模型对流域水文循环的模拟可以分为两部分：陆面水文循环和河道水文演进。陆面水文循环主要控制各子流域内主要河道的水、泥沙、农药、营养物质等的输入量，河道水文演进决定水、泥沙、农药、营养物质等向流域出口的输移过程。

2. SWAT 模型原理

1）水文过程

SWAT 模型对水文过程的模拟基于水量平衡方程：

$$\text{SW}_t = \text{SW}_0 + \sum_{i=1}^{t} (R_{\text{day}} - Q_{\text{surf}} - E_{\text{a}} - w_{\text{seep}} - Q_{\text{gw}}) \tag{4.28}$$

式中，SW_t 为第 t 天土壤含水量，mm；SW_0 为土壤的初始含水量，mm；R_{day} 为

第 i 天的降水量，mm；Q_{surf} 为第 i 天的地表径流量，mm；E_a 为第 i 天的蒸发量，mm；w_{seep} 为第 i 天的渗流量，mm；Q_{gw} 为第 i 天的地下水量，mm。

A. 地表径流量

SWAT 提供了两种方法计算地表径流量：SCS 曲线法（soil conservation service-curve number，SCS-CN）和 Green-Ampt 下渗法。两种方法在 4.2.3 小节已有介绍。

B. 峰值流量

峰值流量表示次降雨过程中出现的最大流量，是决定降水径流侵蚀力的重要指标，对后面模拟土壤侵蚀、营养物流失及污染物的迁移转化有重要意义，SWAT 模型通过有理方程计算峰值流量：

$$q_{peak} = \frac{C \cdot i \cdot A}{3.6} \tag{4.29}$$

$$C = \frac{Q_{surf}}{R_{day}} \tag{4.30}$$

式中，q_{peak} 为降雨过程的峰值流量，m^3/s；C 为径流系数；i 为降雨强度，mm/h；A 为子流域面积，km^2；Q_{surf} 为地表径流量，m^3/s；R_{day} 为日降雨量，mm。

C. 地下水

SWAT 模型将地下水分为两类：浅层地下水和深层地下水。降水中超出土壤蓄水量的水分则进入地下含水层，地下水补给的基本公式如下：

$$Q_{gw,i} = Q_{gw,i-1} \exp(-a_{gw}\Delta t) + W_{rchrg,i} \cdot [1 - \exp(-a_{gw}\Delta t)] \tag{4.31}$$

式中，$Q_{gw,i}$ 为第 i 天进入河道的地下水，mm；$Q_{gw,i-1}$ 为第 $i-1$ 天进入河道的地下水，mm；$W_{rchrg,i}$ 为第 i 天蓄水层的补给量，mm；$-a_{gw}$ 为基流的退水系数。

$W_{rchrg,i}$ 的计算公式为

$$W_{rchrg,i} = \left[1 - \exp\left(-\frac{l}{\delta_{gw}}\right)\right] \cdot W_{seep} + \exp\left(-\frac{l}{\delta_{gw}}\right) \cdot W_{rchrg,i-1} \tag{4.32}$$

式中，δ_{gw} 为补给滞后时间，d。

D. 蒸散发量

SWAT 模型中的土壤水分蒸散发包括潜在蒸散发和实际蒸散发，在潜在蒸散发的基础上计算实际蒸散发。

冠层截留蒸发量：如果潜在蒸发量 E_0 小于冠层截留的自由水量 $R_{INT(i)}$，则

$$E_a = E_{can} = E_0 \tag{4.33}$$

$$R_{INT(f)} = R_{INT(i)} - E_0 \tag{4.34}$$

式中，E_a 为某日流域的实际蒸发量，mm；E_{can} 为某日冠层自由水蒸发量，mm；E_0 为某日的潜在蒸发量，mm；$R_{INT(i)}$ 为某日植被冠层自由水初始含量，mm；$R_{INT(f)}$

为某日植被冠层自由水终止含量，mm。

如果潜在蒸发量 E_0 大于截留的自由水含量 $R_{INT(i)}$，则

$$E_a = R_{INT(i)} \tag{4.35}$$

$$R_{INT(f)} = 0 \tag{4.36}$$

植物蒸腾可以用式（4.37）和式（4.38）计算：

$$E_t = \frac{E_0' \cdot LAI}{3}, 0 \leqslant LAI \leqslant 3 \tag{4.37}$$

$$E_t = E_0', \quad LAI > 3 \tag{4.38}$$

式中，E_t 为最大蒸散发量，mm；E_0' 为潜在蒸散发量，mm；LAI 为叶面指数。

土壤水分蒸发需水量由土壤上层蒸发需水量与土壤下层蒸发需水量决定：

$$E_{soil,ly} = E_{soil,zl} - E_{soil,zu} \cdot esco \tag{4.39}$$

式中，$E_{soil,ly}$ 为 ly 层的蒸发需水量，mm；$E_{soil,zl}$ 为土壤下层的蒸发需水量，mm；$E_{soil,zu}$ 为土壤上层的蒸发需水量，mm；esco 为土壤蒸发调节系数。

不同深度的土壤层的蒸发需水量可由式（4.40）计算：

$$E_{soil,z} = E_s'' \cdot \frac{z}{z + \exp(2.347 - 0.00713z)} \tag{4.40}$$

式中，$E_{soil,z}$ 为 z 深度的蒸发需水量，mm；z 为地表以下土壤深度，mm。

2）侵蚀过程

在 SWAT 模型中，由降雨径流引起的土壤流失可以由修正的通用土壤流失方程（modified universal soil loss equation，MUSLE）计算：

$$sed = 11.8(Q_{surf} \cdot q_{peak} \cdot A_{hru})^{0.56} \cdot K_{usle} \cdot C_{usle} \cdot P_{usle} \cdot LS_{usle} \cdot CFRG \tag{4.41}$$

式中，sed 为土壤侵蚀量，t；Q_{surf} 为地表径流量，mm/hm²；q_{peak} 为峰值流量，m³/s；A_{hru} 为水文响应单元的面积，hm²；K_{usle} 为土壤侵蚀因子；C_{usle} 为植被覆盖和管理因子；P_{usle} 为保持措施因子；LS_{usle} 为地形因子；$CFRG$ 为粗糙碎屑因子。

3）营养物质迁移

A. 硝态氮迁移

硝态氮主要通过地表径流、侧向流和渗流在水体中迁移，由自由水中硝态氮的浓度乘以各种流向的径流总量可以获得土壤中流失的硝态氮总量，自由水中的硝态氮可以由式（4.42）计算：

$$c_{NO_3,mobile} = \frac{NO_{3,ly} \cdot \left\{ 1 - \exp\left[\frac{-\omega_{mobile}}{(1 - \theta_e) \cdot SAT_{ly}} \right] \right\}}{\omega_{mobile}} \tag{4.42}$$

式中，$c_{NO_3,mobile}$ 为自由水中硝态氮浓度，kgN/mm；$NO_{3,ly}$ 为土壤中硝态氮含量，kgN/hm²；ω_{mobile} 为土壤中自由水的含量，mm；θ_e 为孔隙度，SAT_{ly} 为土壤饱和

含水量，mm。

土壤中自由水量的平衡公式见式（4.43），分别是 10 mm 厚的表层土的量和表层土以下的量：

$$NO_{3pere,ly} = c_{NO_{3,mobile}} \cdot \omega_{pere,ly} \tag{4.43}$$

$$\omega_{mobile} = Q_{lat,ly} + \omega_{perc,ly} \tag{4.44}$$

式中，ω_{mobile} 为土壤中的自由水量，mm；$Q_{lat,ly}$ 为土壤侧向流量，mm；$\omega_{perc,ly}$ 为深层土壤中的渗流量，mm。

地表径流迁移的硝态氮总量计算式为

$$NO_{3,surf} = \beta_{NO_3} \cdot c_{NO_{3,mobile}} \cdot Q_{surf} \tag{4.45}$$

式中，$NO_{3,surf}$ 为通过地表径流迁移的硝态氮，kgN/hm²；β_{NO_3} 为硝态氮渗透系数；$c_{NO_{3,mobile}}$ 为自由水的硝态氮浓度，kgN/mm；Q_{surf} 为地表径流量，mm。

侧向流迁移的硝态氮总量见式（4.46）和式（4.47），分别代表 10 mm 厚的表层土的量和表层土以下的量：

$$NO_{3lat,ly} = \beta_{NO_3} \cdot c_{NO_{3,mobile}} \cdot Q_{lat,ly} \tag{4.46}$$

$$NO_{3lat,ly} = c_{NO_{3,mobile}} \cdot Q_{lat,ly} \tag{4.47}$$

式中，$NO_{3lat,ly}$ 为通过侧向流迁移的硝态氮，kgN/hm²；β_{NO_3} 为硝态氮渗透系数；$c_{NO_{3,mobile}}$ 为土壤水硝态氮的浓度，kgN/mm；$Q_{lat,ly}$ 为土壤水侧向流量，mm。

通过渗流进入深层土壤的硝态氮迁移量通过式（4.48）计算：

$$NO_{3pere,ly} = c_{NO_{3,mobile}} \cdot \omega_{pere,ly} \tag{4.48}$$

式中，$NO_{3pere,ly}$ 为经渗流进入深层土壤硝态氮的迁移量，kgN/hm²；$\omega_{pere,ly}$ 为渗透水量，mm。

B. 地表径流中有机氮迁移

有机氮若附着在土壤颗粒上，则可以通过地表径流进入河道，这种形式的氮负荷与泥沙负荷密切相关，泥沙负荷的变化反映了有机氮负荷的变化，计算式如下：

$$orgN_{surf} = 0.001c_{orgN} \cdot \frac{sed}{A_{hru}} \cdot \varepsilon_{N:sed} \tag{4.49}$$

式中，$orgN_{surf}$ 为经地表径流进入主河道所流失的有机氮负荷量，kgN/hm²；c_{orgN} 为表层 10 mm 土壤中有机氮浓度，gN/t；sed 为沉积物负荷；A_{hru} 为水文响应单元的面积，hm²；$\varepsilon_{N:sed}$ 为氮富集率。

氮富集率和地表径流中沉积物浓度分别通过式（4.50）和式（4.51）计算：

$$\varepsilon_{N:sed} = 0.78(c_{sed,surf})^{-0.2468} \tag{4.50}$$

$$c_{\text{sed,surf}} = \frac{\text{sed}}{10 A_{\text{hru}} \cdot Q_{\text{surf}}} \qquad (4.51)$$

式中，$c_{\text{sed,surf}}$ 为地表径流中沉积物的浓度，mgN/m^3。

C. 溶解态磷迁移

由于磷在土壤中的扩散距离很近，只有表层 10 mm 土壤中的磷与地表径流相互作用，地表径流中的溶解磷流失量由式（4.52）计算：

$$P_{\text{surf}} = \frac{P_{\text{solution,surf}} \cdot Q_{\text{surf}}}{\rho_{\text{b}} \cdot \text{depth}_{\text{surf}} \cdot k_{\text{d,surf}}} \qquad (4.52)$$

式中，P_{surf} 为地表径流中溶解态磷的流失量，kgP/hm^2；$P_{\text{solution,surf}}$ 为表层 10 mm 土壤水中磷的含量，kgP/hm^2；Q_{surf} 为地表径流量，mm；ρ_{b} 为表层土壤的密度，mg/m^3；$\text{depth}_{\text{surf}}$ 为表层土壤的厚度，取 10 mm；$k_{\text{d,surf}}$ 为磷与土壤的分离系数，表示表层土壤中溶解磷的浓度比上地表径流中溶解磷浓度的比率，m^3/kg。

D. 有机磷和无机磷迁移

随土壤迁移的有机磷和无机磷负荷量由式（4.53）计算：

$$\text{sed}P_{\text{surf}} = 0.001 \times c_{\text{sedP}} \cdot \frac{\text{sed}}{\text{area}_{\text{hru}}} \cdot \varepsilon_{\text{P:sed}} \qquad (4.53)$$

式中，$\text{sed}P_{\text{surf}}$ 为在表面径流中溶解磷的流失量，kgP/hm^2；c_{sedP} 为表层土壤中磷的浓度，g/t；sed 为土壤负荷量，t；area_{hru} 为水文影响单元的面积，hm^2；$\varepsilon_{\text{P:sed}}$ 为磷富集率。

地表径流中附着在土壤上的磷浓度由式（4.54）计算：

$$c_{\text{sedP}} = 100 \times \frac{\min P_{\text{act,surf}} + \min P_{\text{sta,surf}} + \text{org}P_{\text{hum,surf}} + \text{org}P_{\text{frsh,surf}}}{\rho_{\text{b}} \cdot \text{depth}_{\text{surf}}} \qquad (4.54)$$

式中，$\min P_{\text{act,surf}}$ 为表层土壤活性无机库中磷含量，kgP/hm^2；$\min P_{\text{sta,surf}}$ 为表层土壤稳态无机库磷含量，kgP/hm^2；$\text{org}P_{\text{hum,surf}}$ 为表层土壤腐殖有机库中的磷含量，kgP/hm^2；$\text{org}P_{\text{frsh,surf}}$ 为表层土壤新鲜有机库中磷含量，kgP/hm^2；ρ_{b} 为表层土壤的密度，mg/m^3。

3. SWAT 模型构建

1）子流域划分

首先在 SWAT 工程中加载 DEM 图，预先计算可能的河网及水系位置，然后设定子流域汇水面积阈值，将流域划分为一定数目的子流域。

2）HRU 划分

其次，在划分了子流域后，需要划分水文响应单元（HRU），即拥有相同的土地利用类型、土壤类型和坡度的最小水文单元，是研究产汇流过程的最小单元。在 HRU 划分过程中，需要设定土地利用和土壤类型的面积比阈值，舍弃子流域中低于设定阈值的土地利用和土壤类型，然后将其按照比例重新分配，在保证整个子流域的面积 100%得到模拟计算的基础上尽量减少 HRU 划分数量。

3）输入气象数据

在加载好 HRU 后，需要进行气象数据的输入，输入的数据包括降水、最高气温、最低气温、相对湿度和风速，并通过天气发生器来生成太阳辐射数据。

4）运行 SWAT

在 SWAT Simulation 菜单下，点击 Run SWAT 命令开始运行模型，根据研究需要确定模拟时间范围以及不同模块的模拟方法。SWAT 在径流模拟、潜在蒸散发量模拟、河道汇流演算模拟中均提供了多种模拟方法，如径流模拟方法有 SCS 径流曲线数法和 Green-Ampt 法，潜在蒸散发量模拟方法有 Hargreaves、Penman-Monteith 和 Priestley-Taylor，河流汇流演算方法有马斯京根法和变动存储系数法，不同的方法时间步长、输入数据不同，精度也不同。

4.3.2　HSPF 模型

1. HSPF 模型概述

HSPF（Hydrological Simulation Program-FORTRAN）模型全起源于 1966 年的 Stanford 水文模型（SWM），包括 HSP（Hydrocomp Simulation Program）、ARM（Agricultural Runoff Management）、NPS（Nonpoint Source）模块，集水文、水力、水质模拟于一体，主要运用连续性降雨与其他气象数据计算出河流的水文曲线与污染物传输曲线，在 BASINS 系统和 WDMUtil 等工具的辅助下，能够综合模拟面上的径流迁移、土壤侵蚀、污染物传输等过程及河道的水动力、水温变化、泥沙传输、营养物和化学物迁移转化等过程。HSPF 模型结合了分布式水文模型和其他流域模型的特点，主要表现在以下几个方面：

（1）可以根据实际情况调整水文响应单元大小以满足应用的不同需求，在考虑流域空间异质性的前提下进行调整以减小运算负担。

（2）可单独对每个子流域进行水文响应单元划分并进行径流、水质模拟，也可根据流域的上下游关系对河道污染物的迁移转化过程进行模拟。

（3）模拟时间尺度可根据需要灵活调整，最小时间尺度为小时，可用于降雨过程的产汇流、土壤侵蚀、营养物流失的模拟，也可模拟长时间序列水文水质的变化过程，用于分析污染源的形成过程及污染的时空分布规律。

HSPF 模型的计算时间步长为 1 分钟至 24 小时，输出结果的时间尺度可为每小时或每天，因此可以为水文模拟所关注的连续情景（日均流量）和场次情景（小时流量）服务。认识模型的结构有助于我们对参数值的选取、敏感性及变化生成合理的假设。HSPF 模型将一个流域系统概化为三个模块：透水地块（PERLND）、不透水地块（IMPLND）和地表水体地块　（RCHRES），三个大模块下又可以分为若干个子模块（图 4.4）。每个地块是一个具有特有水文及管理属性的子系统。三种地块相互联系并最终呈现流域的水循环过程。对于一个以农业为主要用地的流域，PERLND 和 RCHRES 为最重要的模块。PERLND 中的水文过程由通量和蓄积表征。截留蓄积（CEPS）、地表蓄积（SURS）、壤中流蓄积（IFWS）、上土壤层蓄积（UZS）、下土壤层蓄积（LZS）和有效地下水蓄积（AGWS）是 PERLND 模块中最重要的蓄积方式，各蓄积的出流过程由当前蓄积量和水分运移特征参数来表征。渗透量和入渗量由控制土壤持水量和纵向运移的 UZS 和 LZS 决定。蒸散发量（ET）直接从各蓄积中提取，被认为是系统内的水量损失。从水量的横向运移来看，HSPF 模型认为入河流量分三种形式：坡面漫流、壤中流和地下基流。RCHRES 模块用于模拟河道或湖泊，径流流动被认为具有单向性，水体完全混合而不分层，且采用运动波方程进行渠段径流演算。在每一个渠段中均建立一个FTABLE 函数关系，用于模拟水深、体积与河道出流量之间的关系。

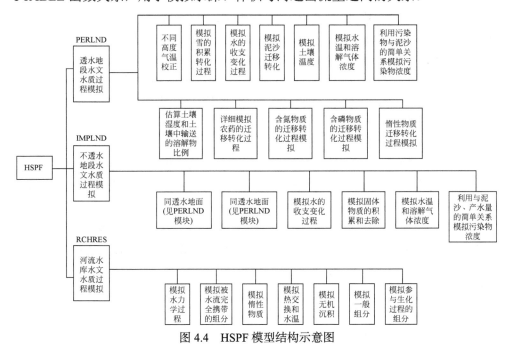

图 4.4　HSPF 模型结构示意图

2. HSPF 模型结构

1）PERLND 模块

PERLND 模块可以模拟透水区的水质和水量过程，是 HSPF 中最常用的模块。

PERLND 模块通过三种路径模拟水流运动：地表径流、壤中流和地下径流。一系列存储区用来表示发生在陆地表面和土壤层中的水文过程。PERLND 模块的模拟包括：①水量平衡和径流组成；②积雪和融雪；③沉积物的产生和移动；④氮和磷的运移；⑤杀虫剂的运移；⑥示踪化学物质的运动。

ATEMP 对输入的平均气温进行修正，以解决气象站和模拟地段之间温度差异的问题，在 PERLND 和 IMPLND 中都有应用：

$$AIRTMP = GATMP - LAPS \cdot ELDAT \tag{4.55}$$

式中，AIRTMP 为修正气温，℉；GATMP 为实测气温，℉；LASP 为下降率，℉/ft；ELDAT 为计算和实测点之间的高度差，ft（1 ft=0.3048 m）。

SNOW 使用气象数据来确定是降雪还是降雨，模拟积雪场的能量平衡来确定积雪场的热通量。积雪的消融，积雪场的减少，积雪场的压紧、蒸发、大气热交换，积雪内部雪、冰和水的产生等过程都通过一个综合的物理经验公式进行模拟，降雨引入积雪场中的热量传递 RNSHT 进行计算

$$RNSHT = (AIRTMP - 32.0) \cdot RAINF / 144.0 \tag{4.56}$$

式中，AIRTMP 为气温，℉；RAINF 为降雨量，in（1 in=2.54 cm）；144.0 为转化成相等融雪水深的因子；32.0℉ 为冰点。

积雪场的温度通过下面的公式估计

$$PAKTMP = 32.0 - NEGHTS / (0.00695 \cdot PACKF) \tag{4.57}$$

式中，PAKTMP 为积雪场的平均气温，℉；NEGHTS 为负的热量存储；PACKF 为雪场的固定容量，0.00695 为转换因子。

PWATER 用来模拟透水地区的水量平衡过程，是 PERLND 模块中的关键部分。像 SNOW 编码一样，PWATER 编码使用经验公式来模拟水量平衡中水的运动，PWATER 把这些过程分为蒸腾、表面截留、地表径流、下渗、壤中流、基流和深层地下水等。

SEDMNT 编码中泥沙产生和移动方程式是建立在 ARM 和 NPS 模型的基础之上的，是 Negev 在 1967 年给出的土壤和集水区侵蚀方程的修正。泥沙模型中的许多参数都来源于通用土壤流失方程。随水流运动产生的泥沙运动模拟成泥沙和土壤基质的冲刷过程。壤中流模拟成降雨、地表覆盖、土地管理实践和流域土壤特性的函数。如果模拟足够详细，壤中流还能够增加上游地区侧向输入量、净增加量。流域泥沙运动和地表径流引起的土壤基质冲刷经验上模拟成地表蓄水量和地表水出流的函数，模拟方程为

$$DET = DELT60 \cdot (1.0 - CR) \cdot SMPF \cdot KRER \cdot (RAIN/DELT60)^{JRER} \tag{4.58}$$

式中，DET 为降雨从土壤基质中剥离的泥沙，t/acre（1 acre=4046.86 m^2）；DELT60 为 h/单位时段数；CR 为地面被雪和其他覆盖物覆盖的比例；SMPF 为管理活动因子；KRER 为基于土壤特性的分离系数；RAIN 为单位时间降雨量；JRER 为基于

土壤特性的分离指数。

PSTEM 通过计算溶解气体和农业化学药物浓度来模拟单位地段表层和表层下的土壤温度。表层土壤温度通过气温方程的回归方程式进行估算：

$$SLTMP = ASLT + BSLT \cdot AIRTC \tag{4.59}$$

式中，SLTMP 为表面土层温度，℃；ASLT 为截距；BSLT 为斜率；AIRTC 为气温，℃。

PWTGAS 估计径流、壤中流和地下出流的水温。每一种地下流出的水温被认为和本土层土壤的温度一样，PATGAS 通过经验公式计算地表径流氧气和二氧化碳的浓度：

$$\begin{aligned} SODOX = \{&14.652 + SOTMP \cdot [-0.41022 + SOTMP \\ &\cdot (0.007991 - 0.000077774 \cdot SOTMP)]\} \cdot ELEVGC \end{aligned} \tag{4.60}$$

式中，SODOX 为在地表径流中溶解氧的浓度，mg/L；SOTMP 为地表径流的温度，℃；ELEVGC 为海拔修正因数。

$$\begin{aligned} SOCO_2 = [&10 \cdot (2385.73 / ABSTMP) - 14.0184 \\ &+ 0.0152642 \cdot ABSTMP] \cdot 0.00316 \cdot ELEVGC \cdot 12000 \end{aligned} \tag{4.61}$$

式中，$SOCO_2$ 为地表径流中二氧化碳的浓度，mg/L；ABSTMP 为地表径流的温度，K。

PQUAL 通过上一地段水流和泥沙之间的简单关系，模拟地表和地下的水质要素。地表出流量可以通过潜在因素模拟得出与 SEDMNT 计算通过潜在因素模拟得出与 SEDMNT 计算的沉积物运移相关的要素浓度，也可以通过各要素的储量在考虑积累、损耗和运移的情况下进行模拟，地表径流冲刷的首次冲刷率由 PWATER 计算。

AGCHEM 模块中的五种代码在 PERLND 中被用来模拟土壤养分（氮、磷）运动和不起反应的化学示踪成分。

PEST 通过三种方式模拟土壤和上层区域中农药的运动：溶解、吸收和结晶。PEST 代码利用 PERLND 的其他部分（如 PWATER、SEDMNT、MSTLAY）生成的时间序列数据来计算运移（出流和过滤）、吸收和降解。农药的运动模拟成水流的函数，或者与沉积物运动有关。对与表层泥沙冲刷运动相关的农药运移进行估计，吸收和降解是化学物质和土层特性的函数。如果大气的沉积物数据输入到模块中，则杀虫剂通过式（4.62）确定：

$$SPS_{i+1} = SPS_i + ADFX + PREC \cdot ADCN \tag{4.62}$$

式中，SPS 为表面的杀虫剂含量（质量/面积）；ADFX 为大气沉积物通量［质量/(单位面积/单位时间)］；PREC 为降水；ADCN 为大气沉积物净浓度（质量/体积）。

TRACER 用来校核氯化物和溴化物在土壤剖面中的溶解运动，一旦合适的延迟值确定下来，它们就被应用在 PEST、NITR 和 PHOS 模块中用来模拟溶质的运移。

$$T_{i+1} = T_i + \text{ADFX} + \text{PREC} \cdot \text{ADCN} \tag{4.63}$$

式中，T 为土层中示踪剂含量（质量/单位面积）；ADFX 为大气沉积物通量［质量/(单位面积/单位时间)］；PREC 为降水；ADCN 为大气沉积物净浓度（质量/体积）。

2）IMPLND 模块

IMPLND 模块应用于不透水地面（主要指城市地面），涵盖了多数常用的城市径流模型包括 STORM、SWMM 和 NPS 模型的污染物运移模拟功能。IMPLND 模块许多代码与 PERLND 模块中的代码相同，但由于 IMPLND 模块中一些地下的水文过程不会发生，因此许多代码被简化了。

PERLND 和 IMPLND 在过程模拟中有一点很不同。在 SOLID 代码部分，IMPLND 可以模拟城市中的固体并不依赖于雨水的积累和移动过程，如街道的清洁、固体物质的腐烂、风力堆积和冲刷等。为了使用这种性能，模拟者需要确定每个月或者是持续的固体物质积累和运移率，并且为模型参数提供用来定义固体物质运移和不透水表面的出流量之间的经验关系数值，这种关系通过与 PERLND 中 SEDMNT 模块类似的方法来确定。

3）RCHRES 模块

RCHRES 用来将 PERLND 和 IMPLND 通过河网和水库模拟的径流量和水质要素进行排序。模块模拟了在一系列封闭或开放的河段或者是一个完全的混合湖中发生的过程，其流动被模拟成单向流。模拟的过程包括水流运动，决定水温的热平衡过程，无机沉积物颗粒的沉积、冲刷和运移，化学分离、水解、挥发、氧化、生物降解、腐烂、明显的化学/代谢物转化，DO 和 BOD 平衡，无机氮、磷平衡，浮游生物数量，pH、二氧化碳、无机碳总量和碱度。

RCHRES 模块包括单独的参数、水流模拟（HYDR）、平流要素（ADCALC）、惰性元素（CONS）、水温（HTRCH）、无机沉淀物（SEDTRN）、一般水质要素（GQUAL）、生化转化过程中确定的要素（RQUAL）等。

HYDR 模拟开放性河道中的某一河段或者是一个完全混合湖中发生的水流过程。水流运动通过运动波方程模拟。一个河段全部的入流量假定全由上游的某一点流入。某一河段的出流量可能被分配到几个目标，分别代表正常出流量、分流、水库的多种闸门放流。除了计算出流量和河段水量，HYDR 计算了附加的水力参数值，这些值可以用在 RCHRES 中的其他代码部分，包括水深、水位、水面面积、平均水深、顶宽、水力半径、河床剪切力和剪切速度。

ADCALC 计算模拟溶解和被带走成分的纵向流动所必需的变量值。这些变量全部取决于 HYDR 中计算得出的容积和出流量值。CONS 模拟的成分都不随时间削减或者只在平流发生时离开河段。模拟的惰性元素中的典型成分包括氯化物、溶解固体总量和变质非常缓慢的可溶性化学物质。

HTRCH 中温度通过热平衡方法进行模拟，主要考虑平流中的热量传输和水汽界面间的热量传输，模拟某一河段中的温度平衡需要五类气象数据（太阳辐射、云量、气温、露点温度和风速）。

SEDTRN 部分用来模拟河道沉积物传输的方法基于 SERATRA 模型，非黏性和黏性的沉积物都在 SEDTRN 中进行模拟，每种悬浮物悬浮在水中或者沉积在河床上这两种状态之间的转变通过沉积和冲刷平衡方程进行模拟。

GQUA 代码可以模拟农业杀虫剂和其他的合成有机化学物质。只要提供了被模拟的杀虫剂的差异性，代码就会提供给使用者如下所述性能：溶解物质的水平对流；溶质通过水解、自由氧原子的氧化作用、光合作用、挥发作用和生物降解作用而进行的分解；一种成分分解产生了另外一种需要模拟的成分；吸附的悬浮物平流运动；吸附物质的悬浮和冲刷；在溶解和沉积物胶结状态的吸附和解吸附作用。

RQUAL 提供了生化转换过程中要素的详细模拟，包括含氧量、BOD、氨、亚硝酸盐、硝酸盐、磷酸盐、浮游植物、海底藻类、浮游动物、难溶物、有机物和 pH。

3. HSPF 模型原理

1）HSPF 模型流域水循环分析

HSPF 模型是以斯坦福模型Ⅳ为参照设计出来的，其水文机理主要包含产、汇流过程，模型将水流运动过程分为垂向和横向两种，设计植被截流蓄积、上土壤层蓄积、下土壤层蓄积、地下水（浅层）蓄积和深层地下水蓄积以控制垂向水分传输和水量平衡状态，壤中流蓄积和坡面流蓄积两个临时性的蓄积以控制横向水分传输。

（1）植被截流层的水量平衡关系表达式为

$$W_{c2}(t) = W_{c1}(t) + P_0(t) \qquad (4.64)$$

式中，$W_{c2}(t)$ 为计算时段初的植被冠层截流蓄积量，mm；$W_{c1}(t)$ 为计算时段末的植被冠层截流蓄积量，mm；$P_0(t)$ 为计算时段内的降雨量或其他降雨补充量，mm。

准落地雨量是不考虑蒸发植被截流后净剩的水量：

$$I_M = K_c \cdot d_c \cdot LAI \qquad (4.65)$$

当 $W_{c2}(t) \geqslant I_M$ 时

$$NP(t) = W_{c1}(t) - I_M \qquad (4.66)$$

当 $W_{c2}(t) \leqslant I_M$ 时

$$NP(t) = 0 \qquad (4.67)$$

式中，I_M 为截流容量，mm；K_c 为冠层截流系数，mm；d_c 是单元植被截流系数，

mm；LAI 为叶面积指数；$NP(t)$ 为准落地雨量，mm。

（2）上土壤层的水量平衡表达式为

$$PERC(t) = 0.1 \cdot INFILT(t) \cdot INFFAC \cdot UZSN \cdot \left[\frac{UZS(t)/UZSN(t) - LZS(t)}{LZSN(t)} \right]^3 \quad (4.68)$$

式中，INFILT 为渗透系数；INFFAC 为冻土因子；UZSN 为上土壤层额定容量，mm；LZS 为该地段当前下土壤层水蓄积深度，mm；LZSN 为该地段下土壤层水蓄积额定深度，mm。

（3）下土壤层的水量平衡关系表达式为

$$LZI(t) = (INFIL + PERC) \cdot LZFRAC \quad (4.69)$$

当 LZRAT < 1.0 时

$$LZFRAC = 1.0 - LZRAT \cdot \left(\frac{1.0}{3.5 - 1.5 \cdot LZRAT} \right)^{INDEX} \quad (4.70)$$

当 LZRAT ≥ 1.0 时

$$LZFRAC = \left(\frac{1.0}{0.5 + 1.5 \cdot LZRAT} \right)^{INDEX} \quad (4.71)$$

式中，INFIL 为直接下渗量，mm；PERC 为滞后下渗量，mm。

（4）深层和浅层地下水的水量平衡关系表达式为

$$IGWI_0(t) = DEEPFR \cdot GWI_1(t) \quad (4.72)$$

$$AGWI(t) = GWI_1(t) \cdot (1 - DEEPFR) \quad (4.73)$$

式中，$IGWI_0$ 为进入深层地下水的量，mm；DEEPFR 为进入深层地下水的分配系数；GWI_1 为当前地下水蓄积量，mm；AGWI 为进入浅层地下水的量，mm。

2）HSPF 模型流域产污汇污分析

HSPF 模型综合考虑氮、磷等污染物在水体与土壤中的迁移转化，主要以小时为单位作为模拟间隔，利用质量守恒原理计算研究区产污汇污。

A. 基本原理

FREUNDLICH 方程是比较常用的水质计算方程，用于污染物的吸附、解吸附过程，表达式为

$$X_{\text{平}} = KF \cdot C^N + XFIX_M \quad (4.74)$$

式中，$X_{\text{平}}$ 为泥沙吸附平衡时的浓度，μg/L；C 为溶液的浓度，μg/L；$XFIX_M$ 为单位土壤吸附的化学物质量；N、KF 为经验常数。

米氏方程主要研究酶促反应的速度，应用于无机态化合物向有机态化合物转化的过程中，表达式为

$$V_1 = V_{\text{饱和}} \cdot \frac{[SI]}{K_M + [SI]} \quad (4.75)$$

式中，V_1 为酶促反应的起始速度；$V_{饱和}$ 为饱和时的反应速度；[SI] 为底物浓度，mol/L；K_M 为反应常数。

ARRHENIUS 方程能定量地描述温度与反应速率系数两者的关系，HSPF 模型程序采用修正的 ARRHENIUS 方程原理，表达式为

$$KK_1 = K_{T_0} \cdot \mathrm{TH}^{\mathrm{TMP}-T_0} \tag{4.76}$$

式中，KK_1 为一阶反应速率的温度修正值；T_0 为适宜温度；K_{T_0} 为适宜温度时最佳反应速率；TH 为温度修正参数；TMP 为土层温度。

B. 氮、磷的迁移和 DO、BOD 平衡计算

氮、磷在土壤和水体中的迁移主要包括侧渗、大气沉降、表层土壤侵蚀、随土壤溶液的迁移四种形式。侧渗迁移主要是指无机氮、活性与非活性有机氮和磷酸盐在地表层、上土壤层和浅层地下水层中的侧渗过程。

大气沉降包含干沉降和湿沉降两个过程，以月为时间间隔，HSPF 模型利用线性插值得到每月沉降总量，其表达式为

$$\mathrm{HEP_T}(X,Y) = \mathrm{HDR}(X,Y) + \mathrm{PREC_N} \cdot \mathrm{HCN}(X,Y) \tag{4.77}$$

式中，$\mathrm{HEP_T}$ 为沉降量；HDR 为干沉降量；$\mathrm{PREC_N}$ 为每层沉积物深度；HCN 湿沉降浓度；X 是化合物类型，1~5 分别代表硝态氮、氨氮、有机氮、磷酸盐和有机磷；Y 是土层，1~2 分别代表地表层和上土壤层。

模型利用一阶反应动力学原理计算表层土壤侵蚀量，其表达式为

$$\mathrm{SEDH}(X) = \mathrm{SH}(X) \cdot S_{\mathrm{SD}} / S_{\mathrm{LM}} \tag{4.78}$$

式中，SH 为地表沉积态的储存量；S_{SD} 为土壤沉积化学物质量，$\mathrm{t/hm^2}$；S_{LM} 为土层能提供的化学物质量，$\mathrm{t/hm^2}$。

在土壤层中的迁移，主要考虑四种形态的氮和两种形态的磷形式在四层土壤中的运移，表层土壤：

$$\begin{cases} \mathrm{SO_X} = \mathrm{SN}(3) \cdot F_{\mathrm{SO}} \\ \mathrm{SP_X} = \mathrm{SN}(3) \cdot F_{\mathrm{SP}} \end{cases} \tag{4.79}$$

式中，$\mathrm{SO_X}$ 为表层流出的化学物质量；$\mathrm{SN}(3)$ 为表层溶解化合物质量；F_{SO} 为表层出流分配系数；$\mathrm{SP_X}$ 为入渗到上土壤层的化学物质量，F_{SP} 为表层入渗量分配系数。

上土壤层：

$$\begin{cases} \mathrm{UP_X} = (\mathrm{SN}(4) + \mathrm{SP_X}) \cdot F_{\mathrm{UP}} \\ \mathrm{II_X} = (\mathrm{SN}(4) + \mathrm{SP_X}) \cdot F_{\mathrm{II}} \\ \mathrm{IO_X} = (\mathrm{IS_X} + \mathrm{II_X}) \cdot F_{\mathrm{IO}} \end{cases} \tag{4.80}$$

式中，$\mathrm{UP_X}$ 为上土壤层入渗到下土壤层化学物质量；$\mathrm{SN}(4)$ 为上土壤层溶解化合物质量；F_{UP} 为上土壤层溶液入渗分配系数；$\mathrm{II_X}$ 为上土壤层进入壤中流的化学物质量；F_{II} 为壤中流分配系数；$\mathrm{IO_X}$ 为壤中流流出的化学物质量；$\mathrm{IS_X}$ 为壤中流中

的化学物质量；F_{IO} 为壤中流出流分配系数。

下土壤层

$$\begin{cases} LP_X = (SN(6) + UP_X) \cdot F_{LP} \\ LDP_X = (SN(6) + UP_X) \cdot F_{LDP} \end{cases} \quad (4.81)$$

式中，LP_X 为下土壤层入渗到浅层地下水中的化学物质量；$SN(6)$ 为下土壤层溶解化合物质量；F_{LP} 为下土壤层入渗到浅层地下水的分配系数；LDP_X 为下土壤层入渗到深层地下水中的化学物质量；F_{LDP} 为下土壤层入渗到深层地下水的分配系数。

浅层地下水层：

$$AO_X = (SN(8) + LP_X) \cdot F_{AO} \quad (4.82)$$

式中，AO_X 为浅层地下水流出的化学物质量；$SN(8)$ 为浅层地下水层溶解化合物质量；F_{AO} 为浅层地下水出流分配系数。

总溶解氧量平衡表达式为

$$TDOX_T = HEADOX + BODDOX_T + BENDOX_T \quad (4.83)$$

式中，$TDOX_T$ 为总溶解量；$HEADOX$ 为大气复氧量；$BODDOX_T$ 为 BOD 降解需氧量；$BENDOX_T$ 是水底需氧量。

总 BOD 平衡表达式为

$$TBOD_T = ANRBOD + SNKBOD + DECBOT_T \quad (4.84)$$

式中，$TBOD_T$ 为总 BOD 量；$ANRBOD$ 为水底 BOD 释放量；$SNKBOD$ 为 BOD 沉降量；$DECBOT_T$ 为 BOD 降解量。

4. HSPF 模型构建

1）子流域划分

首先在 BASINS 环境中加载 DEM 图、水系图、流域出口和边界等数据文件，利用流域自动划分工具对流域进行子流域划分。

2）BASINS 跳转 WinHSPF

完成基础数据库的构建、WDM 时间序列建立和系统子流域划分后，可以从 BASINS 界面跳转到 WinHSPF 界面，自动生成 UCI 文件。

3）气象单元分割

WinHSPF 初始默认选择一个气象站点作为全流域的初始化气象站，由于气象数据的异质性，需要对气象单元进行分割，可通过泰森多边形法分配子流域的气象数据。具体运行流程见图 4.5。

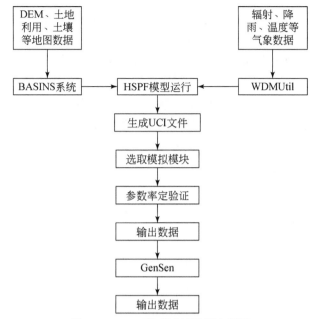

图 4.5　HSPF 模型运行模拟流程图

4.3.3　AGNPS 模型

1. AGNPS 模型概述

AGNPS（Agriculture Non-Point Source）模型由美国农业研究局（Agricultural Research Service，ARS）和明尼苏达污染控制局（Minnesota Pollution Control Service，NRCS）共同开发，用于面积 200 km² 以下的流域生态系统的农业非点源污染估算和预测。基于土地利用、土壤、水文等因素，AGNPS 模型将流域离散化为网格（cell）进行模拟，以解决空间异质性的问题。若流域内空间异质性不明显、土地利用较单一、坡度较小，则网格可以分得比较大；相反，若流域内的空间异质性明显、土地利用差异大、坡度大，则网格需要分得比较小，若网格内情况复杂，根据需要可以将网格进一步分为子网格。

AGNPS 模型是面向事件的分布式模型，与其他模型相比，需要的数据量少且容易确定。模型的计算可以分为三步，首先计算所有起始单元的地表径流、侵蚀、汇流时间、泥沙量、可溶性污染物水平等，然后计算流出起始单元的地表径流量和泥沙量，最后计算流经整个流域的地表径流、泥沙和营养物质。

由于农田土壤中氮、磷的物理、化学过程比较复杂，因此 AGNPS 模型对实际情况进行了如下假设：

（1）研究区域采用统一的降雨数据，不考虑降雨的空间异质性；
（2）网格形状为正方形，且网格内部的参数统一、均匀；
（3）只考虑地表水和部分壤中流，忽视地下水的影响；
（4）地表径流时，氮、磷只会在地表层10 cm的土壤中流失；
（5）只把土壤中的氮、磷划分为颗粒态和溶解态两种；
（6）不考虑各种形态的氮元素之间的相互作用和转化；
（7）汇入地表径流后，可溶态氮磷浓度保持不变。

2. AGNPS 模型原理

模型主要有水文、侵蚀和化学物质迁移三个模块组成：

1）水文子模型

$$\begin{cases} Q=\dfrac{(P-I_a)^2}{P-I_a+S}, & P\geqslant I_a \\ Q=0, & P<I_a \end{cases} \tag{4.85}$$

式中，Q为径流量，mm；P为降雨量，mm；I_a为初损，一般取$0.2S$；S为持水系数，mm。当I_a取$0.2S$时，式（4.85）可改写为

$$Q=\frac{(P-0.2S)^2}{P+0.8S} \tag{4.86}$$

持水系数S与径流曲线数（CN）有关，由式（4.87）求出：

$$S=1000/\text{CN}-10 \tag{4.87}$$

洪峰流量使用Smith和William提出的经验方程并结合CREAMS模型给出：

$$Q_p=3.79A^{0.7}\text{CS}^{0.16}(\text{RO}/25.4)^{(0.903A^{0.017})}\text{LW}^{-0.19} \tag{4.88}$$

式中，Q_p为洪峰流量，m³/s；A为排水面积，m³；CS为排水路径的斜率，m/km；RO为径流量，mm；LW为流域长宽比。

2）侵蚀和输沙量子模型

上游地区单场暴雨的土壤侵蚀量采用修正的土壤流失方程（RUSLE）计算：

$$\text{SL}=(\text{EI})\cdot K\cdot\text{LS}\cdot C\cdot P\cdot\text{SSF} \tag{4.89}$$

式中，SL为土壤侵蚀量；EI为降雨强度因子；K为土壤侵蚀度；LS为地貌因子；C为植被覆盖因子；P为污染治理措施因子；SSF是网格内坡形调整因子。

上述各指数可以在美国农业农村部手册（*Agricultural Handbook*）中查得或算得，计算时将侵蚀土壤和沉淀物分为5类：黏土、粉砂、砂、细砾和粗砾。

在完成径流和土壤侵蚀的计算后，由连续稳态方程推导出迁移和沉积关系的演算方程：

$$Q_S(x)=Q_S(0)+Q_{Sl}(x/L_r)-\int_0^x D(x)Wd_x \tag{4.90}$$

式中，$Q_s(x)$ 为河段下游泥沙输出量；$Q_s(0)$ 为河段上游泥沙输入量；x 为泥沙汇入点到河段下游的距离；L_r 为河段长度；Q_{Sl} 为旁侧泥沙汇入量；W 为河道宽；$D(x)$ 为沉积率；沉积率计算式为

$$D(x)=[V_{ss}/q(x)][q_s(x)-g_s'(x)] \tag{4.91}$$

式中，V_{ss} 为颗粒的沉积速率；$q(x)$ 为单宽径流量；$q_s(x)$ 为单宽沉积物负荷；$g_s'(x)$ 为单宽有效输沙量，计算式为

$$g_s'(x)=\eta g_s=\eta K\frac{\tau V^2}{V_{ss}} \tag{4.92}$$

式中，η 为有效输沙因子；K 为输沙能力因子；τ 为黏性摩擦阻力；V 为河道平均流速。

泥沙输移模型的基本方程：

$$Q_s(x)=\left(\frac{2q(x)}{2q(x)+\Delta x\cdot V_{ss}}\right)\left\{Q_s(0)+Q_{SL}\frac{x}{L}-\frac{W\Delta x}{2}\left[\frac{V_{ss}}{q(0)}(q_s(0)-g_s'(0))-\frac{V_{ss}}{q(x)}g'(x)\right]\right\} \tag{4.93}$$

3）污染物迁移子模型

污染物迁移子模型主要模拟营养物质（N、P）和 COD 的迁移，迁移过程分为了溶解态和吸附态。式（4.94）为营养物质吸附量用单元产量计算：

$$\text{Nut}_{sed}=(\text{Nut}_f)Q_s(x)E_R \tag{4.94}$$

式中，Nut_{sed} 为营养物质随泥沙迁移量；Nut_f 为营养物质在土壤中的含量；$Q_s(x)$ 为土壤流失量；E_R 为富集率。富集率计算公式为

$$E_R=714Q_s(x)^{-0.2}T_f \tag{4.95}$$

式中，T_f 为土壤质地综合因子。

计算可溶性营养物时，需要考虑降雨、化肥量和淋溶过程，计算式如下：

$$\text{Nut}_{sol}=C_{nut}\text{Nut}_{ext}Q \tag{4.96}$$

式中，Nut_{sol} 为径流中可溶性营养物质的浓度；C_{nut} 土壤表面营养物质的平均浓度；Nut_{ext} 为天然营养物质进入径流的流出系数；Q 为径流量。

计算 COD 时，认为 COD 可溶且在迁移演算和累积过程中没有损失，通过径流中 COD 的平均浓度和径流量估算。

3. AGNPS 模型构建

经划分后的网格单元需要在 AGNPS 模型中输入 21 个参数，这些参数表达了网格单元的输入输出特征，参数可以通过实际观测、经验参数、文献资料并结合 GIS 技术来确定。给定了输入参数后，模型可模拟流域出口以及其中任一单元的径流、泥沙和营养物质输出结果，流程图如图 4.6 表示。

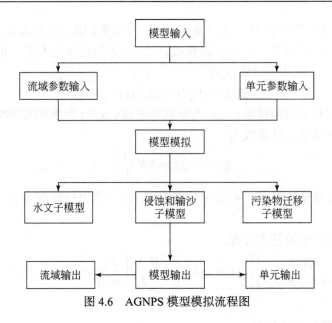

图 4.6   AGNPS 模型模拟流程图

4.3.4   GWLF 模型

1. GWLF 模型概述

通用流域污染负荷模型（Generalized Watershed Loading Functions，GWLF）于 1987 年由美国康奈尔大学的 Haith 教授和 Shoenaker 教授提出并开发，是半分布式半经验化的流域负荷模型。模型基于水量平衡方程，可以输出河川径流量、侵蚀量、沉积量、氮磷负荷等数据，适用于 10000 km² 以下多土地利用混合的中小型流域，以月为时间尺度。不同土地利用类型产生的地表径流使用 SCS 平衡方程计算，土壤侵蚀量通过 USLE 方程计算，地下水过程通过流域水平衡集总参数法计算，污染物通量使用基于经验的流域与地下水浓度，再结合水量模拟结果计算。

GWLF 模型中，河川径流的营养盐通量分为溶解态和固态。其中，溶解态营养盐来源包括点源、径流和地下水；固态营养盐来源包括点源、农村径流和城市径流。任意一年的径流营养盐负荷计算公式为

$$\mathrm{LD}_m = \mathrm{DP}_m + \mathrm{DR}_m + \mathrm{DG}_m + \mathrm{DS}_m \tag{4.97}$$

$$\mathrm{LS}_m = \mathrm{SP}_m + \mathrm{SR}_m + \mathrm{SU}_m \tag{4.98}$$

式中，LD_m 为溶解态营养盐总负荷，kg；DP_m 为点源溶解态营养盐负荷，kg；DR_m 为农村径流溶解态营养盐负荷，kg；DG_m 为地下水溶解态营养盐负荷，kg；DS_m 为腐生排水系统溶解态营养盐负荷，kg；LS_m 为固态营养盐总负荷，kg；SP_m 为

点源固态营养盐负荷，kg；SR_m 为农村固态营养盐负荷，kg；SU_m 为城市固态营养盐负荷，kg；m 为月。主要原理如图4.7所示：

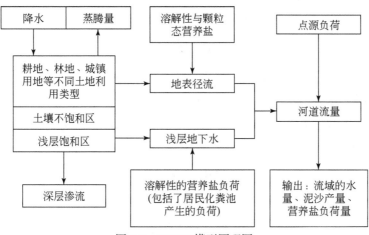

图 4.7　GWLF 模型原理图

2. GWLF 模型原理

1）农村径流负荷

农村中产生的污染物负荷中，溶解态营养盐负荷主要来源于地表径流，固态污染物主要来源于土壤侵蚀。

溶解态营养盐的月负荷通过累加所有源区的日负荷计算得到

$$DR_m = 0.1 \times \sum_k \sum_{t=1}^{d_m} Cd_k \cdot Q_{kt} \cdot AR_k \qquad (4.99)$$

式中，DR_m 为农村径流溶解态营养盐负荷，kg；Cd_k 为来自源区 k 的径流营养盐浓度，mg/L；Q_{kt} 为第 t 天来自源区 k 的径流量，mm；AR_k 为源区 k 的面积，hm^2；d_m 为 m 月天数。

第 t 天来自源区 k 的径流量 Q_{kt} 通过 SCS 径流曲线数法计算：

$$Q_{kt} = \frac{(R_t + M_t - 0.2 \times DS_{kt})^2}{R_t + M_t + 0.8 \times DS_{kt}} \qquad (4.100)$$

式中，R_t 为第 t 天的降水量，cm；M_t 为第 t 天的融雪量，cm；DS_{kt} 为第 t 天 k 源区的滞留参数；融雪量 M_t 和滞留参数 DS_{kt} 分别由当日均温 T_t 和 CN_{kt} 值计算：

$$M_t = 0.45 \times T_t \qquad (4.101)$$

$$DS_{kt} = \frac{2540}{CN_{kt}} - 25.4 \qquad (4.102)$$

固态营养盐的月负荷量通过式（4.103）计算得到：

$$SR_m = 0.001 \times C_s \times Y_m \tag{4.103}$$

式中，SR_m 为农村固态营养盐负荷，kg；C_s 为平均沉积物营养盐浓度，mg/kg；Y_m 为流域月沉积物量，kg。

流域月沉积物量 Y_m 通过 Haith 开发的模型确定：

$$Y_m = TR_m \sum_{j=m-11}^{m} (SX_j / B_j) \tag{4.104}$$

式中，TR_m 为第 m 月总的输送能力；SX_j 为第 j 月产生的总流域沉积物可供应量，mg；B_j 为第 j 月到第 12 月总的传输能力。

第 m 月总的输送能力 TR_m 的计算假设：沉积物的传输能力与径流量的 5/3 次幂成比例，其计算式如下：

$$TR_m = \sum_{t=1}^{d_m} Q_t^{5/3} \tag{4.105}$$

式中，d_m 为第 m 月的天数；Q_t 为当月径流量。

第 j 月到第 12 月总的传输能力计算式如下：

$$B_j = \sum_{h=j}^{12} TR_h \tag{4.106}$$

第 j 月产生的总流域沉积物可供应量 SX_j 计算式如下：

$$SX_j = DR \sum_{k}^{d_k} \sum_{t=1}^{d_j} X_{kt} \tag{4.107}$$

式中，DR 为流域沉积物传输比，与流域面积有关；d_j 为第 j 月的天数，d_k 为流域源区的个数；X_{kt} 为 k 源区第 t 天的侵蚀量，通过通用土壤流失（USLE）方程计算得到：

$$X_{kt} = 0.132 \times RE_t \times K_k \times LS_k \times C_k \times P_k \times AR_k \tag{4.108}$$

式中，K_k 为 k 源区的土壤侵蚀因子；LS_k 为 k 源区的地形地貌因子；C_k 为 k 源区的植被覆盖与管理因子；P_k 为 k 源区的耕作模式因子；AR_k 为 k 源区的面积；RE_t 为第 t 天的降雨侵蚀力，计算式如下：

$$RE_t = 64.6 \times a_t \times R_t^{1.81} \tag{4.109}$$

式中，R_t 为第 t 天的降雨量；a_t 为侵蚀系数，其值由季节和地理位置确定。

2）城市径流负荷

GWLF 模型中城市径流负荷计算基于积累-冲刷关系，认为营养盐的来源是暴雨径流过程对城市地表营养盐的冲刷，模型基于以下两点假设：第 20 天营养盐的积累量达到最大值的 90%；1.27 cm 的径流会冲刷 90%的累积营养盐。基于假设，城市营养盐月负荷量为

$$SU_m = \sum_{k} \sum_{t=1}^{d_m} W_{kt} \times AR_k \tag{4.110}$$

式中，W_{kt} 为第 t 天 k 源区的径流营养盐负荷，计算式如下：

$$W_{kt} = w_{kt}[N_{kt}\mathrm{e}^{-0.12} + (n_k/0.12)(1-\mathrm{e}^{-0.12})]\quad(4.111)$$

式中，n_k 为累积速率常数；w_{kt} 为一个一阶冲刷函数，计算式如下：

$$w_{kt} = 1 - \mathrm{e}^{-0.181Q_{kt}}\quad(4.112)$$

3）地下水负荷

GWLT 模型中根据土壤含水量将其分为浅层不饱和区、浅层饱和区和深层饱和区，其中浅层饱和区的地下水出流汇入流域，形成地下水营养盐负荷，第 m 月地下水对流域的营养盐负荷 DG_m 为

$$\mathrm{DG}_m = 0.1C_g\mathrm{AT}\sum_{t=1}^{d_m} G_t\quad(4.113)$$

式中，C_g 为地下水中营养盐浓度，mg/L；AT 为流域面积；d_m 为第 m 月的天数；G_t 为第 t 天地下水源的出流量。

模拟时浅层饱和区被认为是一个简单的线性水库，地下水出流 G_t 和向深层饱和区的渗流 D_t 分别为

$$G_t = r \times S_t\quad(4.114)$$
$$D_t = s \times S_t\quad(4.115)$$

式中，r 为地下水退水系数（d^{-1}）；S 为地下水渗滤系数（d^{-1}）；S_t 为第 t 天开始时浅层饱和区的土壤含水量；根据浅层不饱和区和浅层饱和区的日水量平衡计算得到：

$$U_{t+1} = U_t + R_t + M_t - Q_t - E_t - \mathrm{PC}_t\quad(4.116)$$
$$S_{t+1} = S_t + \mathrm{PC}_t - G_t - D_t\quad(4.117)$$

式中，U_t 为第 t 天开始时浅层不饱和区的土壤含水量；R_t 为第 t 天的降雨量；M_t 为第 t 天的融雪量；Q_t 为流域的地表径流量；E_t 为蒸发量；PC_t 为渗透进浅层饱和区的量；G_t 为地下水出水量；D_t 为向深层饱和区的渗流量。

若浅层不饱和区的含水量超过了土壤的田间持水量 U^*，发生渗透作用：

$$\mathrm{PC}_t = \max\{0; U_t + R_t + M_t - Q_t - E_t - U^*\}\quad(4.118)$$

蒸发量 E_t 计算式为

$$E_t = \min(\mathrm{CV}_t \times \mathrm{PE}_t; U_t + R_t + M_t - Q_t)\quad(4.119)$$

式中，CV_t 为覆盖因子；PE_t 为潜在蒸发量。

4）腐生排水系统负荷

GWLF 模型将流域内居住区产生的生活营养盐称为腐生排水系统营养盐负荷，将腐生排水系统分为普通系统、短循环系统、池塘系统和直排系统四个，通过月服务人口数 a_{jm}（j=1，2，3，4）和单位排放负荷计算，计算式为

$$\mathrm{DS}_m = \mathrm{DS}_{1m} + \mathrm{DS}_{2m} + \mathrm{DS}_{3m} + \mathrm{DS}_{4m}\quad(4.120)$$

式中，DS_{1m}、DS_{2m}、DS_{3m}、DS_{4m} 分别指第 m 月由普通、短循环、池塘、直接

排放系统排出的溶解性营养盐负荷（kg）。

A. 普通系统

普通系统中第 m 月排出负荷占全年总负荷的比例等于第 m 月地下水出水量占全年地下水出水总量的比例，因此普通系统第 m 月产生的负荷量为

$$DS_{1m} = \frac{GR_m \sum\limits_{m=1}^{12} SL_{1m}}{\sum\limits_{m=1}^{12} GR_m} \qquad (4.121)$$

式中，GR_m 为第 m 月地下水的出水总量（通过加和日出水量 G_t 得到）；SL_{1m} 为第 m 月由普通系统向地下水排放的负荷。

由于普通系统排放废水中的磷元素被吸附固定在土壤颗粒上，因此不产生磷负荷，SL_{1m} 等同于第 m 月由普通系统向地下水排放的氮负荷：

$$SL_{1m} = 0.001 \times a_{1m} \times d_m \times (e - u_m) \qquad (4.122)$$

式中，a_{1m} 为第 m 月普通系统的服务人口数；d_m 为第 m 月的天数；e 为单位人口对排水系统的日负荷贡献量，g/d；u_m 为第 m 月单位人口每天的负荷贡献被植物吸收的量，g/d。

B. 短循环系统

短循环系统距离地表水面比较近，因此磷吸附的情况可以忽视，植物吸收是主要的营养盐损失途径，计算式为

$$DS_{2m} = 0.001 \times a_{2m} \times d_m \times (e - u_m) \qquad (4.123)$$

式中，a_{2m} 为第 m 月短循环系统的服务人口数。

C. 池塘系统

池塘系统以表面排放为结果，将当月由坡面漫流产生的营养盐负荷在同一个月传递至地表水中，若表面冻结，当气温高于 0℃ 且融雪消失时，积累的冻结排放源融化。营养盐月负荷可表示为

$$DS_{3m} = 0.001 \times \sum_{t=1}^{d_m} PN_t \qquad (4.124)$$

式中，PN_t 为第 t 天由池塘系统产生在径流中的流域营养盐负荷，g；其计算公式为

$$\begin{cases} PN_t = a_{3m} \times e + FN_t - u_m, & M_t = 0 \text{且} T_t > 0 \\ PN_t = 0, & \text{其他} \end{cases} \qquad (4.125)$$

式中，a_{3m} 为池塘系统服务的人口数；FN_t 为第 t 天开始时池塘系统冻结态营养盐累积量，g；其计算公式为

$$\begin{cases} FN_{t+1} = FN_t + a_{3m} \times e, & M_t > 0 \text{或} T_t \leq 0 \\ FN_{t+1} = 0, & \text{其他} \end{cases} \qquad (4.126)$$

式中，M_t 为第 t 天的融雪量；T 为第 t 天的温度。

D. 直接排放系统

直接排放系统将系统内的污水不经削减和吸收直接排入水体，是非正规的排水系统，一般在农村比较常见，计算公式为

$$DS_{4m} = 0.001 \times a_{4m} \times d_m \times e \qquad (4.127)$$

式中，a_{4m} 为直接排放系统服务的人口数。

5）点源污染负荷

若流域内存在点源，需要向 GWLF 模型中输入点源的数据。

4.3.5　其他模型

1. SPARROW 模型

SPARROW（Spatially Referenced Regression on Watershed Attribute）模型由美国 USGS 开发，是基于经验统计和机理相结合的流域空间属性回归统计模型，用于定量分析流域内地表水污染物来源和迁移过程。SPARROW 模型使用了一个包含污染物输入及迁移组分的统计估计非线性回归模型，包括地表水流路径、非保守型输移过程和质量守恒等约束条件。模型可以将水质数据和属性数据相关联，基于 SAS 平台使用非线性最小二乘法拟合方程参数，其基本形式如下：

$$F_i = \left[\sum_{n=1}^{n} \sum_{j \in J(i)} S_{n,j} \cdot \beta_n \cdot \exp(-\alpha' \cdot Z_j) H_{i,j}^S \cdot H_{i,j}^R \right] \cdot \varepsilon_j \qquad (4.128)$$

式中，F_i 为河段 i 的负荷；n 为污染源总数；$J(i)$ 为包含河道 i 在内的其上游所有河道的集合；$S_{n,j}$ 为水体 j 所在小流域中的污染源 n 产生污染物质量；β_n 为污染源 n 的系数；$\exp(-\alpha' \cdot Z_j)$ 是传递到水体 j 的有效营养盐的比例；$H_{i,j}^S$ 为水体 j 中产生并传输到水体 i 的比例；作为河流中的一阶过程衰减函数；$H_{i,j}^R$ 为在水体 j 中产生并传输到水体 i 的比例，作为湖库中的一阶过程衰减函数，ε_j 是误差范围。

SPARROW 模型的结构基于 DEM 描绘流域内的河流网格组成，允许分别对陆域及水域参数进行了估计，定量地描述了污染物从源到河流的迁移速率以及在河网上下游间的输送（图 4.8），与传统的线性回归方程模型相比，SPARROW 模型的空间相关性与结构已被证实可以改进模型参数及污染物负荷预测的精度和合理性。与 SWAT 及其他水质模型相比较，SPARROW 模型在数据要求上具有优势，对监测点分布不均匀的区域也具有模拟可行性。

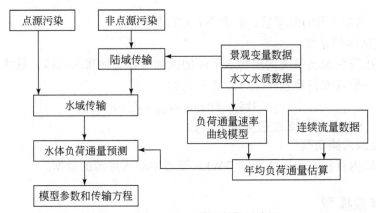

图 4.8　SPARROW 模型结构示意图

2. ANSWERS 模型

ANSWERS（Areal Nonpoint Source Watershed Environment Response Simulation）模型是由 Beasley 和 Huggins 在基于 20 世纪 70 年代原有模型基础上改进和完善的。模型可以完成次降雨条件下的表面径流模拟和土壤侵蚀量的测算，并能模拟分析农业地区雨后及降雨期间流域水文特征。该分布式模型主要涉及地表水文过程、侵蚀和泥沙运动过程以及氮、磷营养元素的运移过程。ANSWERS 模型采用概念模型来模拟水文，用泥沙连续性方程模拟侵蚀，用方形网络划分研究区域。模型主要包括三大模块：径流和入渗模块、泥沙模块、蒸散发模块。径流和入渗模块采用 Green-Ampt 入渗方程计算；泥沙模块中，产沙过程计算采用了 WEPP 模型中的土壤可侵蚀性指标以及单位水流动力理论和临界切应力原理，输沙过程计算采用了 Yalin 公式，并以此建立了泥沙输移模块；蒸散发模块主要用于设定下场降雨开始时的土壤湿度初始条件，是连续模型得以运行的必要环节。

ANSWERS 模型的输入信息包括：模拟必要条件（度量单位与输出控制）；降雨信息（降雨量与强度）；土壤信息（前期含水量，入渗，排水响应-特性曲线与潜在侵蚀）；土地利用与地表信息（作物种类，地表糙率与蓄水特性）；沟道说明（宽与糙度）；单个元素信息（位置，地形，排水，土壤，土地利用与最佳管理措施）。ANSWERS 模型的输出信息包括：输入资料的重复；流域特征；流域出口的水流与泥沙信息以及有组织的 BMPs 的效果；每一单元的网格迁移、沉积泥沙量；沟道沉积。

4.4 应用实例

4.4.1 基于 SWAT 模型的北京密云水库上游流域非点源污染研究

1. 研究区概述

密云水库上游流域位于 115°25′E ~ 117°33′E，40°19′N ~ 41°31′N，面积为 15788 km²，位于华北平原北部，主要涉及河北省境内 4 个县（丰宁、滦平、兴隆和赤城）与北京市 3 个区县（密云、延庆和怀柔）。两条主要入库河流白河、潮河及其支流注入密云水库，是流经北京市东北部的主要河流，属于海河水系。流域内两大亚流域潮河流域和白河流域的面积分别为 5892.97 km² 和 9030.98 km²。本流域属亚热带大陆季风性半湿润半干旱气候，多年平均降水量为 585.8 mm 左右，全年降水量的 80% ~ 85% 集中在汛期（6 ~ 9 月），平均气温为 9 ~ 10℃。流域主要地形为丘陵、中低山地，约占 83.4% 的流域面积。植被覆盖较好，森林和草地覆盖率达到 76%，农业旱地约占 21%。土壤类型以淋溶褐土（28%）、棕壤（26%）、褐土性土（18%）和石灰性褐土（12%）等四类土壤为主。在种植业方面，以旱生禾本科作物为主，其次是豆科植物，主要有玉米、板栗、核桃、薯、豆类及花生。农业种植主要分布在阶地、坡地和沟谷，林果则主要分布在丘陵坡地。

土门西沟小流域位于密云水库东岸入库潮河流域内，属于潮河流域的典型小流域，行政区划隶属于北京市密云县北庄乡，流域内总人口约为 330 人，地理位置为 40°40′N，116°20′E。流域面积约为 3.394 km²，轮廓呈圆叶封闭形，包含三条主沟道：西沟、果家沟、陈家沟。地貌属低山丘陵型地貌，海拔在 242 ~ 781.4 m，地势陡峻，其中坡度大于 25° 的面积占总面积的 47.5%，主沟比降约为 10.6%。流域属暖温带大陆性季风气候，流域内多年平均降水量在 660 mm 左右，年际降水变幅大，全年降水量 80% ~ 85% 集中在汛期（6 ~ 9 月），流域背靠陡峭的四棱山，开口朝东，来自东面和东南面的低矮云雨层易进入沟内，形成局部强雨区，故降雨多以暴雨形式出现。流域内的土壤分布主要以山地淋溶褐土为主，在少数高海拔地区有少量酸性粗骨土，坡地土质为壤质和石砾质，沟谷阶地则为壤质和沙质土，土层瘠薄保肥保水性差，土层厚度一般小于 50 cm，浅层地下水分布较丰富。20 世纪 90 年代以来一直作为二级保护区水源保护林建设的示范点。最直接的经济效益主要还是来自农业和林业收入，以经济林和果林为主。

2. 基础数据库

流域模型所需的基础数据包括流域地形数据（DEM 模型）、下垫面数据（土地利用、土壤类型）、气象数据、作物耕作、化肥施用、灌溉用水管理等空间数据和属性数据，并需要流域内水文、水质等实测数据对模型模拟结果进行评价，本书所要建立的基础数据主要通过文献查阅、实地勘测、现场收集等方法获取。本节主要介绍了各类基础数据库的项目清单、来源、精度及其在模型中的处理和运用。

1）空间数据

A. 数字高程模型（Digital Elevation Model，DEM）

采用的 DEM 图取自自然资源部基础地理信息中心，精度为 1∶25 万，网格大小为 30 m×30 m。利用 ArcGIS 软件对研究区内的高程网格进行坐标投影转换，划定研究区边界等步骤，最终生成本书所需的 DEM 数据。

B. 土地利用类型分布图

本书采用的 1∶100000 精度的土地利用图，由中国科学院地理科学与资源研究所提供，用研究区流域边界进行切割，按照土地资源分类系统进行重分类（图4.9），结合通过野外勘察确定各类型分布范围和面积（表 4.2）。

表 4.2　密云水库流域土地利用类型面积统计

土地利用	代码	面积（km²）	面积比例（%）
农田	AGRL	3214.53	21.54
林地	FRST	7348.5	49.24
草地	PAST	4077.99	27.33
裸地	BARR	23.16	0.16
中度发展城镇居民及建设用地	URMD	6.38	0.04
低度发展城镇居民及建设用地	URML	69.71	0.47
水域	WATR	176.64	1.18

C. 土壤类型分布图

密云水库流域采用的土壤类型图精度为 1∶1000000，来源于联合国粮农组织（FAO）和维也纳国际应用系统研究所（IIASA）所构建的世界土壤数据库（Harmonized World Soil Database version 1.1，HWSD）。中国地区数据源为第二次全国土地调查南京土壤所所提供的 1∶100 万土壤数据。该数据库包含了多数模型输入参数，数据格式为 grid 栅格格式，投影为 WGS1984。采用的土壤分类系统主要为 FAO-90（表 4.3）。

图 4.9　密云水库流域土地利用类型图

表 4.3　密云水库土壤类型面积统计

土壤类型	英文名称	代码	面积（km²）	百分比（%）
石灰性红砂土	Calcaric Arenosols	ARc	155.28	1.04
石灰性始成土	Calcaric Cambisols	CMc	4243.8	28.44
饱和始成土	Eutric Cambisols	CMe	699.03	4.68
石灰性冲积褐土	Calcaric Fluvisols	FLc	617.38	4.14
普通灰色森林土	Haplic Greyzems	GRh	1076.6	7.21
淋溶栗钙土	Luvic Kastanozems	KSl	322.59	2.16
潜育淋溶褐土	Gleyic Luvisols	LVg	173.08	1.16
普通淋溶褐土	Haplic Luvisols	LVh	3255.22	21.81
钙化淋溶褐土	Calcic Luvisols	LVk	4039.22	27.07
石灰性粗骨土	Calcaric Regosols	RGc	4.83	0.03
饱和粗骨土	Eutric Regosols	RGe	336.92	2.26

2）属性数据

①土壤物理属性（密度、水力传导度、田间持水量、土壤可供给水量等）：《中国土壤系统分类——理论·方法·实践》，SPAW 软件分类转换。

②土壤化学属性（土壤有机氮、硝酸盐氮、有机磷和矿化磷含量等）：中国科学院地理研究所，中国土壤数据库。

③气象数据（大气温度、露点温度、相对湿度、日降雨量、太阳辐射、风速等）：从中国气象局及水文年鉴获得长期监测数据。

④作物管理措施（作物生长期间的播种、施肥、灌溉及收割等）：主要通过实地调查及统计年鉴查阅。

⑤BMPs 基本数据库：自行构建 BMPs 基础数据库，包括 115 种 BMPs（工程措施 48 种，非工程措施 67 种），并基于措施功能、选址要求、设计参数、运行效果及维护成本等属性对措施进行了分类。

⑥水文数据（流量、泥沙）：下会、张家坟水文监测站 1990～2012 年的逐月平均流量和泥沙含量。

⑦水质数据（各种形态的氮、磷）：下会、张家坟水文监测站 1990～2012 年的常规水质数据。

3. 模型的率定和验证

本书采用由瑞士联邦水科学技术研究所等单位开发 SWAT-CUP 程序对 SWAT 模型进行参数的率定和验证。该程序将 SUFI2、GLUE、PSO、ParaSol（Parameter Solution）和 MCMC（Markov chain Monte Carlo）这五个程序与 SWAT 链接，在模型参数敏感性分析和不确定性分析的基础上，选取对模拟结果影响较大的关键参数进行率定和验证。考虑到 SUFI2 方法具有较高的率定效率和较强的不确定性分析功能，本书选用该方法进行模型的率定。模型的模拟效果评估指标计算公式如下：

$$E_{NS} = 1 - \frac{\sum_{i=1}^{n}(P_i - O_i)^2}{\sum_{i=1}^{n}(O_i - \overline{O})^2} \quad (4.129)$$

$$R = \left[\sum_{i=1}^{n}(O_i - \overline{O})(P_i - \overline{P})\right] \Big/ \left(\sqrt{\sum_{i=1}^{n}(O_i - \overline{O})^2}\sqrt{\sum_{i=1}^{n}(P_i - \overline{P})^2}\right) \quad (4.130)$$

1）子流域划分

在生成河网、划分流域的过程中，SWAT 模型通过定义最小集水区面积（集水区面积阈值）来确定河网的疏密程度、流域出口数量和子流域面积。集水区阈值定义得越大，河网越稀疏，划分的子流域数目越少，子流域的面积越大，考虑到模型的模拟效率和研究区面积大小，本研究将集水区面积阈值设置为 m²，将研究区划分为 56 个子流域（图 4.10）。其中潮河流域入库点下会水文水质监测站位于 48 号子流域出口，白河流域入库点张家坟水文水质监测站位于 49 号子流域，因此本书选择 48 号和 49 号子流域出口的水文、泥沙、营养物等实测数据分别对模型进行率定验证。在建立土壤数据库后，加载重分类的土地利用空间数据和土壤类型空间数据，将流域坡度划分等级为 0.15%、15.25%、25.50%和＞50%，叠加信息后划分 HRU，潮河流域共有 2067，白河流域共有 1787 个。密云水库流域土地利用类型面积比例最高的是农田、林地和草地，在潮河流域分别占 21.54%、49.24% 和 27.32% 的面积，在白河流域分别占总面积的 19.95%、51.89% 和 25.91%。密云水库流域主要的土壤类型包括石灰性始成土、普通淋溶褐土、钙化淋溶褐土，分别占潮河流域面积的 23.30%、26.33% 和 26.32%，占白河流域面积的 31.79%、18.86% 和 27.55%。由于潮河流域和白河流域从地形、河网分布、下垫面特征、流域取水、作物管理和人口经济发展等方面都是相对独立的，因此研究中对这两个流域进行分区模拟，实现模型在密云水库流域的多站点率定。

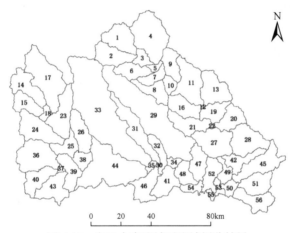

图 4.10 密云水库流域子流域划分结果

2）参数敏感性分析

本书采用的是 LHS 的全局敏感性分析方法进行参数不确定性分析[6]。具体做法是：在 LHS 抽样过程中，在参数取值范围内随机抽样参数值，运行模型得到该参数的敏感度，主要是由目标函数与参数取值的多元线性回归系统计算所得，由显著性水平的统计量 t 的绝对值和 p 值大小决定的。这个方法的好处是保证得到的敏感性分析结果是基于全参数空间的，且突破了传统算法关于参数的线性假设。参数敏感性分析结果如表 4.4 和表 4.5 所示。从表中可以看出，潮河流域和白河流域径流、泥沙、营养物的敏感性参数基本一样，敏感性略有差异，主要与流域的地形特征、下垫面特征（土地利用、土壤分布）等因素的差异有关。与别的研究区的结果差异较大的是 CN2 的敏感性，别的研究报道中识别出 CN2 为最敏感的参数[7,8]，考虑到其为模拟径流量的 SCS 曲线法中重要的参数[9]，CN2 主要与土壤含水率和土壤渗透性相关，而密云水库流域内 CN2 的敏感性较小，主要与流域内较低的降水量及土壤含水量有关。另外，本书中识别的主要敏感性参数还包括一些与地下水流动、蒸发相关的参数，如 GWQMN 和 REVAPMN，究其原因主要是流域内河道径流量的逐年降低使得地下水补给的贡献量越来越大，地下水过程在流域内的水量平衡关系中起到了越来越重要的作用[10]。

泥沙模拟过程中识别的最敏感参数包括土壤侵蚀因子（USLE_K）、植被覆盖和管理因子（USLE_C）和保持措施因子（USLE_P）等，这些参数都是土壤流失方程的主要参数，对土壤侵蚀的模拟有着决定性的作用。营养物模拟的敏感性参数主要有 SOL_NO3 和 SOL_SOLP，这说明土壤中积累的营养物是径流中营养物流失的主要来源，而土壤营养物主要来源于化肥和有机肥的使用。

表 4.4　潮河流域模拟的参数敏感性及率定

变量	参数 [a]	下限	上限	转换方法 [b]	敏感性排序 [c]	参数值
FLOW	GWQMN	0	5000	v	1	235
	SOL_BD	0.9	2.5	v	2	1.62
	REVAPMN	0	500	v	3	285.5
	ESCO	0	1	v	4	0.56
	ALPHA_BNK	0	1	r	5	0.27
	CN2	35	98	v	6	40.54
	SOL_Z	0.1	1	r	7	0.78
	CANMX	0	100	v	8	84.90
	SOL_AWC	0	1	v	9	0.22
	SOL_K	0.8	0.8	r	10	0.04
	CH_K2	0.01	500	v	11	345.50
	EPCO	0	1	v	12	0.34
Sediment	USLE_P	0	1	v	1	0.064
	USLE_K	0	0.65	v	2	0.430
	SPEXP	1	1.5	v	3	1.257
	USLE_C	0.001	0.5	v	4	0.280
	SPCON	0.0001	0.01	v	5	0.005
TP	SOL_SOLP	0	100	v	1	64.30
	BC4	0.01	0.7	v	2	0.64
	ERORGP	0	5	v	3	0.50
	K_P	0.001	0.05	v	4	0.023
	PPERCO	10	17.5	v	5	11.33
TN	SOL_NO3	0	100	v	1	17.7
	BC2	0.2	2	v	2	1.39
	BC3	0.02	0.4	v	3	0.37
	ERORGN	0	5	v	4	4.44
	SOL_ORGN	0	100	v	3	9.19

a. 采用全局敏感性分析方法（拉丁超立方抽样法）确定参数的敏感性，通过计算参数值与目标函数的回归关系获得[6]

b. 参数转换方法 v 表示参数率定过程中，现有指定值取代原有参数值；转换方法 r 表示现参数值=原有值×（1+给定值）[6]

c. 参数的敏感性排序由显著性水平的统计量 t 的绝对值和 p 值大小决定的，t 的绝对值越大，p 值越小，对应的参数越敏感

表 4.5　白河流域模拟的参数敏感性及率定值

变量	参数	下限	上限	转换方法	敏感性排序	参数值
FLOW	SOL_Z	0.1	1	r	1	0.51
	CH_K2	0.01	500	v	2	219.49
	SLSUBBSN	10	150	v	3	60.26
	CN2	35	98	v	4	74.28
	SOL_K	0.8	0.8	r	5	.0.32
	GWQMN	0	5000	v	6	4125
	TRNSRCH	0	1	v	7	0.043
	EPCO	0	1	v	8	0.85
	CANMX	0	100	v	9	83.90
	SOL_AWC	0	1	v	10	0.30
	GW_DELAY	0	500	v	11	172.50
	REVAPMN	0	500	v	12	414.50
	RCHRG_DP	0	1	v	13	0.78
Sediment	USLE_P	0	1	v	1	0.489
	USLE_K	0	0.65	v	2	0.557
	SPEXP	1	1.5	v	3	1.148
	SPCON	0.0001	0.01	v	5	0.002
	USLE_C	0.001	0.5	v	4	0.215
TP	SOL_SOLP	0	100	v	1	11.45
	ERORGP	0	5	v	2	0.85
	BC4	0.01	0.7	v	3	0.45
	AI2	0.01	0.02	v	4	0.01
	SOL_ORGP	0	100	v	5	50.65
TN	SOL_NO3	0	100	v	1	11.94
	RS4	0.001	0.1	v	2	0.097
	AI6	1	1.14	v	3	1.02
	K_N	0.01	0.3	v	4	0.24
	NPERCO	0	1	v	3	0.67

3）参数率定和验证

采用 SWAT-CUP 中的 SUFI2 程序进行参数的率定和验证，模拟值和观测值对比计算模型评估指标 E_{NS} 和 R^2 值，根据评估指标对参数范围进行调整再率定，直至获得较好的模拟结果。径流模拟的 R^2 值范围为 0.541 ~ 0.876，E_{NS} 值范围为 0.488 ~ 0.836，泥沙由于实测数据量较小，模拟效果略差，R^2 值范围为 0.627 ~ 0.752，E_{NS} 值范围为 0.394 ~ 0.738，营养物 TN 和 TP 模拟的 R^2 值范围为 0.528 ~ 0.812，E_{NS} 值范围为 0.441 ~ 0.788。整体上模拟效果达到了可接受的阈值，部分月份模拟效果不佳，主要原因可能是不可预测的土地管理方式的复杂性、模型自身结构的不确定性以及模型输入数据的不确定性[11]，另外，白河上游小水库对河道径流的调控信息、蓄水放水数据、入流出流数据缺失，导致研究中未能将这些小水库对河道径流的影响考虑在内，这也是白河流域径流模拟效果较差的原因，径流的模拟效果直接影响到了泥沙、营养物负荷的模拟效果。相较于其他研究结果，E_{NS} 和 R^2 值达到模拟准确性的基本要求，说明 SWAT 模型在潮河流域和白河流域均具有较好的适用性。

4. 密云水库流域非点源污染时空分布特征

对采用 SWAT 模型对密云库区进行非点源污染模拟，获得了该区域 1990～2014 年相应的非点源污染时空分布特征。研究结果表明，整个流域内非点源污染空间差异较大，潮河污染负荷较为严重，主要原因在于潮河流域耕地比重较大，易发生土壤侵蚀和营养物流失，白河流域以林地为主，植被覆盖率较高，因此土壤侵蚀量较低，氮磷负荷输出较少。时间分布方面，径流量的年均值和月均值与降雨量都呈现明显的线性关系，而泥沙、氮磷污染物与降水量变化趋势并不一致。

1）时间分布特征

A. 年际变化趋势

分析 1990～2014 年密云水库流域月均和年均径流和非点源污染的变化趋势，潮河和白河入库流量与降水的变化趋势基本一致，有很大的相关性，其中年均降水量和年均径流量的相关性达到了 0.932，枯水年径流量达到了最低值，如 2003～2005 年，而丰水年径流量达到峰值，如 1998 年和 2014 年，径流量的大小也决定了污染负荷的大小，在枯水年污染物负荷达到最小值，但污染物负荷与降雨量之间的相关性并不强，主要原因是污染物负荷也受施肥量、施肥时间、耕作和收割时间等因素的影响[11, 12]。

B. 月季变化趋势

受降水时间的影响，径流、泥沙和营养物的负荷在枯水期最低，随着降水的发生，径流量随之增加，在丰水期达到峰值，总体上增长的趋势与降水量的变化趋势一致，月均降水量和月均径流量的相关性达到了 0.778。然而，泥沙和营养物负荷的年内变化会出现双峰值，3 月份泥沙、营养物负荷较高，主要是因为农田耕作、施用底肥都集中于这个月。另外，每年初次雨强较大的降雨会造成较为严重的土壤侵蚀和大量的营养物流失。另一个峰值出现在降雨量最大的 7 月份，径流峰值造成了严重的土壤侵蚀和营养物流失现象。总氮高负荷量主要体现在硝酸盐上，可能原因是流域内使用的化肥多为氮肥，还有有机肥料的使用，使研究区的硝酸盐输出量明显增加。

2）空间分布特征

研究模拟期为 1990～2014 年，以子流域为单元，统计多年平均径流量、产沙量、各种形态氮磷负荷量，分析空间变化规律。

将密云水库流域多年平均降水量和地表径流量比较，可以看出地表径流的分布与降水量分布基本一致，降水是产生地表径流的主要驱动力，高径流区域必然会对应于高降水区域，径流的变化范围为 65.20 ~ 228.52 mm。此外，低高程区域也是地表径流相对较高的区域，主要原因是低高程区域主要分布着农田、农村住宅区和建设用地，相较于分布有大量林地的高高程区，植被覆盖率、土壤蓄水能力较弱，因此出现了较高的地表径流。潮河流域高程较低，农田分布较为集中，特别分布于其下游流域，因此其径流量略为高于白河流域，这也是潮河流域非点源污染负荷强度略高于白河流域的主要原因。

密云水库流域的产沙量空间异质性较大，各子流域的泥沙负荷强度可达 1.150×10^{-4} t/m²，主要分布于流域的下游区域，与径流和降水的分布有一定的一致性，但略有差异。降水对地表的直接冲刷及地表径流的冲蚀作用是土壤侵蚀的主要原因，但下垫面特征也是主要的影响因素，如土壤的紧密程度、抗压性能及渗透能力，土地利用类型的植被覆盖率、根系深度，坡度和耕作类型等都是影响径流冲刷地表造成土壤侵蚀的重要因素。基于此，本书对各子流域内降雨、坡度、植被覆盖、土地类型等分布进行初步分析，发现白河流域的高坡度区域以林地为主，植被覆盖率高，因此土壤侵蚀较为轻微，而潮河流域的农田面积所占比例相对较高，整体上土壤侵蚀较为严重，农田是土壤侵蚀发生的主要区域，这个结果在别的研究中也得到了证实[13]。

研究区内总氮的单位面积负荷强度介于 1.20 ~ 33.94 kg/m² 之间，变化范围较大，具有很明显的空间异质性，氮污染主要表现为硝态氮污染，硝态氮单位面积污染负荷变化范围为 8×10^{-6} ~ 3.242×10^{-3} kg/m²，有机氮的变化范围为 9×10^{-6} ~ 3.56×10^{-4} kg/m²。总体上有机氮、硝氮、总氮的分布规律基本与泥沙分布规律一致，一方面是由于有机氮主要是以泥沙吸附态的形式进入水体，水土流失是造成有机氮流失的主要原因，另一方面硝氮负荷与化肥、有机肥施用密切相关，因此硝氮高污染区域集中于农田面积所占比例较大的子流域内，而这些子流域由于受到较为频繁的耕作、翻土、除草、施肥等农业活动，同时也是土壤侵蚀较易发生的区域。

密云水库流域各子流域之间有机磷、溶解态磷、吸附态无机磷、总磷负荷强度分布规律较为相似，变化幅度大，负荷范围分别为 7×10^{-7} ~ 3.85×10^{-4} kg/m²、4×10^{-6} ~ 1.24×10^{-5} kg/m²，9.4×10^{-5} ~ 3.83×10^{-4} kg/m² 和 1.35×10^{-4} ~ 6.79×10^{-4} kg/m²。有机磷是流域内磷流失的主要来源，占了总磷含量的 53.32%；吸附态无机磷的负荷次之，这两种形态磷的流失伴随着土壤侵蚀而发生，随着径流流入水体。有机磷是密云水库富营养化的主要限制因子，其分布与氮的分布规律较为相似，这在一定程度上说明了化肥、有机肥的施用是流域内有机磷流失的主要来源。

5. 非点源污染的主要影响因素

流域的气候特征、地形特征、水文特征是影响地表产流机制的主要因素。污染物在不同下垫面发生流失的过程不同,地表渗透能力、土地利用类型、土壤类型、地表坡度坡长、雨污排放方式、人为扰动程度等都是影响非点源污染产生的主要因素,农业非点源污染是通过以下几个连续的、动态的水文水质过程形成,包括降雨径流过程,土壤侵蚀过程,地表污染物淋溶析出过程和土壤污染物下渗过程,受到降雨条件、地表水文条件和下垫面特征的共同作用。本节通过综合分析各因素对非点源污染造成的影响,包括土地利用类型、土壤类型、降雨量、施肥量等因素,以期为密云水库流域的非点源污染控制提供依据。

A. 不同土地利用类型下的非点源污染

不同的土地利用方式表现出不同的植被覆盖度、人为扰动程度、土壤侵蚀特征,与地形、与水源的距离、土壤类型和作物种植结构相联系。根据研究区重分类后的土地利用类型,可知林地、草地和农田在研究区内所占比例较大,水体、城镇及建设用地所占面积较小。本研究分析 1990~2014 年的模拟结果,通过对定义的 HRU 的非点源污染负荷进行分析比较,得到不同土地利用类型下的非点源污染负荷强度。

不同土地利用类型产生的不同污染物的负荷强度的排序基本一致。单位面积的泥沙负荷大小依序排列为农田>裸地>草地>林地>城镇居民用地,这些土地利用类型的泥沙负荷强度分别为 $5.238 \times 10^{-3}\,\mathrm{t/m^2}$、$3.208 \times 10^{-3}\,\mathrm{t/m^2}$、$1.873 \times 10^{-3}\,\mathrm{t/m^2}$、$1.607 \times 10^{-3}\,\mathrm{t/m^2}$ 和 $3.93 \times 10^{-4}\,\mathrm{t/m^2}$,农田由于农业生产需要受到人为干扰较为频繁,高强度的土壤扰动及较差的植被覆盖率必然造成较为严重的水土流失。裸地虽受到的扰动较少,但其较差的植被覆盖未能及时截留泥沙,降水条件下易发生土壤侵蚀。林地植被覆盖率最高,有很好的水土保持作用。对于营养物总氮和总磷,不同土地利用的污染负荷强度排序为农田>裸地>草地>林地>城镇用地,总氮负荷强度分别为 $6.53 \times 10^{-4}\,\mathrm{kg/m^2}$、$6.31 \times 10^{-4}\,\mathrm{kg/m^2}$、$5.14 \times 10^{-4}\,\mathrm{kg/m^2}$、$5.10 \times 10^{-4}\,\mathrm{kg/m^2}$、$3.65 \times 10^{-4}\,\mathrm{kg/m^2}$,总磷负荷强度分别为 $6.53 \times 10^{-5}\,\mathrm{kg/m^2}$、$6.31 \times 10^{-5}\,\mathrm{kg/m^2}$、$5.14 \times 10^{-5}\,\mathrm{kg/m^2}$、$5.10 \times 10^{-5}\,\mathrm{kg/m^2}$、$3.65 \times 10^{-5}\,\mathrm{kg/m^2}$。营养物污染负荷强度最高的土地利用类型为农田,主要原因是农田上为了保证农产品产量,较为频繁地施肥,使得土壤中的养分含量较高,降水冲刷导致营养元素大量流失,土壤表层的侵蚀作用随雨强增加而增加,导致大量土壤颗粒物进入地表径流中,颗粒物表面吸附的营养物随径流一起进入水体中,如有机氮、有机磷和吸附态的无机磷,造成较为严重的水环境问题[14]。林地中较高的植被覆盖率能起到蓄留径流、拦截泥沙、吸收营养物的作用。草地由于畜牧业的发展造成地表植被覆盖退化及频繁的土壤扰动,在降雨径流作用下较易发生土壤侵蚀及营养物流失,从而土地利用为草地的区域泥沙和营养物的负荷强度相对较高。

B. 不同土壤类型下的非点源污染

土壤类型的空间分布、土壤的物理化学性质是影响土壤侵蚀和营养物流失的主要因素[15]。通过对 HRU 的非点源污染进行分析统计，得到不同的土壤类型 1990~2014 年非点源污染负荷强度，可以看出不同土壤类型对于同一种污染物负荷的输出强度差异较大，其中石灰性始成土、普通灰色森林土、淋溶栗钙土、潜育淋溶褐土、饱和粗骨土的土壤侵蚀和营养物流失比较严重，主要原因是这些土壤的分布区是流域的主要农业区以及坡度较陡峭的易发生水土流失的山地上[16]。高强度的土壤翻作、施肥活动使得土壤抗压性能较差，土壤的孔隙度较大，紧密度低，通常属于水文分组 A 或 B，具有较高渗透率，有较好程度的排水能力，在降雨径流的作用下易发生土壤侵蚀、营养物淋溶的现象。作为农业区主要分布的土壤类型，为了提高其农业生产力，农民在作物种植过程中会使用大量的化肥和有机肥维持土壤的肥力，不断累积使得土壤中营养物含量较高，在降雨径流的冲刷作用下营养物不断析出进入水体。流域内种植有大量的经济林，如板栗和核桃，这些干果林中会有除草、杀虫、施肥等农业活动，据现场调查，每年大约施用达到 0.026 kg/m^2 的化肥和有机肥来维持产量，而这些经济林多数分布在海拔较高、森林土分布较多的区域，这也是灰色森林土区域上污染负荷强度较高的原因。总体上，农业活动特别是施肥作用是造成这几种土壤污染物输出强度较高的原因。

4.4.2　基于 HSPF 模型的三峡库区典型小流域非点源污染研究

1. 研究区概述

张家冲小流域坐落于湖北省宜昌市秭归县茅坪镇的西南部（东经 110°57′20″，北纬 36°46′51″），位于三峡工程坝上库首，总流域面积为 1.62 km^2，它是长江一级支流茅坪河的子流域。张家冲小流域系山地丘陵地貌，其海拔范围为 148~530 m，流域上游位置地势陡峭且海拔高，中下游位置地形平缓且海拔低、四周海拔高，属典型的闭合流域特征。根据实地勘察发现，该流域的土壤类型基本为黄棕壤土，土地利用类型以农田、经济茶林和林地为主，各土地利用类型占地面积比例如表 4.2 所示。其中农作物主要有玉米、板栗和油菜，植被主要为落叶阔叶林和针阔混交林。张家冲流域属于亚热带季风气候，多年平均气温约为 16.8℃，年均降雨量约为 1200 mm，且降雨事件多发生于 5~8 月，丰水期大雨频繁，是发生水土流失的主要诱因。据 2003 年当地试验站资料统计，流域水土流失面积高至 0.97 km^2，约占总面积的 60%。

2. 模型构建

研究采用的流域水文模型为 HSPF 模型，从 2010 年 1 月 1 日至 2014 年 12 月 31 日，在张家冲小流域对构建 HSPF 模型需要的空间数据、气象数据时间序列和用于率定验证参数的流量监测数据进行了实地考察与观测，具体数据来源和处理方式见表 4.6。

表 4.6　HSPF 模型数据库列表

资料名称	数据来源	处理方式
数字高程模型	实地测绘	由 3m 精度的等高线矢量数据在 GIS 中生成 TINhi 图，再转换为 DEM 图
土地利用图	实地测绘	用研究区流域边界进行切割，按照土地资源分类系统进行重分类
土壤类型图	实地考察	根据流域边界进行切割，并生成 GIS 地图
气象数据	小型气象监测站（SkyeLynx Standard）	精度为小时的大气温度、露点温度、相对湿度、小时降雨量、太阳辐射、风速等数据汇总成 wdm 数据集
作物管理措施	实地调研	作物生长期间的播种、施肥、灌溉及收割等信息，用于 HSPF 地 SPEC-ACTION 模块输入
水文数据	水位自动监测仪（WGZ-1）	在产流时期每隔 5 分钟记录一次，在非产流期每日记录一次；溢流出口形状设置为规则的长方形以便于流量计算

　　针对非点源污染物（本书中的悬浮泥沙，总氮和总磷），小流域场次模拟下的采样方案必须反映完整的次降雨产流过程，设计方案如下：采样点选址于张家冲小流域出口控制站处，在降雨发生之后且产流之前，取基流水样 1 次；在产流发生时，采集水样 1 次；之后的第 1 个小时内，每隔 15 分钟采集水样 1 次；之后的第 2 个小时，每隔 30 分钟采集水样一次；此后每隔 1 个小时采集水样一次，当控制站水位趋于平缓，停止采样。

　　选取 4 场降雨事件用于场次事件下的泥沙、总氮和总磷模型率定，选取 4 场降雨事件用于模型验证，率定期与验证期中的降雨事件均包含不同的降雨等级，以保证构建的模型具有广泛的适用性。参数率定的方法采用试错法，在率定期，编号为 1、2、3 和 6 的降雨事件，其类型分别为大暴雨、大雨、大雨和中雨。在参数率定过程中，研究发现并不能找到一套参数可以适用于不同级别的降雨事件，因此针对率定期中三类事件共得到三套参数组；在验证期，各类降雨事件分别采用了与之相对应或相似的事件下率定的参数组。

　　模拟和观测的悬浮泥沙浓度（SSC）、总磷浓度和总氮浓度在场次内的过程线见图 4.11 至图 4.13。通过统计指标计算拟合度的结果汇总于表 4.7。总体来说，观测到的 SSC 过程线具有非常明显的涨水和落水阶段，在率定与验证期的模拟中均得到了非常好的拟合，8 个场次的决定系数平均值高达 0.88。纳什效率系数最高可达 0.85，仅在验证期的第 5 场次低于 0.5。均方根误差的值呈现出的差异较大，出现较大 RMSE 值的主要原因是个别时间点的悬浮泥沙浓度拟合效果较差，体现在场次 1 和 6 峰值点的模拟值偏小，以及在场次 5 中落水期第一个点的模拟值偏小。总磷浓度场次内过程线与 SSC 过程线具有相似趋势，且模拟的趋势可以较好吻合观测线，从各场次事件的纳什系数也可以反映出来，8 场事件的 NSE 值均在 0.5 以上，平均值可达 0.7。均值高达 0.9 的决定系数也反映出模拟值和观测值具有较好的相关性。从纳什系数来看，总氮的模拟结果略低于泥沙和总磷，但总体的趋势过程线仍能较好捕捉，且决定系数均值高达 0.95。八场降雨事件中，第 6 场的模拟结果偏差主要由于总氮浓度模拟和观测过程线的错位，导致纳什系数低于 0.5 且均方根误差略高。

表 4.7　场次降雨非点源污染模拟的率定和验证结果

场次事件	降雨等级	泥沙			总磷（TP）			总氮（TN）		
		NSE	R^2	RMSE	NSE	R^2	RMSE	NSE	R^2	RMSE
Event 1	大暴雨	0.80	0.88	203.31	0.78	0.91	0.14	0.57	0.94	1.75
Event 2	大雨	0.62	0.89	57.95	0.68	0.93	0.07	0.76	0.99	0.58
Event 3	大雨	0.88	0.94	76.89	0.75	0.89	0.14	0.74	0.96	1.05
Event 6	中雨	0.75	0.86	121.38	0.56	0.85	0.11	0.39	0.90	4.72
Event 4	大雨	0.77	0.84	106.86	0.81	0.92	0.12	0.62	0.98	0.86
Event 5	暴雨	0.45	0.74	418.24	0.68	0.88	0.15	0.60	0.94	2.65
Event 7	中雨	0.89	0.93	24.92	0.79	0.90	0.09	0.59	0.89	3.74
Event 9	大雨	0.78	0.92	19.81	0.58	0.95	0.06	0.45	0.96	1.45

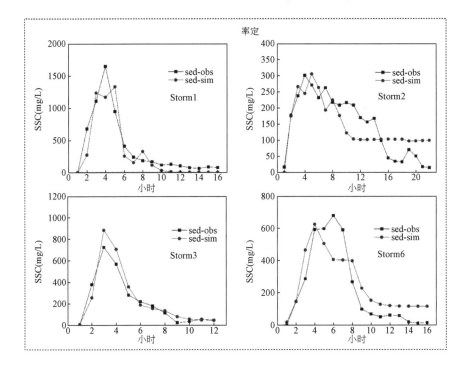

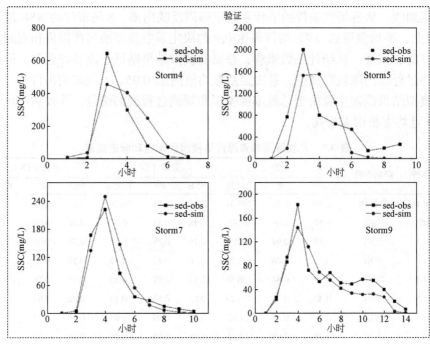

图 4.11　场次降雨事件下模拟和观测的 SSC 过程线

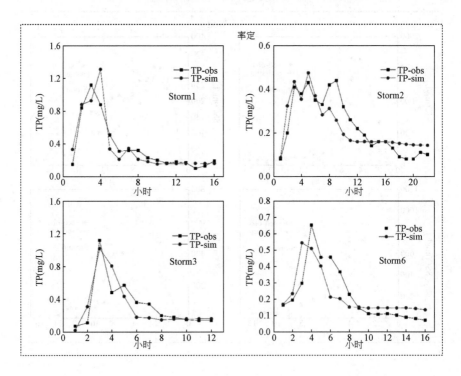

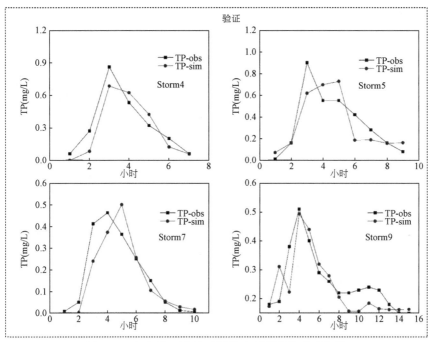

图 4.12 场次降雨事件下模拟和观测的总磷过程线

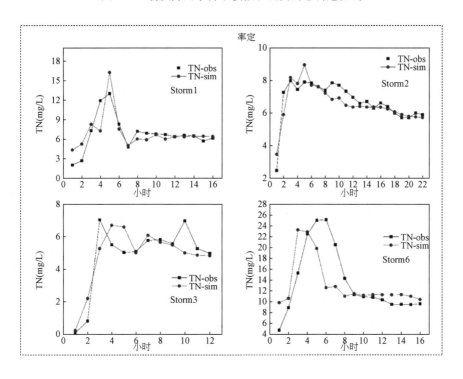

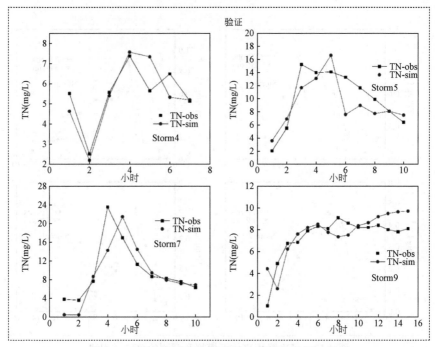

图 4.13　场次降雨事件下模拟和观测的总氮过程线

3. 场次尺度非点源污染特征分析

1）降雨事件特征分析

　　基于上一节构建的场次模型,选择对 2010~2014 年间在张家冲小流域发生的 100 场降雨事件进行非点源污染的模拟与分析。此 100 场事件涵盖中雨、大雨、暴雨和大暴雨 4 种降雨等级,其各自在月际间的分布如图 4.14 所示。可以看出,降雨事件集中发生在 4~10 月,其中以 7 月发生的次数最多。从不同降雨等级分析,中雨在 4 月和 7 月发生次数最多;大雨集中在 7 月发生;暴雨在 6 月发生的次数最多,5 月次之;而大暴雨仅出现在 8 月和 9 月。三峡库区中典型流域的丰水期多分布于为 5~9 月,因此所选的 100 场降雨事件对该流域具有代表性。

　　对于场次事件中最重要的降雨特征,即总降雨量、降雨历时、最大降雨强度和前期干燥时间,本书对其频率分布进行了分析。100 场次降雨事件中降雨历时范围为 0.90 h,多集中在 10.20 h,降雨历时小于 20 h 的场次占 70% 以上;降雨量范围为 0.120 mm,多集中在 10.20 mm,约占所有场次的 40%;有 50 场以上的降雨事件其前期干燥小时数小于 50(约 2 天以内),且最大前期干燥小时数为 300,约为 12.5 天;最大降雨强度范围为 0.50 mm/h,近半数的场次事件最大降雨强度为 0.5 mm/h。Hong 等[17]也报道在巴黎附近的小流域发现了类似分布,在其研究的流域中87%的场次事件降雨历时小于7 h,降雨量多集中在8 mm以下,前期干燥天数多集中在 2 天以内(约占 55%),有 89%的场次事件平均降雨强度小于3 mm/h。因此本书的100 场降雨事件的选择也具有一定的代表性[17]。

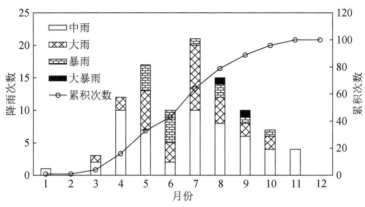

图 4.14 不同降雨等级的场次事件发生次数在月际间的分布

2)场次内的污染特征变化

在描述性统计分析中,箱式图不对样本数据作统计分布假设,是一种非参数检验的方法,是通过样本的分位数特征来直观地描述数据的离散程度和分布特征。箱体各成分和须线的间距表征数据的离散程度,分布的偏斜程度和奇异值等信息。本节中的箱式图呈现的信息包括上下四分位数和中位数(箱体中),平均值(×),最大值和最小值区间(须线),1%分位数(▲)和99%分位数(▼)。

流量和非点源污染物(悬浮泥沙、总磷和总氮)浓度在多场次事件中的离散性分布特征如图 4.15 所示。可以看出,不同的降雨等级(中雨、大雨、暴雨及大暴雨)对流量与非点源污染浓度的分布程度在不同污染指标间呈现差异。流量的上下四分位、中位数、平均数、最大值区间和99%分位数随降雨等级的增大而增大,表明降雨等级与流量整体数据的大小呈现出明显的正相关关系。而99%分位数的位置距离最大值区间较大,也表明了流量数据在不同场次中的异常值较大,说明各降雨等级下的场次事件中的流量峰值及高值与大部分流量样本数据偏离程度较大,但数量有限,也反映出张家冲流域流量对降水的响应过程迅速。1%分位数几乎与最小值区间重合,且二者和降雨等级的关系并不明显,表明低值点的分布在不同事件中相似,也表明张家冲小流域的流量在不同事件中的涨水初期和落水后期的响应特征类似。

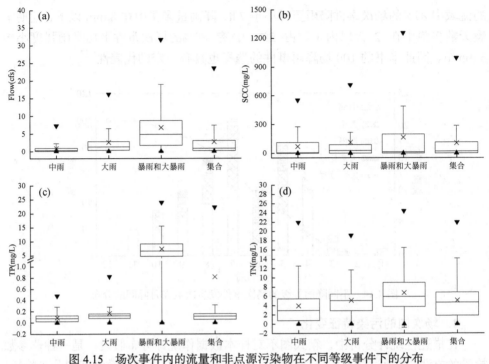

图 4.15　场次事件内的流量和非点源污染物在不同等级事件下的分布
（a）流量；（b）悬浮泥沙浓度；（c）总磷浓度；（d）总氮浓度

　　泥沙数据的 1%分位数、下四分位和中位数在不同等级降雨类型时变化不大，且各自对应的值均较小，表明 50%以下的悬浮泥沙浓度值离散程度很小。但是异常值出现于高值区的概率远大于低值区，且中位数也明显偏离上下四分位数的中心位置，靠近低值区，表明泥沙浓度的整体分布偏态性较强，呈现明显的右偏态。暴雨和大暴雨事件中泥沙浓度变化范围较大，其上四分位数约为中雨和大雨上四分位数的 2 倍。下四分位和中位数在不同等级降雨类型时变化不大，但 99%分位数随着降雨等级增加而增大，表明悬浮泥沙浓度的峰值及邻近高值会明显增加，说明降雨等级对场次内悬浮泥沙浓度高值影响显著。但平均值的变化幅度相比99%分位数较小，也说明峰值及邻近高值的持续时间较短，流域出口作为评估点时的泥沙响应过程迅速且变化幅度大，在场次内呈现骤涨骤落的特点。

　　对于总磷而言，在中雨和大雨时，总磷浓度在区间内的分布较为均匀，且随降雨等级增大而增大，但变化幅度不大。但是在暴雨和大暴雨事件中，降雨等级的影响非常显著，下四分位数已经远高于中雨和大雨时的 99%分位数，平均值接近 7.5 mg/L，高于大雨时平均值一个数量级。集总所有类型事件下的总磷浓度由于受到暴雨和大暴雨的影响，虽然 75%的数据值在 0.4 mg/L 以下，但平均值也可高达 0.8 mg/L。与暴雨和大暴雨事件中的泥沙数据分布相比，总磷数据分布的偏态程度较低，虽然吸附态磷与泥沙的相关性很高，但在场次内的变化幅度上相对泥沙有一定的延滞性，这也是受到溶解态磷与流量相关的影响。

对于总氮而言，降雨等级对箱体的影响呈梯级变化，上下四分位数和中位数的大小表现为暴雨和大暴雨＞大雨＞中雨，这与流量的箱体数据分布呈现一致性，表明张家冲小流域的总氮与流量具有很强的相关性。但是在中雨时期，虽然流量受到降雨量较小的影响，整体数值并不大，但是总氮浓度数据的99%分位数确可高达 21 mg/L，高于大雨时的 99%分位数，这也表明总氮浓度的高值不仅与流量相关，也会受到前期干燥时间和施肥等其他因素的影响。从分布的角度看，不同场次事件下的总氮数据相比泥沙和总磷的分布更加均匀，偏态性较弱。

4.5 本 章 小 结

本章主要介绍了流域水环境的污染过程、模型框架和建模思路并介绍了几个常用的流域模型，表 4.8 总结了本章所介绍的 6 个模型。

表 4.8 流域水环境模型小结

模型	形式	时间尺度	计算单元	污染物类型
SWAT	半分布	1 天	SCS 曲线模型、Green-Ampt 入渗模型、动力蓄水模型、Penman-Monteith 公式、MUSLE 模型、污染物平衡等	氮磷、农药、杀虫剂
HSPF	半分布	1 分钟	Standford 水文模型、曼宁公式等	氮磷、农药、BOD、DO
AGNPS	分布	暴雨事件	SCS 曲线模型、RUSLE 模型、CREAM 模型等	氮磷、农药、COD、TOC
GWLF	集总	1 个月	SCS 曲线模型、USLE 模型、线性水库法、平均浓度法等	氮磷、泥沙
SPARROW	经验统计	1 年	非线性回归方程	氮磷、杀虫剂、泥沙等
ANSWERS	分布	暴雨事件	曼宁方程、污染物平衡等	氮磷、泥沙

参 考 文 献

[1] 穆卉, 王竞, 赵颖, 等. 流域中氮素迁移转化的研究进展. 山西科技, 2019, 34(2): 31-34.

[2] Sharpley A N, Williams J R. EPIC. erosion/productivity impact calculator: 1. Model documentation. Technical Bulletin. United States Department of Agriculture, 1990(1768 Pt 1).

[3] 扈晓碟, 张含玉, 刘前进, 等. 模拟降雨条件下垄沟坡度对溶解态氮磷流失的影响. 水土保持学报, 2019, 33(6): 41-46.

[4] 杜映妮, 李天阳, 何丙辉. 不同施肥和耕作处理紫色土坡耕地碳、氮、磷流失特征. 植物营养与肥料学报, 2021, 27(12): 2149-2159.

［5］王全九, 王文焰, 沈冰, 等. 降雨地表径流土壤溶质相互作用深度. 土壤侵蚀与水土保持学报, 1998(2): 42-47.

［6］Abbaspour K. User manual for SWAT. CUP, SWAT calibration and uncertainty analysis programs. Swiss Federal Institute of Aquatic Science and Technology, 2007.

［7］Baker T J, Miller S N. Using the Soil and Water Assessment Tool (SWAT) to assess land use impact on water resources in an East African watershed. Journal of Hydrology, 2013, 486: 100-111.

［8］Leta O T, Nossent J, Velez C, et al. Assessment of the different sources of uncertainty in a SWAT model of the River Senne (Belgium). Environmental Modelling & Software, 2015, 68: 129-146.

［9］Li D, Liang J, Di Y, et al. The spatial. temporal variations of water quality in controlling points of the main rivers flowing into the Miyun Reservoir from 1991 to 2011. Environmental Monitoring and Assessment, 2016, 188: 42.

［10］Abbaspour K C, Rouholahnejad E, Vaghefi S, et al. A continental-scale hydrology and water quality model for Europe: Calibration and uncertainty of a high-resolution large-scale SWAT model. Journal of Hydrology, 2015, 524: 733-752.

［11］Prosdocimi M, Jordán A, Tarolli P, et al. The immediate effectiveness of barley straw mulch in reducing soil erodibility and surface runoff generation in Mediterranean vineyards. Science of the Total Environment, 2016, 547: 323-330.

［12］Li Z. G, Gu C. M, Zhang R. H, et al. The benefic effect induced by biochar on soil erosion and nutrient loss of slopping land under natural rainfall conditions in central China. Agricultural Water Management, 2017, 185: 145-150.

［13］Ockenden M C, Hollaway M J, Beven K J, et al. Major agricultural changes required to mitigate phosphorus losses under climate change. Nature Communications, 2017.

［14］Wu L, Long T. Y, Cooper W J. Simulation of spatial and temporal distribution on dissolved non. point source nitrogen and phosphorus load in Jialing River Watershed, China. Environmental Earth Sciences, 2012, 65: 1795-1806.

［15］Fuka D R, Collick A S, Kleinman P J A, et al. Improving the spatial representation of soil properties and hydrology using topographically derived initialization processes in the SWAT model. Hydrological Processes, 2016, 30: 4633-4643.

［16］FAO. World Reference Base for Soil Resources[EB/OL]. http: //www. fao. org/soils. portal/en/. 2016.

［17］Hong Y, Bonhomme C, Le M H, et al. A new approach of monitoring and physically-based modelling to investigate urban wash. off process on a road catchment near Paris. Water Research, 2016, 102: 96-108.

第5章 城市水环境模型

5.1 城市水环境污染

5.1.1 城市水环境污染成因

城市是人类居住的主要环境空间，城市环境质量状况直接关系到人们生活水平，而水环境是城市环境的重要组成部分。随着人口增长、社会发展以及全球气候变化，城市水环境质量不断下降，水资源减少、水污染事件层出不穷。

城市水环境污染以有机污染物为主，氮磷、悬浮颗粒物、病原微生物和重金属等也占据相当大的比例。城市水环境污染按污染源划分为点源污染和非点源污染。点源污染指城镇工业企业废水和生活污水通过排放口集中汇入，造成河湖水环境污染；城市非点源污染指地表污染物在降雨和融雪冲刷作用下，通过径流过程汇入受纳水体从而造成水体富营养化和其他形式污染。自 1990 年来，点源污染得到逐步控制，非点源污染成为城市水环境恶化的主要原因。

城市非点源污染伴随城市化进程而产生，是人类活动对自然环境过度干扰的外在表现。自然水文过程受城市化推进下大量下垫面的硬质化而改变，城市径流量加大、峰值流量提前，地表积累的污染物增多，为城市非点源污染提供了动力条件和物质基础。因此，累积在城市地表的各种污染物质在降水及其形成径流的击溅、溶解、冲刷和搬运作用下形成了城市非点源污染[1]。

5.1.2 城市水环境污染过程

城市非点源污染过程，指地表累积的溶解性和固态污染物在径流冲刷作用下进入河流、湖泊、水库等受纳水体，引起水环境污染的过程。城市非点源污染过程涉及水、气、土之间污染物的迁移，污染过程复杂。在研究城市非点源污染过程中，将其形成过程概化为若干阶段，并尽可能地使用通俗的物理数学方法和公式对污染形成过程精准反映。城市非点源污染过程一般可概化为污染物的累积过程和冲刷过程。

1. 累积过程

城市非点源污染的累积过程即污染物在地面沉积的过程。一般，地表污染物来源主要有大气沉降和人们在生产生活中的直接排放（如垃圾堆积和交通影响）两种途径。污染物的累积相对复杂，并非直接沉降至地表而终止，其遵循沉降、悬浮、再沉降的动态过程[2]。

环境中的颗粒物由于重力的作用会发生沉降，先沉降的是质量较大的颗粒物，较小颗粒物受到的阻力大于重力而悬浮于空中。悬浮空中的细小颗粒物在风力等外力作用下发生碰撞并聚集形成较大颗粒物，在重力作用下沉降至地表。

沉降至地表的颗粒物受到外力摩擦、碾压等使粒径变小、重量变轻，在自然风和交通运输风等作用下可能悬浮再次进入大气环境。从微观来看，颗粒物沉降是往复的沉降、悬浮、再沉降的动态过程。

污染物在地面清洁时沉积速率较快，累积量增长较多。随着地表污染物的不断沉积，在达到一定时间后污染物的累积速率逐渐趋近于零，地表污染物累积量趋近于最大值。在这之中，由于受到街道清扫、降雨冲刷等影响，累积地表污染物也在不断损失，因此地表污染物累积是一个周期性变化过程。

2. 冲刷过程

污染物的冲刷过程是指累积在地表的污染物在降雨或融雪径流溶解、冲刷和搬运作用下部分或者全部进入径流的过程。累积在地表的颗粒物在冲刷过程中，一部分可溶性污染物在径流侵蚀力和溶蚀力的作用下随径流溶解，另一部分难溶或不溶颗粒物受到的雨滴的冲击力或径流的剪应力作用悬浮于径流中。

悬浮于径流中的颗粒物受到重力和剪切力的共同作用，当径流速度大于临界剪切力对应的临界流速时，此时剪切力为主导动力，颗粒物随径流迁移；当径流速度小于临界速度时，重力为主导动力，颗粒物在径流中再次沉降至地表，直到径流速度超过临界流速时被再冲走。冲刷过程也属于悬浮、沉淀、再悬浮的过程。

5.2　模型框架和建模思路

本章节以城市非点源污染模型为例介绍城市水环境模型框架和建模思路。

5.2.1　模型框架

城市非点源污染模型具体模型框架如图 5.1 所示。

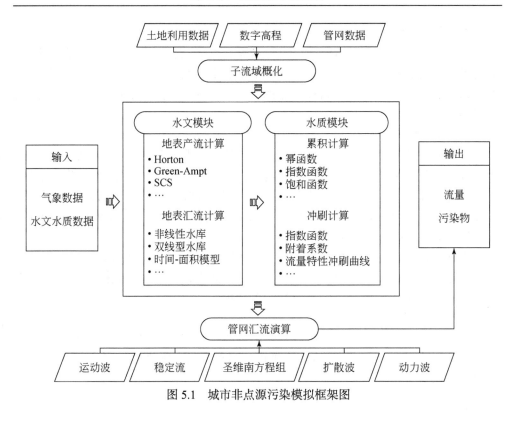

图 5.1　城市非点源污染模拟框架图

5.2.2　模型搭建

1. 建模数据

城市非点源污染建模一般需要输入土地利用数据、高程数据、管网数据、气象数据、实测水文水质数据和其他数据等。

1）土地利用数据

土地利用数据主要用于划分子汇水区和下垫面类型，从而计算子汇水区的面积和不透水率。土地利用数据可以通过外部文件导入或手动输入。外部文件导入是指在 ArcGIS 软件中将已有土地利用属性的矢量转化成模型可识别的文件导入模型。手动输入是将土地利用背景地图直接加载到模型中，通过手动划分地类并输入相关属性数据。

2）高程数据

区域数字高程数据用于管网、节点高程的确定。借助于数字高程数据实现了子汇水区坡度、管网走向和出口的确定。

3）管网数据

管网数据是城市水环境模型搭建的基础。管网数据包括区域排水管道的长度、管道始末端的高程、管径（或长与宽）、管道形状、管道材料和管道粗糙率等，以及雨水井或者检查井深度、高程等数据，用于构建汇水区、节点、管网之间的拓扑关系。

4）气象数据

气象是生成非点源污染的驱动力。气象数据一般分为两类：气象生成器生成数据和实测气象数据。气象生成器是根据目标情景不同生成一定类型的降雨数据。例如，芝加哥雨型生成器可以根据重现期不同生成降雨数据。实测数据主要是气象监测站所测得的降雨、相对湿度、风速、太阳辐射等数据，用于降雨过程模拟。

5）实测水文水质数据

实测数据主要用于模型的率定和验证工作。实测水文数据用于模型径流量输出的率定和验证，需要包含流速、径流量、时间等；实测水质数据用于污染物输出的率定和验证，一般常用的是瞬时浓度数据。

6）其他数据

城市地下管网尤其是老旧城区管网部分属于雨污合流制，在降雨时污水也会汇入径流中。因而，针对雨污合流制地区还需要提供污水排放数据，比如排放量、污染物类型等。

2. 区域概化方法

区域概化是城市水环境建模的第一步，包括划分子汇水区，并根据子汇水区、节点、管网之间拓扑关系完成汇水区与节点、节点与管网之间的连接，尽可能真实地反映区域状况。子汇水区划分是城市水环境模型建模的主要步骤之一，其细化程度影响模型输出的精准度。一般，常用的汇水区划分方法有三种：

（1）手动划分：通过加载区域背景图和土地利用类型，根据下垫面的分布、管网流向等，直接手动逐个划分子汇水区。手动方法对数据要求高，划分用时较长，但划分精度高，比较适合小区域资料丰富地区的子汇水区划分。

（2）自动划分：子汇水区自动划分多采用泰森多边形方法，根据区域内节点的分布按照就近原则划分子汇水区。针对划分不正确的子汇水区，采用手动方法调整。这种方法相对简单，资料需求低，但划分精度一般，比较适用于短时间内大区域粗略化模拟。

（3）切片划分：针对区域较大且对划分精度有要求的区域，可以先结合地形、河道和主要街道切片成多个子流域。针对每个子流域然后采用方法（2）进行子汇水区划分。最后将各个子流域划分结果根据地形、街道等拼接起来。

5.2.3　水文模拟

1. 产流过程模拟

城市地表降水在产流过程中经历了截留、下渗、填洼和蒸发。由于降水过程中蒸发相对于前三者可以忽略不计,因此城市流域的暴雨损失主要考虑的是截留、下渗和填洼。

截留是植物叶子或者其他地表覆盖物所截存的降水,这部分留存主要被蒸发带走。当降雨量超过截留量时,超出的降水进入地面。降雨的截留损失一般在降雨初期,属于初期损失。植被截留损失模拟常用乔木林冠部分的截流反映。填洼量是指填蓄在小块洼地中的消耗与蒸发和下渗,不能形成地表径流的水量。下渗是影响流域产流的一个比较重要的因素。地面下渗能力主要由土壤的本身特性和土壤的含水率等因素决定。在研究地面的渗流过程中,一些学者根据实际情况和要求,建立了一些简化模型来模拟地面的渗流过程,例如 Horton 模型、Green-Ampt 模型和 SCS 径流曲线法等。不同模型选择的产流机制存在差异,具体在后续模型中详细介绍。

2. 汇流过程模拟

降雨之后,除极少数沿天然水体区域的产流直接进入天然水体,大部分产流以坡面流的形式通过城市的排水管网的雨水口进入管网系统或排水渠道。雨水口流量过程线集中反映了城市地表产、汇流的特点,它包括降雨、损失、汇流和雨水口对流量的调节控制等过程的综合影响。求解城市地表汇流过程的数学模型主要有水动力模型、水文模型两大类。水动力模型是建立在微观物理定律连续性方程和动量方程的基础上,直接求解圣维南方程,模拟坡面的汇流过程。水文学模型采用系统分析的途径,把汇水区域当作一个黑箱或灰箱系统,建立输入与输出的关系。

1）水动力模型

一般,降雨在城市地表的径流是非均匀和非稳定的宽浅明渠水流,水流的形态随着地表径流水深而变化,可以是层流或紊流、次临界流或超临界流、恒定流或非恒定流。明渠不稳定流通常用圣维南方程组或浅水波方程组来描述。这些方程可以用流量或流速表示成各种形式,圣维南方程组也常用来描述坡面流运动。

动量方程

$$\frac{1}{gA}\frac{\partial Q}{\partial t} + \frac{1}{gA}\frac{\partial}{\partial t}\left(\frac{Q^2}{A}\right) + \frac{\partial y}{\partial x} = S_o - S_f + \frac{1}{gA}\int_\sigma qV_x \mathrm{d}\sigma \tag{5.1}$$

连续性方程

$$\frac{\partial A}{\partial t} + \frac{\partial Q}{\partial x} = \int_{\sigma} q \mathrm{d}\sigma \qquad (5.2)$$

式中，x 为水流方向；A 为垂直于 x 轴的断面面积；Q 为断面流量；V_x 为水流方向的平均流速；S_0 为地面坡度；g 为重力加速度；q 为下渗或降雨；S_f 为摩阻坡度。

根据情况确定初始条件和边界条件作为模型的输入，按照一定的算法，可以得到圣维南方程组的数值解。然而，实际的汇流过程的初始条件和边界条件很复杂，甚至有时是不确定的，而且难以精确测定下垫面的各项参数，因此，必须对条件作简化或近似。

2）水文学模型

雨洪汇流计算的水文学方法采用的系统分析的方法，分析输入 $x(t)$、输出 $y(t)$ 和系统功能函数 $h(t)$ 三者之间的关系，函数表达式为

$$y(t) = h(t) \cdot x(t) \qquad (5.3)$$

传统的水文学方法和近期发展起来的汇流模型，都是依据输入和输出过程的实测资料来分析各个流域具体汇流特性，即流域系统的功能函数及其算法。由建立的汇流计算参数、曲线或模型，就可以模拟或预报一次实际或设计净雨过程形成的实时洪水或设计洪水过程。国内外常用的方法有"推理公式法"，线性水库模型和非线性水库模型。

5.2.4　水质模拟

1. 污染物累积过程模拟

沉降、悬浮、再沉降的动态过程决定地表污染物累积过程是一个周期性变化过程。描述累积过程的常用计算方法可以用雨前干燥天数的线性函数、指数函数及幂函数等形式计算[2]。

1）线性模型

线性模型将累积量用等效的晴天累积天数与日负荷量来计算，其中等效累积天数由晴天数、路面清扫情况决定。该模型结构简单，便于理解，但是随着晴天数的增长，累积量将呈现无上限增长，并且该模型没有考虑污染物的晴天累积速率问题，因此，它的使用受到一定的限制。线性模型计算公式如下：

$$\begin{cases} P_t = t_e Y(s)_u \\ t_e = (t - t_s)(1 - \varepsilon_s) + t_s \end{cases} \qquad (5.4)$$

式中，P_t 为上一场降雨后经过 t 晴天时地面污染物累积量，kg；$Y(s)_u$ 为集水区

下垫面固体日负荷量，kg/d；t_e 为等效晴天累积天数，d；t 为最近一次降雨事件后所经历的天数，d；t_s 为最近一次清扫街道后所经历的天数，d；ε_s 为街道清扫频率。

2）指数模型

有研究表明污染物的累积速率随时间的增加而减小，累积量逐渐趋近于最大值，累积模型可以用指数函数形式来描述。Michaelis-Menton 模型正是基于此原理来构建的，其模型计算如式（5.5）。对数模型也常常用于描述污染物在地表的累积 [式（5.6）]，属于指数函数的简化和变形。

$$P_t = P_s + \frac{P_m t}{k_s + t} \tag{5.5}$$

$$P_t = a\ln t + b \tag{5.6}$$

式中，P_t 为上一场降雨后经过 t 晴天时地面污染物累积量，kg；P_s 为上一场降雨后剩余污染物的量，kg；P_m 为集水区内最大可累积污染物量，kg/d；t 是最近一次降雨事件后所经历的天数，d；k_s 为半饱和常数即 $P_t = 1/2\,P_m$ 时所经历的时间，d；a、b 为常系数；P_m、k_s 的值与土地使用类型、气象条件、交通状况等因素有关，在实际应用中通常看作是固定参数。

3）幂函数模型

累积过程还可以表示成晴天数的幂指数形式，计算公式见式（5.7）和式（5.8）[3]。式（5.7）表示累积初期地表累积物残留量为零，式（5.8）表示存在初期污染负荷，即地表残留量不为零情况。

$$P_t = P_m(1 - e^{-k_1 t}) \tag{5.7}$$

$$P_t = P_s + (P_m - P)(1 - e^{-k_1 t}) \tag{5.8}$$

式中，k_1 为累积系数，d^{-1}。

4）其他累积模型

除上述以干燥天数为变量的污染物累积模型外，也有较为复杂的累积模型，例如街道地表污染物边坎累积模型。该模型考虑清扫时间及频率、自然风、交通风、车流量等 9 个参数，适用于具有边坎的城市街道。模型计算公式如下：

$$\begin{cases} P_t = A\dfrac{1 - e^{-Et}}{E} \\[2mm] A = \dfrac{1}{2}W(C_1 + L) + C_2 FR \\[2mm] E = 0.0116(V_1 + V_2)e^{0.088h} \end{cases} \tag{5.9}$$

式中，A 为单位边坎长度污染物累积速率，g/(m·d)；E 为交通风和自然风引起的散失系数，d^{-1}；t 为街道清扫间隔时间，d；W 为街道宽度，m；C_1 为大气降尘率，（g/m²）· d；L 为地表污染物在单位面积上的聚集速率（g/m²·d）；C_2 为交通车辆污染物散发率 g/m² · 辆；F 为交通流量，千辆/d；R 为道路状况系数；V_1、V_2 分别为交通及自然风速，km/d；h 为道路边坎高度，cm。

2. 污染物冲刷过程模拟

描述冲刷过程的函数常常用有指数函数及其变形来表示。降雨径流冲刷量与前期累积量、降雨强度、降雨历时等因素有关。Metcalf 和 Eddy 等认为城市地表降雨径流冲刷量符合一级动力学方程[4]。具体表达式如下：

$$\begin{cases} \dfrac{\mathrm{d}Q}{\mathrm{d}\tau} = -kQ \\ k = k_2 r \end{cases} \tag{5.10}$$

经过一段时间冲刷后，地表污染物的剩余量计算方程式为（5.11），冲刷污染物为式（5.12）：

$$Q_\tau = P_0 \mathrm{e}^{-k_2 R_\tau} \tag{5.11}$$

$$Q = P_0 (1 - \mathrm{e}^{-k_2 R_\mathrm{T}}) \tag{5.12}$$

式中，Q 为不透水地表可冲刷的污染物量，kg；Q_τ 为降雨径流开始 τ 时后地表上残留的污染物量，kg；τ 为降雨径流开始后的时间，s；R_τ 为降雨开始 τ 时后的累计径流量，mm；k 为衰减系数，s^{-1}；k_2 为冲刷系数，mm^{-1}；r 为径流量，mm/s；R_T 为次降雨总径流量，mm。

5.2.5　参数确定

模型是对实际场景的概化，往往存在未知参数。模型的参数涉及物理参数和经验参数。物理参数往往可以通过直接测量获取，比如子汇水区的面积、子汇水区不透水比例、管道长度和节点高程等，这些参数在建模时直接输入即可。针对经验参数，比如管道曼宁系数、下渗率、透水区洼蓄深、累积参数、冲刷参数等，往往具有一定的地域差异性。这部分参数可以通过小型实验获取，但受多因素影响，获取参数输入模型后结果也不一定理想。因此，模型在实际使用过程中，往往先根据经验设置一定的阈值范围，通过不断地调整参数值，使得径流和污染物输出结果与实际测量值之间达到最佳拟合，这一过程称为"率定"。率定有人工率定和自动率定两种方法。水质的率定方法与水文类似。

5.3　典型模型介绍

5.3.1　SWMM 模型

1. 模型介绍

暴雨洪水管理模型（Storm Water Management Model，SWMM）是美国环境保护局于 1971 年开发的一个基于水动力学的降水-径流模拟模型，主要用于对城市单场降雨事件或者长期连续降雨事件的水量水质模拟、情景预测和污染物管理评估。该模型可以跟踪模拟不同步长任意时刻每个子流域所形成径流的水量和水质，以及每个管道和节点的流速、流量、水深、水质等情况。SWMM 模型主要 3 个模块，即水文模块、水动力模块和水质模块。其中，SWMM 模型有关径流模拟部分涉及的水文和水动力模块内容在徐宗学等出版的《水文模型》一书中有了详细介绍。本书着重介绍有关 SWMM 水质模拟部分的介绍。SWMM 水质模拟主要包括累积、冲刷、迁移和低影响开发措施等。

2. 模型基本模块

1）子流域概化

子流域概化主要有手动划分、自动划分和切片划分。具体参考 5.2.2 小节。

2）水文模块

SWMM 模型中水文模块主要模拟地表的产流过程和汇流过程。

A. 产流过程

地面产流为计算降雨扣除蒸发、植物截留、地面洼蓄和土壤入渗后的净雨过程。透水地表产流等于降雨量扣除洼蓄量和入渗损失。有洼蓄量的不透水地表产流等于降雨量减去地表洼蓄量；无洼蓄量的不透水地表产流为降雨量减雨期蒸发量。下渗模型主要有三种：Horton 模型、Green-Ampt 模型和 SCS 径流曲线法。

a）Horton 模型

Horton 模型主要描述下渗速率和时间变化的关系。下渗过程中，下渗速率随时间成指数关系并由最大值下降至最小值。Horton 模型不能反映土壤饱和带和未饱和带下垫面的情况。

$$f_p = f_\infty + (f_0 - f_\infty)e^{-\alpha t} \tag{5.13}$$

式中，f_p 为 t 时刻下渗速率，mm/s；f_∞ 为稳定下渗速率 mm/s；f_0 为初始下渗速率，mm/s；α 为入渗衰减系数，s^{-1}；t 为降雨时间，s。

　　b）Green-Ampt 模型

　　该模型假设土壤层中存在急剧变化的干湿界面，下垫面在降雨的过程中经历由不饱和到饱和的变化过程。累积下渗量 F 小于表层饱和累积下渗量 F_s 时，降雨强度小于饱和土壤导水率时，降雨全部入渗；降雨强度大于饱和土壤导水率时，累积下渗量与该时刻降雨强度和 IMD 值有关。公式如下：

$$i \leqslant K_s , \quad f = i \tag{5.14}$$

$$i > K_s , \quad F_s = \frac{S_u \cdot \text{IMD}}{i / K_s - 1} \tag{5.15}$$

　　累积下渗量 F 大于表层饱和累积下渗量 F_s 时，地表土壤已经达到饱和状态，土壤具有稳定下渗率，同时入渗能力取决于累积入渗量。有

$$f = f_p \tag{5.16}$$

$$f_p = K_s \left(1 + \frac{S_u \cdot \text{IMD}}{F} \right) \tag{5.17}$$

式中，F 为累积下渗量，mm；F_s 为饱和累积下渗量，mm；i 为降雨雨强，mm/s；K_s 为饱和土壤入渗率；IMD 为最大入渗量，mm/mm。

　　c）SCS 模型

　　该模型根据综合径流系数 CN 进行入渗计算。随着降雨过程的进行，入渗能力减弱直到稳定值。

$$Q = \frac{(R - 0.2S)^2}{(R + 0.8S)} \tag{5.18}$$

$$S = 25.4 \left(\frac{1000}{\text{CN}} - 10 \right) \tag{5.19}$$

式中，Q 为径流流量；R 为降雨量；S 为水土保持参数；CN 为综合径流参数。

　　B. 汇流过程

　　地面汇流为各子流域产流汇集到雨水口的入流过程。SWMM 中采用非线性水库模型来描述地表汇流过程，将每个子汇水区概化为一个水深很浅的非线性水库，降雨为输入，土壤下渗和地表径流为出流，由连续性方程和曼宁公式联立求解：

$$\frac{\text{d}V}{\text{d}t} = A \cdot \frac{\text{d}d}{\text{d}t} = A \cdot i' - Q_o \tag{5.20}$$

$$Q_o = W \cdot \frac{1.49}{n} \cdot (d - d_p)^{5/3} \cdot S^{1/2} \tag{5.21}$$

式中，V 为子汇水区总水量，m³；d 为子汇水区地表水深，m；A 为子汇水区面积，m²；t 为降雨时间，s；i' 为净降雨强度，mm/s；Q_o 为径流流量，m³/s；W 为子汇水区特征宽度，m；n 为曼宁系数；S 为子汇水区坡度。

3）水动力模块

SWMM 模型中水动力模块模拟径流在管道中的流量演算过程。流量演算采用圣维南流量方程来确定，包含连续流量演算、运动波演算和动力波演算。

4）水质模块

SWMM 模型中涉及水质模拟的主要包括污染物的累积、冲刷和迁移。

A. 累积过程

污染物的累积量与土地利用类型相关。每种污染物在某一类型下垫面的累积量可以用单位面积或单位路缘长度下污染物的质量来表示。微生物的累积量则采用单位面积或单位路缘长度下生物体的数量来表示。由于累积量没有明显规律性的函数，SWMM 为用户提供了三种基于前期干燥天数计算累积量的方法。

a）幂函数

污染物在一定的时间内累积量与时间成正比，直到达到最大累积量限值。公式的一般形式为

$$B = \min(C_1, C_2 t^{C_3}) \tag{5.22}$$

式中，C_1 为最大可能累积量（单位为累积量/单位面积或管长）；C_2 为累积速率常数；C_3 时间指数。

在实际模型参数设置时，时间指数 C_3 应该≤1，表征污染物的累积速率随时间的增加逐渐降低；当 $C_3=1$ 时，得到的是线性累积函数，没有考虑累积速率与时间的关系，这种设置通常具有一定的使用限制。

b）指数函数

表征累积量遵循趋近最大累积量极限的指数增长曲线。

$$B = C_1(1 - e^{-C_2 t}) \tag{5.23}$$

式中，C_1 为最大可能累积量（单位为累积量/单位面积或路缘长度）；C_2 为累积速率常数（1/天）。

c）饱和函数

表征污染物的累积速率始于线性速率，随着时间的推移累积速率不断下降，直到达到饱和值。

$$B = \frac{C_1 t}{C_2 + t} \tag{5.24}$$

式中，C_1 为最大可能累积量（单位为累积量/单位面积或路缘长度）；C_2 为半饱和累积常数（达到最大累积量一半所需要的天数）。

特定地类污染物总的累积量则采用单位面积或者路缘长度的质量与地类总面积的乘积计算，计算公式为

$$M_B = BN f_{LU} \tag{5.25}$$

式中，M_B 为子流域累积物总量；B 为单位面积或路缘长度的污染物累积质量，N

为子流域总面积或者路缘总长度；f_{LU} 为子流域中贡献相关污染物的面积比例。

d）街道清扫

地表污染物的累积量受到街道清扫的影响。不同的土地类型，街道清扫的频次和清扫效率也不同。

B. 冲刷过程

污染物在降雨期间的冲刷也可以由指数函数、流量特性冲刷曲线和次降雨浓度三种函数来描述。

a）指数函数

指数函数是最常用于描述污染物冲刷过程的函数，该函数假定被冲刷的污染物质量与污染物的累积量成正比，与径流量成指数关系。

$$W = C_1 q^{C_2} B \tag{5.26}$$

式中，C_1 为冲刷系数；C_2 是冲刷指数；q 为单位面积径流量，inches/h 或者 mm/h；B 为单位面积或管长的污染物累积量；冲刷量的单位和定义污染物时的浓度单位保持一致（micrograms 或者 counts）。

b）流量特性冲刷曲线

该模型假定冲刷量与径流量相关，与污染物的累积量无关。

$$W = C_1 Q^{C_2} \tag{5.27}$$

式中，C_1 为冲刷系数；C_2 为冲刷指数；Q 为流经所模拟地类的径流量。

c）次降雨平均浓度函数

该方法是冲刷指数为 1 时流量特性冲刷曲线的特殊情况，系数 C_1 代表冲刷污染物的浓度（mass/L）。

$$W = \text{EMC} \cdot Q \tag{5.28}$$

式中，EMC 为次降雨平均浓度，Q 为流经所模拟地类的径流量。

其中

$$\text{EMC} = \frac{M}{V} = \frac{\int_0^T C_t Q_t \, dt}{\int_0^T Q_t \, dt} \tag{5.29}$$

式中，C_t 为 t 时刻次降雨污染物浓度；Q_t 为 t 时刻径流量。

C. 迁移过程

地表径流或者外部输入的污染物通常会通过输水系统进入受纳水体、处理设施或者其他装置。城市输水系统包括节点、管道、泵等设备。在迁移过程中，当污染物流经管道或者储存节点时，会发生自然衰减过程去除部分污染物，也可以通过特定的处理设施来削减污染物。描述污染物迁移过程的有两种方式：一维平流扩散方程和多槽串联模型。

a）一维平流扩散方程

进入输水系统中的污染物，溶解性污染物在管道中的一维传输负荷质量守恒方程。

$$\frac{\partial c}{\partial t} = -\frac{\partial(uc)}{\partial x} + \frac{\partial}{\partial x}\left(D\frac{\partial c}{\partial x}\right) + r(c) \qquad （5.30）$$

式中，c 为污染物浓度；u 为纵向流速；D 为纵向扩散系数；r 为反应速率；x 为纵向距离；t 为瞬时时刻。

方程式等号右侧第一项为平流迁移过程，表示污染物的横向速度与管道内流速相同；第二项为纵向扩散过程，由于流速和浓度梯度差异，污染物在纵向进行混合；最后一项表示引起管道中污染物浓度变化的其他反应。

方程式（5.30）的求解需要边界条件和初始条件。一般边界条件为管道两端节点的浓度。对于简单节点，瞬时浓度为流入节点的瞬时流量加权的平均浓度。

$$c_{Nj} = \frac{\sum\limits_{i\to j} c_{L2i}q_{2i} + W_j}{\sum\limits_{i\to j} q_{2i} + Q_j} \qquad （5.31）$$

式中，c_{Nj} 为节点 j 处的浓度；c_{L2i} 为节点 j 上游节点 i 的浓度；q_{2i} 为汇入节点 j 的其他外部污染源流量；Q_j 为外部源的流量；分母的总和是所有汇入节点 j 的流量。

对于假设存储体积的内容物完全混合的存储节点，节点内的浓度由以下质量守恒方程描述：

$$\frac{\mathrm{d}(V_{Nj}c_{Nj})}{\mathrm{d}t} = \sum_{i\to j} c_{L2i}q_{2i} - \sum_{i\to j} c_{Nj}q_{1k} + W_j - V_{Nj}r(c_{Nj}) \qquad （5.32）$$

式中，V_{Nj} 为节点 j 处储存的水的体积；q_{2i} 为流向节点 j 的管道末端节点 i 的流量；q_{1k} 为流向节点 j 的管道起始端节点 k 的流量；W_j 为其他外部污染源汇入节点 j 的流量；r 为反应速率项。

b）多槽串联模型

多槽串联模型是一种更实用的污染物迁移传输模型，其中管道和节点都看作是完全混合状态。将式（5.30）和式（5.32）替换为完全混合反应器（管道或存储节点），则描述污染物浓度的质量守恒方程为

$$\frac{\mathrm{d}(Vc)}{\mathrm{d}t} = C_{in}Q_{in} - cQ_{out} - Vr(c) \qquad （5.33）$$

式中，V 为管道内水量体积；c 为管道内的混合浓度；C_{in} 为流入管道的任一污染物的浓度；Q_{in} 为该污染物的流量；Q_{out} 为流出管道的流量；$r(c)$ 为一个表征污染物衰减的其他反应函数。

假定 C_{in}、Q_{in} 和 Q_{out} 在 t 到 $t+\Delta t$ 内为常数，V 是平均水量，$r(c)=K_1c$，K_1 是一级反应常数[5]，则经过 Δt 后污染物浓度解为

$$c(t + \Delta t) = [C(t)V(t)\mathrm{e}^{-K_1\Delta t} + C_{\mathrm{in}}Q_{\mathrm{in}}\Delta t]/(V(t) + Q_{\mathrm{in}}\Delta t) \qquad (5.34)$$

c）水质演算步骤

水质演算是迁移过程计算的重要部分，用于计算 $t+\Delta t$ 时每个管网和节点的污染物浓度。在 SWMM 中，水质演算历经以下 3 个过程：

首先，计算污染物在当前时间步长内进入管网各节点的流量以及流入节点的污染物浓度。通过将流入的当前流量（$Q_{\mathrm{L2}}(t+\Delta t)$）乘以污染物浓度（$c_{\mathrm{L}}(t)$）计算得出。

其次，计算每个节点的新浓度。如果节点是非存储节点，则浓度仅为总负荷除以总流量，参照方程式（5.31）。对于存储节点，使用方程式（5.34）计算混合物后浓度 $c_{\mathrm{N}}(t+\Delta t)$，其中 Q_{in} 是上步的流量，C_{in} 是上步的流入负荷除以 Q_{in}。

最后，利用方程式（5.34）确定每个管道中每种污染物的混合后浓度 $c_{\mathrm{L}}(t+\Delta t)$。在该方程中，$Q_{\mathrm{in}}$ 是从上游节点 $Q_{\mathrm{L1}}(t+\Delta t)$ 入流管道的流速，C_{in} 是该节点的混合后浓度 $c_{\mathrm{N}}(t+\Delta t)$。对于泵和调节器等，$c_{\mathrm{L}}(t+\Delta t)$ 等于上游节点浓度 $c_{\mathrm{N}}(t+\Delta t)$。

5）低影响开发设施模块

低影响开发（Low Impact Development，LID）是在 1990 年以后提出来的暴雨管理和非点源污染控制的技术，旨在通过源头和过程控制来实现对暴雨径流和污染物的削减，使开发区域尽量接近自然水文循环。在 SWMM 模型中，可供选择的 LID 措施有生物滤池、雨水花园、绿色屋顶、渗沟、透水铺装、蓄水池、雨水段接、植草沟等。

3. 模型输入文件

SWMM 模型建模时需要输入的文件涉及子流域的概化、气象资料和用于模型校正的水文水质数据。

1）数字高程数据

区域数字高程数据用于管网、节点高程的确定。

2）土地利用数据

SWMM 模型中土地利用数据用于子流域划分和不透水面的确定。此外，土地利用数据还可用于子汇水区的不透水率和土壤下渗率等参数确定。

3）管网数据

管网数据是 SWMM 模型搭建的基础，包括区域排水管道的长度、管道形状、管径（或长与宽）、管道始末端的高程、管道材料和管道粗糙率等，以及雨水井或者检查井深度、高程等数据。

4）气象数据

SWMM 建模所需的气象数据包括降雨、相对湿度、风速、太阳辐射等。

5）水文水质监测数据

流量和水质数据主要用于模型的率定和验证工作。

4. 模型输出结果

SWMM 在模拟运行后会生成 3 个文件：输入文件、报告文件和结果文件，后缀名分别为*.inp、*.rpt 和*.out。输入文件是模型工程文件，输入文件中的某些参数，比如管道曼宁系数、衰减系数等可以通过直接在输入文件中修改来调整和校准模型。报告文件是对模拟过程的总结和记录，以文本格式保存。结果文件是对整个模拟过程中每个子汇水区在每一模拟步长输出结果的记录，如管道流量、污染物浓度等，通常是二进制方式保存，一般通过编程来读取。SWMM 为开源代码，提供了 VB、C 语言和 Delphi Pascal 接口函数，便于读取结果。

5.3.2　InfoWorks ICM 模型

1. 模型介绍

InfoWorks ICM（雨污排水系统）模型是英国 HR Wallingford 公司在 20 世纪 90 年代开发的城市综合流域排水模型，主要用于城市降雨径流模拟与评估、城市洪涝灾害的预测、合流制污水排放污染预测和城市管网规划等，是城市雨污排水系统模拟领域用途最广的模型之一。InfoWorks ICM 是由早期的 InfoWorks CS 升级而来，早期版本主要包括 4 个模块：降雨径流模型、非压力流管道模型、压力流动力波管道模型及水质模型。随后，HR Wallingford 公司将 Hydroworks QM 模型取代了原来用于计算水质及管道沉积物的形成与迁移的非压力流管道模型和水质模型，并在 1998 年将其集成到 InfoWorks CS 模型中。目前，InfoWorks ICM 可以实现旱季污水、降雨径流、水动力、水质、泥沙、沉积物的形成和运动过程等模拟。

2. 模型基本模块

Info Works ICM 模型主要由排水管网水力模型、河道水力模型、二维城市/流域洪涝淹没模型、实时控制模块和水质模块和可持续构筑物（SUDS）等组成，其中排水管网水力模型又包含水文模块、管道水力模块和污水量计算模块。InfoWorks ICM 实现了城市排水管网系统模型与河道模型连通，可以系统完整模拟城市排水管网与河湖等地表水体间的相互作用（InfoWorks ICM 手册）。

1）排水管网水力模型

InfoWorks ICM 采用分布式模型模拟降雨–径流过程，主要包括产流过程和汇流过程。

A. 产流过程

降水在降落过程中首先被植被等截留一部分，剩余部分落入地表。降水进入地表后首先满足地表填洼和渗透，当降水量继续增大时，洼处积水增多超过饱和容量，此时就会形成地表径流。因此，产流过程涉及雨水的初期损失和产流计算。在 InfoWorks ICM 模型中，产流过程可以用固定比例径流模型、Wallingford 固定产流模型、可变径流模型、美国 SCS 产流模型、Green-Ampt 渗透模型、Horton 渗透模型和固定渗透模型。其中，美国 SCS 产流模型、Green-Ampt 渗透模型和 Horton 渗透模型在《水文模型》一书中已详细介绍，本书重点介绍固定比例径流模型、Wallingford 固定产流模型、可变径流模型和固定渗透模型。

a）固定比例径流模型

固定比例径流模型是指设置固定的降雨-径流系数。针对特定的产流表面，产流量为总降雨量的固定比例，代表实际进入管网系统的降雨量。

$$R_n = C(P)R \quad\quad （5.35）$$

式中，R 为降雨量；R_n 为净雨量；C 为径流系数；P 为重现期；$C(P)$ 为在某一重现期下的径流系数。

b）Wallingford 固定产流模型

Wallingford 固定产流模型是在 1983 年提出的一种统计回归模型，可以用于预测透水与不透水地表的总径流量。该模型是基于对英国 17 个不同汇水区的 510 场降雨过程监测统计回归获得。根据开发密度、土壤类型、子汇水区前期湿度等采用回归方程预测了降雨径流系数。该模型主要在英国应用较广，是英国城市集水区连续性损失的标准模型。

模型假定在一场降雨事件中径流损失始终保持恒定，则径流比例公式：

$$P_R = 0.829 P_{imp} + 25 W_{soil} + 0.078 U_{wi} \quad\quad （5.36）$$

式中，P_R 为径流百分比；P_{imp} 为不透水比例；W_{soil} 为土壤含水指数；U_{wi} 为城市汇水区湿度指数。

c）可变径流模型

可变径流模型是 Wallingford 公司在 1993 年提出的径流计算新模型。该模型用于模拟透水表面长历时暴雨中径流增加现象。模型引入"前 30 天降雨指数 API"，在长时间暴雨情况下模型不断更新 API。随着产流面湿度的减少，汇水区的径流系数在每个模拟时间步长上都需要更新。该模型广泛应用于透水表面径流模拟，能够反映降雨产生径流流量过程线的缓慢下降趋势。

d）固定渗透模型

固定渗透模型用于模拟具有稳定下渗的渗透性地面模型。渗透损失由"渗透损失系数"确定。其他同固定比例径流模型类似。

B. 汇流过程

汇流模型确定降雨以多快的速度从汇水区进入排水系统。InfoWorks ICM 模型为用户提供了双线性水库（Wallingford）模型、大型贡献面积汇流模型（LargeCatch）、SPRINT 汇流模型、Desbordes 汇流模型以及非线性水库模型（手册）。

a）双线性水库（Wallingford）模型

Wallingford 模型采用线性水库汇流模拟坡地漫流。每一个管网节点将子汇水区的产流作为入流过程线，采用一系列的双线性水库来代表子汇水区的储存能力，以及径流峰值滞后降雨峰值的能力。汇流参数取决于降雨强度、子汇水区面积和坡度。每一地类采用串联的两个水库，每一个水库均有一个对应的存储-输出关系。该模型适用于汇水面积小于 $1 \times 10^4 \, \mathrm{m}^2$ 的汇水区。以往的双准线性水库模型是双线性水库（Wallingford）模型的基础，它的原理是采用串联的两个水库来分别表示单个的表面类型，每一个水库都存在对应的存储-输出关系，定义为

$$Q = kq \tag{5.37}$$
$$K = C \cdot i - 0.39 \tag{5.38}$$
$$i = 0.5(1 + i_{10}) \tag{5.39}$$
$$C = 0.1175 J^{-0.13} A^{0.24} \tag{5.40}$$

式中，Q 为水库蓄水量；k 为滞后时间水库常数；q 为出水量或径流率；i_{10} 为降雨强度连续 10 分钟平均值；J 为坡度；A 为子汇水区面积。若 $J < 0.002$，则 J 取 0.002；若 $A < 1000$，则 A 取 1000；若 $A > 10000$，则 A 取 10000。

b）LargeCatch 模型

LargeCatch 模型考虑了集水区的流动特性，采用假设管道滞留作用，使其出流过程线同实际相应。为了真实反映流动特征，采用汇流系数乘数、径流时间滞后因数修改汇流模型以延缓出流峰值。该模型主要用于汇水面积小于 $1 \times 10^6 \, \mathrm{m}^2$ 的汇水区。

c）SPRINT 汇流模型（单线性水库模型）

单线性水库模型，为欧洲 SPRINT 项目而开发，用于大型集总式集水区汇流计算。该方法同英国径流汇流模型不同的地方在于：该方程严格适用于集约式集水区模型；此外该方程为单一线性水库。

d）Desbordes 汇流模型

法国标准汇流模型，单一线性水库模型。该模型假设集水区出口流量同集水区雨水体积成正比。

e）非线性水库模型

非线性水库模型是由美国开发的采用非线性水库和运动波方程计算坡面流的模型，该模型通常与 Horton 模型或者 Green-Ampt 模型连用。模型在使用时需要定义子汇水区宽度和地面曼宁粗糙系数，然后分别对子汇水区的各个地类进行汇

流计算。非线性水库模型的计算原理是通过运动波方程以及非线性水库对坡面流进行计算，在使用该模型之前还需对地面曼宁粗糙系数以及集水区的宽度进行相关的定义。采用非线性水库模型进行坡面汇流计算，即联立求解连续性方程和曼宁方程。

非线性方程为

$$\frac{dh}{dt}i - \frac{1.49W}{An}(h - h_p)^{5/3} \cdot S^{1/2} = i + W_{con}(h - h_p)^{5/3} \tag{5.41}$$

式中，i 为净雨量；h 为水深；h_p 为最大洼蓄深；W_{con} 为流量演算参数，包括宽度、坡度、粗糙率和面积。

基于一定时间步长，采用有限差分法求解方程

$$\frac{h_2 - h_1}{\Delta t} = i + W_{con}\left[h_1 - \frac{(h_2 - h_1)}{2} - h_p\right]^{\frac{5}{3}} \tag{5.42}$$

式中，Δt 为时间步长；h_1 为初始水深；h_2 为末时刻水深。

式（5.42）右边的入流、出流均为时段平均值，净雨量 i 在计算时也取时段平均值。

C. 管网汇流模型

管网汇流过程即径流在节点及管道的传递过程。降雨产流后通过检查井汇集到排水管网系统中并最终排入受纳水体。目前国内外对管网汇流的数学模型求解大多采用非恒定的圣维南（Saint-Venant）方程。圣维南方程组遵循质量守恒和动量守恒原理，计算方程公式为

$$\frac{\partial A}{\partial t} + \frac{\partial Q}{\partial x} = 0 \tag{5.43}$$

$$\frac{\partial Q}{\partial t} + gA\left[\frac{\partial h}{\partial x} - S_o + \frac{Q|Q|}{K^2}\right] = 0 \tag{5.44}$$

式中，Q 为流量；A 为管道总面积；x 沿水流方向管道的长度；h 为水深；g 为重力加速度；S_o 为管底坡度；K 为满管输送量。

圣维南方程组可以描述管网的汇流、入流、调蓄、逆流有压流、流出损失等多种状态，还可以模拟多个下游出水管、环状管网和当下游边界受限制时的回水情况。使用该方法的模拟精度比较高，它的时间步长可以设置成一个很小的数值。在实际应用中，由于受条件限制，使用往往采用简化后的圣维南方程组。

2）管道水利模块

InfoWorks CS 模型采用完全求解的圣维南方程进行管道、明渠的非满流水力计算，管渠有压流采用 Preissmann Slot 方法进行模拟，故模型能够对各种复杂的水利设施进行仿真计算。此外，还可通过储量补偿的方法，降低因简化模型而造成的管网储水空间的不足，避免对管道超负荷、洪灾的错误预测。

InfoWorks ICM 的水力计算引擎采用完全求解的圣维南方程模拟管道和明渠流，对于超负荷的模拟采用 Preissmann Slot 方法，能够仿真各种复杂的水力状况。利用贮存容量合理补偿反映管网储量，避免对管道超负荷、洪灾错误预计。各水利设施可真实反映水泵、孔口、堰流、闸门、调蓄池等排水构筑物的水力状况。

管流水力模块提供两种水力计算模式，完全解算法（圣维南方程组）和压力流算法。

A. 完全解算法

模型计算明渠流的基本公式采用完全解算法，即圣维南方程组。它们是一对质量守恒和动量守恒等式，具体计算公式见式（5.45）和式（5.46）。

$$\frac{\partial A}{\partial t} + \frac{\partial Q}{\partial x} = 0 \tag{5.45}$$

$$\frac{\partial Q}{\partial t} + \frac{\partial}{\partial x}\left[\frac{Q^2}{A}\right] + gA\left[\cos\theta\frac{\partial h}{\partial x} - S_0 + \frac{Q|Q|}{K^2}\right] \tag{5.46}$$

式中，Q 为流量；A 为横截面积；g 为重力加速度；θ 为水平夹角；h 为水深；S_0 为管底坡度；K 为输送量。

B. 压力流算法

对于压力流管流采用非完全求解（圣维南）方程。例如，在模拟上升管或者倒虹管时，压力管流的基本公式为

$$\frac{\partial Q}{\partial x} = 0 \tag{5.47}$$

$$\frac{\partial Q}{\partial t} + gA\left[\cos\theta\frac{\partial h}{\partial x} - S_0 + \frac{Q|Q|}{K^2}\right] \tag{5.48}$$

C. 污水量计算模块

排水系统的总旱流量一般由三部分组成，即居民生活污水、工业废水以及渗入水。

a）生活污水

基于汇水区的人口以及日排水当量确定。其中，人口数据来源于统计年鉴或根据人口密度估算。排水当量即居民的人均日排水量，如果有生活污水排放流量数据时，则采用测量数据来确定排水当量。

b）工业废水

工业废水的流量通常由工业企业废水排放记录获取。对于最大日均排放量不超过当地生活污水量的10%的入流量，可以通过增加生活污水的排水当量进行计算。对于较大排放量，则需要作为工业废水来源单独输入模型。

c）渗流量

渗流一般来自于降雨下渗或泥土直接渗透进入排水系统。对于单一降雨事件

来说，渗流量可以看成一个恒定的入流量。对于长时间连续降雨事件来说，渗流量需要考虑前期水文条件。在 InfoWorks ICM 中，渗流计算采用简化后的水量平衡方程，并结合一定的校准使用。

旱流污水汇流量在计算时首先对污水类型进行分类，再根据不同污水源的流量乘以其排水模式系数获得，最后将不同源排水量叠加计算：

$$Q_{total} = k_1 q_1 + k_2 q_2 + k_3 q_3 \tag{5.49}$$

式中，Q_{total} 为管网污水汇入总量；k_1、k_2、k_3 为不同排放源的系数；q_1、q_2、q_3 为不同排放源的排水量。

如果雨水管道并非采取完全分流制，那么排水管网水力模型旱流量的模拟主要通过定义其平均旱流量并对日变化系数进行赋值获得。

3）河道水力模型

InfoWorks ICM 除了模拟城市排水系统外，还可以模拟复杂的河网、滞洪区以及水工结构的水利过程。由于本章节主要介绍城市水环境模拟，在此就不再细述河道水力模型。

4）二维城市/流域洪涝淹没模型

当城市遭遇洪水时，地下管网排水系统水流不断流入或溢出，InfoWorks ICM 二维模型可以模拟排水系统积水通过城市街道和建筑物、道路交叉口和其他设施等复杂几何地形的情况。

5）实时控制模块

InfoWorks ICM 模型的实时控制模块采用 RTC 模拟参数编制的调度规则，不仅可以用于对降雨过程中的水泵、堰和闸门等个别构筑物进行远程控制，也可以用来管理整个排水系统的水流情况，便于及时优化和调度排水系统。

6）水质模块

InfoWorks ICM 水质模型具有强大的水质模拟功能，它不仅可以模拟地表径流污染物，也可以模拟污水和点源入流污染过程。该模型既可以实现污染物的累积和冲刷过程模拟，也可以对雨污分流和合流问题进行评估。在水质模拟模块，污染物分为模拟溶解性污染物和附着性污染物。不同污染物采用不同的计算公式进行估算。溶解性污染物指易溶于水中的污染物，一般用质量浓度来评估污染程度；附着性污染物指地表沉积物或水中附着性的污染物，其总量通常由附着系数与附着物质总量的乘积来表示。

水质模块除了常规模拟污染物累积模型和冲刷模型外，还包括污染物在旱季的入流过程。

A. 地表污染物的累积过程

InfoWorks CS 默认采用以下方程来描述地表沉积物的累积过程，模型可以计算出集水区域在模拟后每个时间步长终点的沉积物沉积的量。沉积物累积方程如下：

$$M_o = M_d e^{-K_1 T} + \frac{P_s}{K_1}(1 - e^{-K_1 T}) \qquad (5.50)$$

式中，M_o 为最大累积量或每一时间步长后的累积量；M_d 为初始累积量；T 为干旱天数或模拟时间步长；P_s 为累计率；K_1 为衰减系数，d^{-1}，随累积量的增多而减少。

B. 地表污染物的冲刷过程

InfoWorks CS 为用户提供了单线性水库径流模型（Desbordes Model）和水力径流模型两种冲刷模型用来模拟污染物的地表冲刷过程，其中单线性水库径流模型属于模型默认的冲刷过程。这里以单线性水库径流模型为例，介绍其计算过程。

单线性水库径流模型首先根据降雨强度计算污染物的侵蚀系数，获得地表累积沉积物进入径流中的总量；然后通过最大降雨强度计算沉积物中污染物的附着系数，获得冲刷污染物的总量。

$$K_a(t) = C_1 \cdot i(t)^{C_2} - C_3 \cdot i(t) \qquad (5.51)$$

$$\frac{dM_e}{dt} = K_a M(t) - f(t) \qquad (5.52)$$

式中，$K_a(t)$ 为暴雨侵蚀系数；$i(t)$ 为有效降雨量；M_e 为冲刷进入管网的累积量；$M(t)$ 为地表累积量；K_a 为一定降雨强度下的侵蚀系数；C_1、C_2、C_3 为系数。

污染物附着系数（K_{pn}）用于表征沉积物的量与其附着污染物量之间的关系。即：污染物的质量=沉积物的质量×污染物附着系数。

$$K_{pn} = C_1 \cdot (i_{max} - C_2)^{C_3} + C_4 \qquad (5.53)$$

式中，C_1、C_2、C_3、C_4 为系数；i_{max} 为最大雨强；K_{pn} 为附着系数。

$$f_n(t) = K_{pn} \cdot f_m(t) \qquad (5.54)$$

式中，$f_n(t)$ 为污染物浓度；$f_m(t)$ 为悬浮物浓度。

在冲刷过程中当累积物量为零时，冲刷侵蚀停止。

C. 管道沉积物累积及冲刷过程

管网模型用于计算管道中溶解性污染物和悬浮物的迁移以及不溶性颗粒物的冲蚀和再沉积过程。InfoWorks CS 为用户提供了三种模块用于计算管道中沉积物的累积、冲刷过程，分别是 Velikanov 模型、Ackers-White 模型和 KUL 模型。Velikanov 模型是基于能量扩散理论来描述沉积物的迁移，Ackers-White 模型主要是基于类似于水流挟沙力的理论来描述沉积物颗粒的沉积、冲蚀，KUL 模型是基于水流剪切力理论来描述沉积物的输移。Velikanov 模型和 KUL 模型属于简单的概念模型，本书选择 Ackers-White 模型作为重点介绍。

管网模型在计算时基于以下假设：管道中水流为一维流动；纵断面上，固体悬浮物及各污染物浓度分布均匀；固体悬浮物及溶解性污染物沿管道的迁移由管道的平均流速决定；忽略管道中固体悬浮物及其他污染物的弥散作用；忽略水流对沉积物的冲刷、侵蚀作用时间；忽略颗粒间的内聚力，固体悬浮物的沉降由颗粒沉速决定。当沉积物厚度超过设定极限值后，不再有沉积现象发生。

Ackers-White 模型管道中悬浮物质的沉降及管底沉积物的浸蚀由管道水流的固体悬浮物负载力 C_V 决定，C_V 表示水流中所能悬浮的固体悬浮物的最大浓度。模型运行时，在每个时间步长未计算管网中水流的固体悬浮物负载力 C_V，并由模型计算出水流最大的固体悬浮物负载力 C_{max}，当固体悬浮物浓度超过水流最大固体悬浮物负载力 C_{max} 时，超出的固体悬浮物将发生沉积，沉积率由固体悬浮物的颗粒沉速决定；当固体悬浮物浓度低于 C_{max} 时，水流侵蚀沉积层至水流的固体悬浮物浓度达到 C_{max}，侵蚀现象瞬时发生。C_V 计算公式为

$$C_v = J \left(\frac{W_e R}{A} \right)^{\alpha} \cdot \left(\frac{d_{50}}{R} \right)^{\beta} \cdot \lambda_e^{\gamma} \left[\frac{|u|}{\sqrt{g(s-1)R}} - K \lambda_e^{\gamma} \left(\frac{d_{50}}{R} \right)^z \right]^m \qquad (5.55)$$

式中，λ_e 为综合摩擦系数，由 Colebrook-White 公式计算；R 为水力半径；W_e 为沉积物有效宽度；A 为管道横截面面积；u 是流速；g 为重力加速度；s 为沉积物颗粒比重；d_{50} 为沉积物平均粒径。

7）可持续排水构筑物（SUDS）

可持续排水构筑物（SUDS）旨在为了减轻城市化对环境造成不利影响而建设的特殊构筑物，目前该方法在全世界范围内得到广泛应用。

InfoWorks ICM 模型提供了五种模拟 SUDS 的方法，分别为渗井（渗水坑）、池塘（人工湖）、植草沟（渗渠）、透水铺装和侧向流入机制。任何一种 SUDS 可以由其中一种或几种的组合来进行模拟。①渗井（渗水坑）：底部或侧面可渗透的节点或检查井。②池塘（人工湖）：径流随着水池充满或放空而发生变化，也可通过底部或侧面出流，或通过蒸发进行排空。通常用于模拟城市或郊区的池塘。③植草沟（渗渠）：底部或侧面可渗透的管渠。④透水铺装：透水路面、绿色屋顶和透水铺装等可以选择特殊的流动方程计算通过透水介质的流动过程。⑤侧向流入机制：通常用于模拟类似边沟构筑流量沿程增加，沿管道均匀分布流入。

5.3.3　MIKE URBAN 模型

1. 模型介绍

MIKE URBAN 软件是丹麦水资源及水环境研究所（DHI）开发的 MIKE 系列水动力模拟软件之一，主要用于城市给排水动态模拟。MIKE URBAN 又分为给水模型（MIKE URBAN WD）和排水模型（MIKE URBAN CS）。MIKE URBAN CS 模型能够动态化模拟城市排水过程中的地表产汇流、管流、水质和泥沙传输等。

2. 模型基本模块

MIKE URBAN CS 模型主要由四个模块组成：降雨径流模块、管流模块、实时控制模块和水质模块。

1）降雨径流模块

MIKE URBAN CS 模型在模拟降雨径流时为用户提供了 4 种不同的地表径流计算方法和 1 种连续水文模型。地表径流计算方法分别为时间-面积曲线模型、线性水库模型、非线性水库模型和单位水文过程线模型。连续水文模型采用地下入渗模型。其中，时间-面积曲线模型在实际城市地表径流模拟中应用较多，因此本书选择时间-面积曲线模型详细介绍 MIKE URBANCS 模型的降雨径流过程。时间-面积曲线模型在降雨径流模拟时又分为产流控制模块和汇流控制模块。

A. 产流模块

由于降水在产流之前经历了截留、下渗和填洼过程，所以在计算产流时要考虑径流系数和初损等。MIKE URBAN CS 模型在计算产流时采用固定比例径流模型。根据各个子汇水区地表类型，通过计算汇水区的平均径流系数来确定径流总量。每个子汇水区平均径流系数计算公式：

$$\phi = \frac{\sum \phi_i S_i}{\sum S_i} \tag{5.56}$$

$$Q = \phi \cdot I \cdot S \tag{5.57}$$

式中，ϕ_i 为下垫面 i 的径流系数；S_i 为下垫面 i 的面积；ϕ 为平均径流系数；I 为降雨强度；S 为汇水面积。

B. 汇流模块

时间-面积曲线模型在计算汇流时，根据汇水面积随时间的增长方式提供了矩形、正三角形和倒三角形 3 种时间-面积曲线。其中矩形表示汇流面积随时间均匀增加；正三角形代表随时间的推移，汇流面积先以较快的速度增加，然后逐渐减慢并最终趋于稳定，倒三角形则相反[6]。

由于各子汇水区汇流速度不同，汇集到出口点处的时间也长短不一。时间-面积曲线模型采用等流时线法计算汇流过程。在计算时假定汇流过程相互独立，汇流时间相同点的连线称为等流时线，区域出口流量由每个子汇水区的径流按汇流至出口的时间依次线性叠加而成。等流时线法计算公式：

$$Q(t_i) = \frac{\alpha S}{t_k} \sum_{j=1}^{t_k} I_{t_{i-j}} \cdot \Delta t \tag{5.58}$$

式中，$Q(t_i)$ 为 t_i 时刻流量；$I_{t_{i-j}}$ 为 t_{i-j} 时刻的降雨强度，当时，$t_{i-j}=0$；S 为汇流面

积；α 是单位换算系数。

2）管流模块

城市雨水汇入管网后，由于受周围环境因素影响，水流多呈现非恒定流。MIKE URBAN CS 模型在管流模块计算时，按照质量守恒和动量守恒定律，联合连续性方程和动量方程建立基于一维自由水面流的圣维南方程组。方程组利用六点隐式差分格式法求解获得流量。计算时，初始条件为 $t=0$ 时，每个管道节点入口的汇入量为 $i-j \leqslant 0$。边界条件为降雨径流输出的流量过程线。

$$\begin{cases} \dfrac{\partial A}{\partial t} + \dfrac{\partial Q}{\partial t} = 0 \\ \dfrac{1}{gA} \cdot \dfrac{\partial Q}{\partial t} + \dfrac{Q}{gA} \dfrac{\partial}{\partial x}\left(\dfrac{Q}{A}\right) + \dfrac{\partial h}{\partial x} = S_o - S_f \end{cases} \tag{5.59}$$

式中，A 为过水断面面积；Q 为管流流量；t 为时间坐标；x 为管道水流方向长度；g 为重力加速度；h 为管道水深；S_o 为管道坡度；S_f 为水力坡度。

简化后可获得动力波解、扩散波解和运动波解。S_f 采用曼宁公式求解：

$$S_f = n^2 \cdot v^2 \cdot R^{-\frac{4}{3}} = n^2 \cdot Q^2 \cdot A^{-2} R^{-\frac{4}{3}} \tag{5.60}$$

式中，n 为曼宁系数；R 为水力半径。

当利用运动波求解时，假定管道内水流为均匀流，则 $S_o = S_f$。然后根据曼宁公式求得流量：

$$Q = \frac{1}{n} \cdot A \cdot R^{\frac{2}{3}} \cdot S_o^{\frac{1}{2}} \tag{5.61}$$

3）实时控制模块

MIKE URBAN CS 实时控制模块可以以透明而有效的方式实现对水泵、堰、孔口和闸门的控制，也可以通过指定的起始/结束水位或者位置来控制。

4）水质模块

MIKE URBAN CS 在水质模拟时为用户提供了两种污染物计算模块：累计冲刷模块和暴雨水质模块。累计冲刷模块需要输入土壤的属性参数和地形参数，能够较为准确地描述降雨事件中污染物输出过程。暴雨水质模块则采用平均浓度方法计算污染物输出过程，在计算时只需给出不同地块的初始污染物浓度即可，数据要求相对较低。由于城市降雨径流对水质模拟精度较为关注，本章重点对累积冲刷模块进行介绍。

累积冲刷模块在进行污染物计算时采用一维对流扩散方程：

$$\begin{cases} E_x = a \cdot u^b \\ \dfrac{\partial C}{\partial t} + u\dfrac{\partial C}{\partial t} = \dfrac{\partial}{\partial t}\left(E_x \dfrac{\partial C}{\partial t}\right) - KC \end{cases} \tag{5.62}$$

式中，E_x 为扩散系数，包括分子扩散、紊动扩散等；a、b 为常数；C 为污染物浓度；u 为 x 方向的流速；K 为污染物综合衰减系数。

一维对流扩散方程主要用于模拟污染物的输移过程，不能反映过程中的生化变化。

3. 模型输入参数

1）下垫面数据

下垫面数据包括土地利用类型、土壤属性、地形等，用于子流域划分。

2）管网数据

管网数据包括节点和管道数据，用于构建排水系统的拓扑关系。其中节点数据包括集水井、排放口、检修井、跌水井等节点类型信息、坐标、地面和井底标局、井室高度和尺寸等；管网数据包括雨水管、污水管、雨污合流管、雨水排水渠、排水箱涵等各种类型排水管渠的管段形状、管道尺寸、管壁材料和粗糙度、管道上下游标高、管道用途等各种信息。

3）气象数据

气象数据来源有两种：一种是基于实际监测的气象数据，用于模拟真实降雨事件输出规律；另一种则是采用气候生成器生成降雨事件，用于评估、预测和分析城市非点源污染。

4）实测水文水质数据

实测水文水质数据主要用于模型的率定和验证，包含流速、流量、污染物浓度等指标。

5）其他数据

当模型模拟合流制城市排水系统时，需要将生活污水和工业废水纳入其中。需要补充生活污水估算涉及的数据和工业企业排放涉及的污水数据。

4. 模型构建

1）汇水区概化

MIKE URBAN CS 模型提供了 3 种汇水区概化的方法，分别是节点就近原则、依据管道走向划分和根据地形按径流重力流划分。节点就近原则划分又分为手动划分和自动划分。手动划分将根据节点和子汇水区间关系，一一构建拓扑联系，划分精度较高，适合于精细化模拟。自动划分一般采用泰森多边形法进行划分，这种划分相对粗糙，适合大区域建模分析。

一般，汇水区概化采用自动和手动相结合，先利用泰森多边形法进行粗略划分，再根据节点和汇水区关系进行微调。

2）参数输入

MIKE URBAN CS 模型输入的参数分为两类，一类是实际测量的数据，不需要再进行调参，另一类是经验性和实验性参数，模型只能给定一个初值，需要根据模型情况进行调参来校正模型。实际测量的参数如子汇水区的面积、管道和节点的基础属性数据、降雨数据等，直接输入模型即可。针对子汇水区的径流系数、管道粗糙度、初损、污染物的衰减系数和扩散参数等需要通过率定调参确定。具体方法参见相关教程。

3）率定与验证

MIKE URBAN CS 模型需要率定的参数有地表径流系数、初损、平均表面流速、管道曼宁系数、水文衰减系数、污染物衰减系数和扩散参数等。一般通过径流和污染物负荷实测值和模拟值对标来调整参数，利用纳什系数和相对误差评估参数适宜性。

5.3.4　其他模型

1. MOUSE 模型

MOUSE（Modeling of Urban Sewer）是丹麦水资源及水环境研究所（DHI）于 1972 年开发的排水管网模拟软件，主要用于城市排水动态模拟。MOUSE 主要模块包括降雨入渗模块、地表径流模块、管网模块、长期统计模块、实时控制模块、MOUSE TRAP 系列模块和其他独立模块。前述的 MIKE URBAN 软件集成了MOUSE 相关功能[7]。

MOUSE 模型产汇流模块提供了时间面积曲线、运动波、线性水库，单位线和长系列模拟（额外流量、RDI 模型）。管网模块提供了动力波、扩散波和运动波3 种模型。针对水质模块，MOUSE 能模拟 DO、BOD、COD、溶解态氨、溶解态磷、泥沙、温度、3 种细菌以及用户自定义金属等水质指标。在不透水区，模型提供线性函数和指数函数用于污染物累积模拟，而污染物冲刷则通过雨滴溅蚀引起的物理分离进行模拟。在透水区，模型提供 4 种经验或机制模型模拟土壤侵蚀、沉积和泥沙运动。

MOUSE 模型输入信息包括水文气象、土地利用、累积冲刷系数、泥沙运动参数、微生物降解的模拟参数等，可以输出流域内任何地点的污染负荷分布。该模型的局限性在于模型复杂，参数率定烦琐，有较大的不确定性[8]。

2. SLAMM 模型

SLAMM（Source Loading and Management Model）是由 Pitt 等于 20 世纪 70年代开发的一种城市非点源污染模拟和控制的模型。目前，该模型的最新版本是PV & Associates 公司在 2019 年推出的 Win SLAMM 10.4.1。此外，PV & Associates公司还开发出了 ArcSLAMM 和 ArcSLAMM Plus 组成的 ArcGIS 脚本工具，便于

用户能够基于 GIS 土地利用数据集自动生成 WinSLAMM 模型。

SLAMM 模型侧重于小雨量水文学原理，适用于城市中的中、小雨的径流和负荷模拟。SLAMM 模拟模块主要分为径流和水质模拟。径流模拟采用降雨量去除截流量和渗入量来计算。水质模拟部分采用指数函数模拟其累积和冲刷过程。SLAMM 是对每场降雨事件中每种土地利用方式内的每个径流产流区域分别模拟的模型。它既不会把不透水下垫面合并为一体，也不会把同种土地类型合并在一起模拟。SLAMM 通过计算所有产流来源，可求得各区域、各种土地利用对径流量与输出负荷的贡献率，辅助管理人员实施规划和非点源污染控制。

SLAMM 模型也可以用于评估低影响开发措施效果。SLAMM 能够模拟生物过滤、街道清扫、滞留池、过滤带、透水铺装、水回用等多种控制装置和措施，评估组合对污染物的截留和去除效果。SLAMM 引入了随机分析，可进行输入参数的不确定性分析，输出结果可以概率方式表示。然而，SLAMM 模型不能计算雨水和污染物在管道或渠道中的变化，因而无法输出径流和污染物的浓度变化过程[8, 9]。

3. 元胞自动机

元胞自动机（Cellular Automata，CA）是时间、空间、状态离散并具有规则局部性的一种网格动力学模型，最早由 Ulan 和 von Neumann 提出[10]。元胞自动机模型主要包括元胞、元胞空间、邻域、元胞状态、时间和规则六个部分，元胞的状态在一定的变化规则下随时间变化，其不同的组合状态便形成元胞自动机演化[11]。

元胞是组成元胞自动机最基本的要素，在空间上整齐排列的元胞构成元胞空间，可以分为一维、二维和三维。元胞之间可以发生信息传递，一维空间的元胞只能与其相邻的两个元胞发生信息传递，即有两个邻域；二维空间的元胞邻域类型则更为多样，比较常用的有冯·诺依曼型、摩尔型和扩展摩尔型式。元胞状态是指每个元胞的属性，每个元胞状态确定，常用集合描述。元胞自动机是一个动态的模型，因此时间是模型运行的一个重要参数。规则一般是一组数学函数或逻辑关系，它决定了元胞的状态的变化，是模型中最重要的部分，直接决定模型精度。

因元胞自动机是时间空间离散的，在水环境中，污染物的迁移扩散是随时间和空间变化的，因此元胞自动机十分适用于水环境中污染物的模拟。

5.4　城市水环境模型应用实例

5.4.1　基于 SWMM 模型的社区尺度模拟

1. 区域概况

北京市地处温带半湿润地区，属典型半湿润大陆性季风气候，四季分明。春季干旱多风，夏季炎热多雨，秋季晴朗温差大，冬季严寒干燥。年均气温达 10 ~ 12℃，最低平均气温一般在零下 14℃到零下 20℃之间，最高平均气温约为 26℃。北京地区降雨表现为降水量年际变化很大，年内分布不均，汛期降雨量约占全年降水量的 80%。

本书所选择的案例一为位于北京市北二环和北三环之间的高校——北京师范大学北太平庄校区集水区，该区域占地面积约 5.9×10^5 m^2，可以作为城市最小管理空间单元"社区"的代表。该研究区位于北京市典型的文教区-海淀区的东南角，地理坐标为北纬 39°57′，东经 116°21′。学校用地类型丰富，包括办公楼、教学楼、住宿区、交通区、餐饮区及小型商业超市等。校园区具有人口密集、人流量大、交通活动频繁、绿化率高等特征。

研究区为雨污分流排水系统，雨水由 5 个总出口排向市政管网（图 5.2）。雨水管主要材质为混凝土，直径范围为 0.1~0.9 m。出口 3 的汇水区域面积占研究区面积 80%以上。近年来，研究区在传统雨水排放的模式上，引入了一些低影响开发措施，如"透水铺装"和"雨水管断接"。其中"雨水管断接"主要分布在住宅区，包括教师公寓和学生公寓。研究区整体地势平坦，高程范围为 47.5 ~ 52.9 m。

2. 模型构建

1) 基础数据准备

SWMM 模拟所需的数据包括集水区数据（土地利用类型、管网数据、数字高程数据）和气象数据、用于率定和验证模型的水文观测数据等。研究所需要的数据来源主要来自实地监测、文献查阅、与相关部门沟通协作等途径。

A. 土地利用数据

土地利用数据（.mxd 格式）来自于北京师范大学信息网络中心，包括建筑、道路、绿化、停车场等土地利用类型的详细数据。同时，研究区的建设具有分区块的特征，详细信息记录在地利用类型数据中以"block"命名的 shapefile 文件。

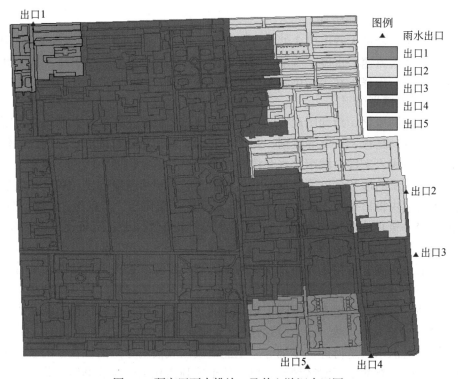

图 5.2　研究区雨水排放口及其上游汇水区图

橄榄色为出口 1 汇水区域，黄色区域为出口 2 汇水区域，绿色区域为出口 3 对应汇水区域，粉红色则为出口 4 对
应汇水区域，丁香色为出口 5 对应汇水区

B. 雨水管网数据

研究区为完全分流制雨水系统，共 5 个雨水出口接入市政管网。雨水管网数据包括雨水箅子、雨水检修井的坐标、地面高程、井底深；雨水管线的起点埋深、终点埋深、起点和终点高程、管线材质、管径、管长等信息。管网数据来源于研究区后勤管理处，由专业探测公司勘探得到。研究区的雨水管管径范围为 100～900 mm，约 97%为混凝土材质，仅 3%为铸铁材质。

C. 数字高程数据

研究区总体地势十分平坦，数字高程模型由所有雨水节点（2048 个点）的高程数据加探测公司提供的 622 个点的高程数据，利用 ArcGIS 的 3D analyst 工具生成 TIN 表面，再转换为 Raster 格式，生成 DEM 图，研究区高程范围为 47.5186～52.9535 m。

D. 气象站数据

选择研究区环境学院屋顶，放置 HOBO 气象站，获得 5 min 时间间隔的降雨、相对湿度、风速、太阳辐射等数据。

E. 水文水质监测数据

在汇水区域最大的出口 3 处放置流量仪（HACH，FL900），设置 5min 时间间隔，记录径流流速、水位、流量、温度等数据。降雨发生时，对出口 3 雨水井中径流样品进行采样，获得污染物瞬时浓度监测数据。

2）子流域划分

排水管网概化，指利用现有的排水管网信息，根据空间拓扑关系，综合管道流向、坡度、高程、长度等数据，利用 ArcGIS 对信息进行提取、处理、优化从而得到管网输入文件。城市排水系统以检查井、管道、沟渠、河流、蓄水池、带闸或自由出流的堰和孔口等基本单元以一定的形式互相连接构成。SWMM 模型在输送系统模块将检查井、蓄水池、堰和孔口等统一概化为"节点"，管道、沟渠、河流等统一概化成"连接管道"，进而将整个集水区排水系统概化成由"节点-连接管道"构成的网络系统。

子汇水区划分是构建分布式水文模型的重要步骤。首先将道路图层和管网图层结合作为分界线，将建模区域划分为面积大小不等的区块。为了降低子汇水区的异质性，能够更好地表征不同下垫面之间的水文路径，研究区被重新分类为 8 种不同的土地类型（表 5.1）。然后按照土地利用类型，结合街景地图、GeoEye 影像图，对汇水区进行进一步细分，至此建模区域被划分为面积较小的子汇水区域，且近似所有的子汇水区域具有单一的土地利用和土地覆盖类型。共得到 749 个子汇水区，其中 728 个子汇水区为单一土地利用类型，占用面积为 96.71%。500 个子汇水区为 100%不透水或者透水区域，面积比例为 64%。子汇水区面积范围为 $18 \sim 25739 \ m^2$，平均面积为 $779 \ m^2$。按照就近排放的原则将子汇水区接入距离最近的节点（或其他子汇水区）。对于不靠近任何管网节点的汇水子区域，则按照地形和实际调研情况，与其他最为邻近的汇水区建立关联。

表 5.1　土地利用类型划分，初始不透水率设置及面积占比

土地利用/土地覆盖类型	下垫面	初始不透水率（%）	面积占比（%）
绿地	草地，草地/树木，树木	0	25.22
沥青路面	被沥青覆盖的路面，包括道路和开放空间	100	11.16
建筑	高层/低层建筑	100	30.29
混凝土铺装路面	混凝土铺装路面	60	18.76
透水铺装	允许雨水渗透的铺装路面	—	1.94
运动场 I	具有真草皮的运动场	50	4.41
运动场 II	具有人造草皮的运动场	20	4.93
其他	无法清楚划分，透水/不透水混合类用地		3.29

3.参数率定与验证

参数率定采用多目标遗传算法，两个目标函数为

$$f_1 = \frac{\sum_{i=1}^{n}(Q_{o,i} - Q_{m,i})^2}{\sum_{i=1}^{n}(Q_{o,i} - \overline{Q}_o)^2} \tag{5.63}$$

$$f_2 = \frac{Q_{o,p} - Q_{m,p}}{Q_{o,p}} \tag{5.64}$$

三个评价指标：NSE、PFE、VE 被用来评价模型率定结果。

$$\text{NSE} = 1 - \frac{\sum_{i=1}^{n}(Q_{o,i} - Q_{m,i})^2}{\sum_{i=1}^{n}(Q_{o,i} - \overline{Q}_o)^2} \tag{5.65}$$

$$\text{PFE} = \frac{Q_{o,p} - Q_{m,p}}{Q_{o,p}} \times 100\% \tag{5.66}$$

$$\text{VE} = \frac{V_o - V_m}{V_o} \times 100\% \tag{5.67}$$

式中，NSE 为纳什效率系数；$Q_{o,i}$ 为第 i 个观测流量值，m^3/s；$Q_{m,i}$ 为第 i 个模拟流量值，m^3/s；Q_o 为观测流量平均值，m^3/s；PFE 为峰值流量误差，%；$Q_{o,p}$ 为观测峰值流量，m^3/s；$Q_{m,p}$ 为模拟峰值流量，m^3/s；VE 是总流量误差，%；V_o 是观测总流量，m^3；V_m 为模拟总流量，m^3。

选择 2014 年 7 月 29 日、2014 年 8 月 4 日、2014 年 8 月 9 日和 2014 年 8 月 23 日作为率定期降雨事件，选择 2014 年 8 月 30 日、2014 年 8 月 31 日、2014 年 9 月 1 日和 2014 年 9 月 26 日作为验证期降雨事件。根据国家气象部门划分标准，两场降雨为小雨，两场为中雨，四场为大雨，一场为暴雨。

基于率定结果，获得关键参数的数值。子汇水区漫流宽度系数为 5，透水区曼宁系数为 0.8，透水区洼蓄深为 10.2 mm，最大下渗率为 150 mm/h，最小下渗率 20 mm/h，渗透衰减常数 2，不透水区曼宁系数 0.012，管道曼宁系数 0.015；针对不透水区洼蓄深，沥青路面（D1）1.151 mm，屋顶（D1）1.225 mm，混凝土砌块路面（D1）1.334 mm，运动场Ⅰ（D1）1.77 mm，运动场Ⅱ（D1）1.684 mm。

图 5.3 为模型率定的模拟值和监测值对照图。四场降雨中，0809 和 0823 为单峰雨型，0804 为双峰雨型，0729 为多峰雨型。从结果来看，模拟峰形要比监测峰形更为尖锐，达到峰值的时间要晚于监测值。模拟峰值流量轻微高于监测峰值流量，模拟总流量稍微偏高。NSE 范围为 0.854 ~ 0.920，PFE 为-30.2% ~ -8.9%，VE 则在-36.5% ~ -6.8%之间。

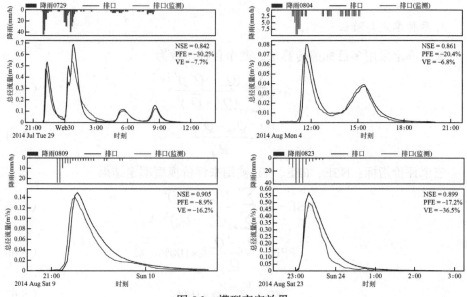

图 5.3　模型率定效果

　　验证时期,模拟效果依然较好,NSE 为 0.737 ~ 0.912,PFE 为-53.8% ~ -13.2%,VE 为-25.6% ~ -2.3%(图 5.4)。从评价指标 NSE 和 PFE 来看,0729 和 0901 这两场降雨时长较长,多峰型降雨的模拟效果比短时降雨如 0804,0809,0823,0830,0926 模拟结果差。然而,这两场降雨对于总径流量的模拟却最好,VE 分别为-7.7% 和-2.3%。

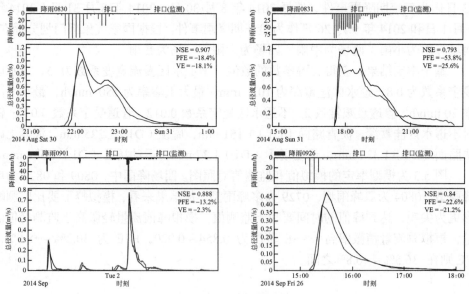

图 5.4　模型验证结果

4. 常规污染物输出模拟

选择常规污染物中的 COD、NH_4^+-N 和 TP 进行非点源污染模拟。所采集的五场降雨事件分别为 140729、140804、140830、140831、140926。表 5.2 为雨水口 3 监测数据描述性指标，COD 浓度范围为 5 ~ 576 mg/L，NH_4^+-N 浓度范围为 0.11 ~ 11.2 mg/L，TP 浓度范围为 0.03 ~ 1.04 mg/L。

表 5.2　雨水管网出口 3 污染物描述性统计表

水质指标	总采样个数	浓度范围（mg/L）	均值	标准差
COD	92	5 ~ 576	138.25	108.859
NH_4^+-N	95	0.11 ~ 11.2	3.8375	2.889
TP	102	0.03 ~ 1.04	0.3311	0.221

参考前期所监测的数据，天然雨水中 COD 浓度设置为 6.01 mg/L，NH_4^+-N 浓度为 1 mg/L，TP 浓度为 0.06 mg/L。地下水污染物浓度和入流/渗透源的污染物浓度均设置为 0。每种污染物独立进行率定和验证，因此不设置 Co-pollutant 和 Co-fraction 选项。五场降雨中，三场降雨 140729、140830 和 140926 被用于参数率定，另外两场降雨 140804 和 140831 则被用于模型验证。

采用饱和函数方式进行污染物累积，所需要输入的参数为最大可能累积量、半饱和累积时间。采用指数方程进行污染物冲刷，需要输入的参数为冲刷系数和冲刷指数。管道中的水质模拟采用完全混合一阶衰减模型。径流在管道中运行速度快、历时很短，不考虑污染物的衰减。对于污染物的参数率定利用手动率定法，运用监测数据和模拟数据进行反复试错，所得到的污染物参数值如表 5.3 所示。

表 5.3　不同土地利用类型地表污染物累积和冲刷参数

污染物	土地利用类型	最大累积量（kg/m²）	半饱和累积时间（d）	冲刷系数	冲刷指数	清扫去除率（%）
COD	绿地	4×10^{-3}	4	0.0045	1.2	—
	道路	1.7×10^{-2}	5	0.0101	1.8	55
	屋顶	7×10^{-3}	5	0.0078	1.8	—
NH_4^+-N	绿地	1.4625×10^{-3}	3	0.001	1.2	—
	道路	7.605×10^{-4}	4	0.002	1.8	55
	屋顶	5.85×10^{-4}	5	0.002	1.8	—
TP	绿地	1×10^{-4}	3	0.001	1.6	—
	道路	6×10^{-5}	5	0.0015	2.1	55
	屋顶	5×10^{-5}	5	0.0015	2	—

图 5.5、图 5.6 和图 5.7 为三种污染物 COD、NH_4^+-N 和 TP 的模型率定验证结

果。对于 COD，模型对降雨事件 0729 和 0831 两场模拟表现较好，R^2 分别为 0.763
和 0.742，对降雨事件 0926 表现稍差些，R^2 为 0.514，COD 的模拟效果较为理想。
污染物 NH_4^+-N 的参数率定和验证结果中（图 5.6），事件之间差异性很大，模型对
降雨事件 0926 的模拟结果表现最好，R^2 为 0.851，然而对 0831 场次降雨，效果
较差，R^2 仅为 0.272。污染物 TP 参数率定和验证结果显示 R^2 范围为 0.612 ~ 0.823
（图 5.7），模型对 0926 场次降雨的 TP 瞬时浓度存在高估现象。

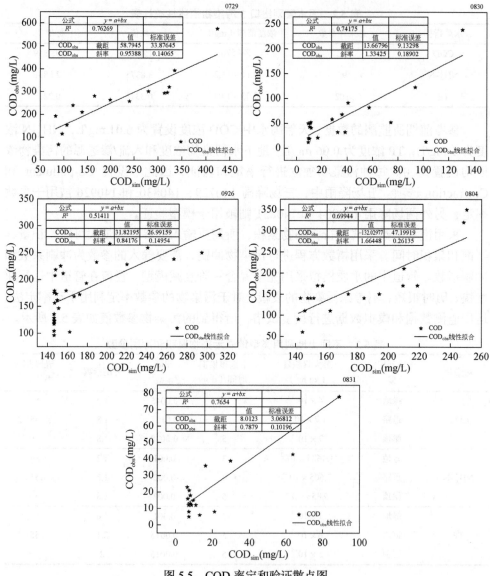

图 5.5　COD 率定和验证散点图

率定 0729、0830、0926；验证 0804、0831

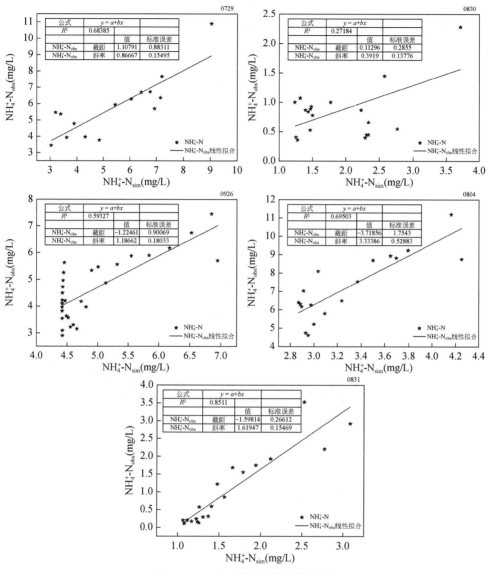

图 5.6　NH_4^+-N 率定和验证散点图

率定 0729、0830、0926；验证 0804、0831

表 5.4 为常用模型评价系数 NSE 计算结果，对于三种污染物来讲，COD 模拟浓度值 NSE 值均在 0.5 以上或者接近于 0.5。NH_4^+-N 和 TP 均有一场效果稍差，其他场次模拟结果基本可以接受。从以上所有指标的结果来看，模型效果基本可以反映研究区的污染物输出特征。

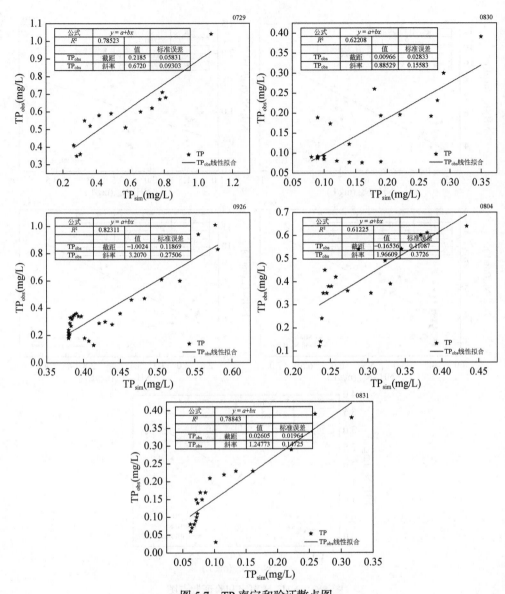

图 5.7　TP 率定和验证散点图

率定 0729、0830、0926；验证 0804、0831

表 5.4　非点源污染模拟模型率定和验证效果

| 降雨事件 | NSE | | |
	COD	NH$_4^+$-N	TP
率定事件　140729	0.613	0.625	0.594
140830	0.483	0.542	0.542
140926	0.507	0.523	0.341

续表

降雨事件		NSE		
		COD	NH$_4^+$-N	TP
验证事件	140804	0.546	0.487	0.344
	140831	0.669	0.373	0.477

5.4.2　基于元胞自动机的社区尺度模拟

基于元胞自动算法，综合考虑城市景观格局及人工排水系统的影响，构建城市降雨径流及非点源污染耦合模型（CA-based hydrology and nonpoint source pollution model，CA-HNPSM）。该模型可用于模拟降雨径流及非点源污染物在各个景观变量中的传输迁移过程，弥补现有模型应用在城市景观–非点源污染响应机制研究中的不足之处。CA-HNPSM 模型同时包括了地表汇流和管网汇流模块，其中的水文过程以及非点源污染过程计算均基于水量平衡和物质守恒假设，管网汇流模块借鉴时间–面积方法进行简化以提高模型在大尺度少资料地区的适用性。汇流过程的计算以 CA 算法为核心实现从局部交互作用到全局演变。

1. 基于 CA 的汇流算法描述及基本假设

一般来说，CA 动力学系统的结构可描述为一个由元胞空间、状态变量、邻域和邻域规则构成的四元组方程[12]。

$$S_{t+1} = f(L_d, S_t, N, R) \tag{5.68}$$

式中，S_{t+1} 为 $t+1$ 时刻的各元胞状态集；L_d 为由元胞网格构成的 d 维空间，整个网络空间覆盖研究区；S_t 为 t 时刻的元胞状态；N 为元胞邻域，由中心元胞及其周围邻元胞构成；R 为邻域规则，用于规定各时刻内邻域内各元胞之间的交互及元胞状态的变化。

2. 水文模块

降雨–径流的产汇流过程模拟基于水量平衡和准静态假设，在每一个较短的时间步长内，单个元胞被认为具有均匀的水文状态。这一假设在常规降雨事件地表径流深相对较小的条件下能够合理趋近于真实的径流过程。每个元胞内的径流产生量可用如下方程进行计算：

$$Re = R - P - E - I - DS - D \tag{5.69}$$

式中，Re 是径流深，mm；R 为直接降雨量，mm；P 为植被截留降雨量，mm；E 为因蒸散发而损失的降雨量，mm；I 为透水地表因下渗而损失的降雨量，mm；DS 为地表洼地蓄积的降雨量，mm，这一参数可反映研究区的微地形特征，从而在一定程度上弥补高程输入数据精度不足对模拟结果造成的影响；D 为经人工排水设施排放的降雨量，mm，包括屋顶雨落管和市政排水管网入口。

CA-HNPSM 的植被截留降雨量计算借鉴荷兰土壤侵蚀预报模型（Limburg Soil Erosion Model，LISEM）中的计算方法，其通过以下方程计算累积截留降雨量[13]：

$$P_{cum} = P_{max} \left[1 - \exp \left(-0.046 \text{LAI} \frac{R_{cum}}{P_{max}} \right) \right] \qquad (5.70)$$

式中，P_{cum} 为累积截留降雨量，mm；R_{cum} 为累积降雨量，mm；LAI 为叶面积指数；P_{max} 为最大存储降雨量，该参数为 LAI 的函数，可通过如下公式计算：

$$P_{max} = 0.935 + 0.498 \text{LAI} - 0.00575 \text{LAI}^2 \qquad (5.71)$$

在此基础上，每一时间步长内的降雨截留量则为两个连续时间步长内的 P_{cum} 的差值。上述 P_{max} 与 LAI 的函数关系最初是在农作物或自然植被的研究中获取的。考虑到城市绿化植被与自然植被具有相似的叶面截留降雨机制，因此将该函数引入城市模型中仍然具有合理性。

下渗降雨量 I 的常用计算模型包括 Horton、Green-Ampt、CN（Curve Number）下渗法。本书综合考虑模型参数及基础数据支撑能力，选用目前最为广泛使用的 Horton 模型进行下渗降雨量计算，其计算方程为

$$I = [f_u + (f_0 - f_u) e^{-k_d t}] \times ts \qquad (5.72)$$

式中，I 为单位面积单位时间步长内的下渗降雨量，mm；f_u 为稳态或最小下渗速率，mm/s；f_0 为初始或最大下渗速率，mm/s；k_d 为下渗能力衰减系数，s^{-1}；t 为降雨持续时间，s^{-1}；ts 为时间步长。

上述方程主要针对单场连续降雨情况下的下渗降雨量计算，未考虑非连续降雨或多场次降雨间隔期间土壤饱和度的恢复情况。为进一步提高模型在非连续降雨事件或长时间尺度模拟中的适用性，引入下渗容量恢复曲线用于计算降雨间隔的下渗能力恢复情况，其函数形式如下[14]：

$$f_p = f_u + (f_0 - f_u) e^{-k_r (t - t_w)} \qquad (5.73)$$

式中，f_p 为下渗速率，mm/s；即 I/ts；k_r 为下渗容量恢复曲线的衰减系数，s^{-1}；t_w 为恢复曲线上 $f_p = f_u$ 时所对应的时间。

降雨过程中下渗能力随着土壤含水率的增长而逐渐降低至 f_r 时，若降雨停止或元胞内地表径流深为零，则下渗计算进入干燥期模式，此时可由恢复曲线方程计算当前土壤下渗能力 f_r 所对应的等效时间 t_{pr}，经过干燥期 Δt 后，t_{w1} 时刻土壤下渗能力恢复至 f_1，从而可进一步根据下渗曲线计算出此下渗能力对应的等效时间 t_{p1}，其计算公式如下：

$$t_{p1} = \frac{1}{k_d} \ln \left[1 - e^{-k_r \Delta t} (1 - e^{-k_d t_{pr}}) \right] \qquad (5.74)$$

屋顶雨落管和市政排水管网入口处的径流排水量计算可根据元胞内径流水深选用堰流状态计算模型或孔口流状态计算模型[15]。两种排水状态模型的切换使用需根据临界径流深 H_C 决定，H_C 条件下堰流及孔口流模型计算的排水量结果相等，当径流深 H 小于 H_C 时选用堰流模型，而径流深 H 大于 H_C 选用孔口流模型。

堰流模型

$$D = ts \times C_w PH^{1.5} / A \qquad (5.75)$$

孔口流模型

$$D = ts \times C_o A_D (2gH)^{0.5} / A \qquad (5.76)$$

式中，D 为单位面积单位时间步长内的径流排放量，mm；A 为单个元胞面积，mm^2；C_w 为堰流综合流量系数；P 为湿周，mm，即雨水箅箅长和两侧箅宽总和；H 为雨水箅前径流深，mm；C_o 为孔口流综合流量系数；A_D 过水断面面积，即雨落管口或管网入口断面面积，mm^2。

邻元胞之间的径流量交换计算采用曼宁方程：

$$q = \frac{1.49 Re^{2/3} s^{1/2}}{n} \times Re / b \qquad (5.77)$$

式中，q 为单位时间内中心元胞向指定邻元胞的单位面积径流出流量，mm/s；b 为正方形元胞边长，mm；n 为曼宁系数；s 为水平面坡度。

需要注意的是，曼宁方程是重力项与摩擦阻力项平衡后的简化公式，主要用于描述稳态均匀流，此条件下径流深在时间和空间保持均匀。本书中 CA-HNPSM 模型采用曼宁方程需基于准静态条件假设，因而在用于模拟极端天气条件下产生的城市内涝及非稳态洪水演进过程时具有局限性。对于城市洪水演进过程的模拟建议通过求解完整的浅水方程组来实现，其公式如下：

$$\frac{\partial h}{\partial t} + \frac{\partial (hu_j)}{\partial x_j} = Re \qquad (5.78)$$

$$\frac{\partial (hu_i)}{\partial t} + \frac{\partial (hu_i u_j)}{\partial x_j} + \frac{g}{2} \frac{\partial h^2}{\partial x_i} = v \frac{\partial^2 (hu_i)}{\partial x_j \partial x_j} + F_i \qquad (5.79)$$

式中，x 为距离；t 为时间；i 和 j 为直角坐标方向；u 为流速，mm/s；v 为运动黏度系数；h 为径流水深，mm；g 为重力加速度；F_i 为 i 方向的阻力项，在本书中被认为是摩擦阻力。

从全局角度来看，各元胞内的径流净入流量为邻元胞的输入径流总量与其本身的输出径流总量的差值：

$$Q(i,j) = (q(i-1,j) + q(i,j-1) + q(i,j+1) + q(i+1,j) - \sum q(i,j))ts \qquad (5.80)$$

式中，$Q(i,j)$ 为单个时间步长内位于坐标 (i,j) 的元胞内的径流净入流量，mm；$q(i-1,j), q(i,j-1), q(i,j+1)$,和 $q(i+1,j)$ 分别是四个基本方位的邻元胞向 (i,j) 元胞的径流传输速率，mm/s；$\sum q(i,j)$ 是 (i,j) 各个方向的总径流输出速率，mm/s。在此基础上即可完成单个时间步长内的元胞径流状态更新：

$$Re_{t+1} = Re_t + Q(i,j) \tag{5.81}$$

3. 水质模块

水质模块采用目前最为常用的指数函数冲刷模型来计算各元胞内的非点源污染冲刷负荷。指数函数冲刷模型最早由 Sartor 和 Boyd 提出，其方程如下：

$$w = K_w q^{N_w} m_B \times ts \tag{5.82}$$

式中，w 为冲刷产生的污染负荷，mg；K_w 为冲刷系数，$(\text{mm/h})^{-N_w}\text{h}^{-1}$；$N_w$ 为冲刷指数；m_B 为各元胞内各时刻的剩余污染物累积量，mg。

选用饱和函数累积模型计算模拟初始的干燥期地表污染物累积量，并综合考虑清扫管理措施以及径流冲刷[16]。其计算公式为

$$m_B = B_{max} \text{ad} / (k_b + \text{ad}) \times A \times (1-\text{SSE}) - w_{t-1} \tag{5.83}$$

式中，B_{max} 为单位面积地表最大可能的污染物累积量，mg/mm^2；k_b 为半饱和累积常数，即达到最大污染负荷累积量一半所需要的天数，d；ad 为降雨前干燥天数，d；SSE 为清扫措施对累积污染物的去除率；w_{t-1} 为上一时刻径流冲刷去除的累积污染物负荷，mg。

为使模型适应非连续降雨情景或长时间尺度多场次降雨模拟，本模型将模拟期划分为干燥累积和降雨冲刷两种模式分别进行污染物的累积和冲刷量的计算。两种模式依据地表径流速率进行切换，假设当地表径流速率低于 0.025 mm/h 时，模拟处于干燥累积模式，此时模型进行污染物累积计算；而当地表径流大于 0.025 mm/h 时，模拟进入降雨冲刷模式，污染物累积计算停止，转而开始污染物冲刷计算。为保证两种模式切换时污染物计算的连续性，需引进等效前期干燥天数 ad_e 以表征由冲刷模式进入干燥累积模式时，污染物累积量的计算以冲刷后剩余的污染物量为基础。

$$\text{ad}_e = b_{\text{left}} k_b / (B_{max} - b_{\text{left}}) \tag{5.84}$$

式中，ad_e 为单位面积地表剩余污染物量的等效前期干燥天数，d；b_{left} 为单位面积地表剩余污染物量，mg，即 $m_{B(t-1)} / A$；其他参数同上。在进行非连续降雨或多场次降雨模拟时，前次降雨冲刷结束所对应的 ad_e 加上两次降雨的间隔天数即可作为再次降雨的前期干燥天数用于污染物初始累积量计算。

冲刷产生的污染物沿径流传输方向在各邻元胞之间传输交换，再加上径流中包含的完全混合污染物，各元胞内的非点源污染输出负荷可由如下公式进行计算：

$$l = q \times ts \times A \times 10^{-6} \times C + w \tag{5.85}$$

式中，l 为各时间步长内各元胞沿径流方向向邻元胞传输的非点源污染负荷，mg；C 为该时刻内径流中包含的完全混合污染物浓度，mg/L。

在此基础上，从全局角度出发可计算各元胞的非点源污染负荷净输入量：

$$L(i,j) = l(i-1,j) + l(i,j-1) + l(i,j+1) + l(i+1,j) - \sum l(i,j) \quad (5.86)$$

式中，$L(i,j)$ 代表位于坐标 (i,j) 的元胞内非点源污染负荷的净输入量，mg；$l(i-1,j)$、$l(i,j-1)$、$l(i,j+1)$ 和 $l(i+1,j)$ 分别为由各邻元胞输入的非点源污染负荷（mg）；$\sum l(i,j)$ 代表 (i,j) 元胞内向各方向邻元胞输出的非点源污染负荷总和（mg）。需要说明的是，在非点源污染的地表传输过程中，本书假设各污染物保持质量守恒而不考虑污染物的沉降或衰减。

在此基础上进一步综合考虑因下渗和管网排放而产生的非点源污染损失，即可实现单个时间步长内各元胞的非点源污染负荷和浓度更新，公式为

$$m_{t+1} = Q_r C_r + L(i,j) - Q_i C - Q_p C \quad (5.87)$$

$$C_{t+1} = \frac{m_{t+1}}{Re \times A / 10^6} \quad (5.88)$$

式中，m_{t+1} 为各元胞内更新的地表非点源污染物负荷，mg；C 为当前时刻各元胞内的非点源污染浓度，mg/L；Q_r 为各元胞输入的降雨量，L；C_r 为降雨中含有的污染物浓度，mg/L；Q_i 为下渗径流量，L，$Q_i = I \times A / 10^6$；Q_p 为人工排水设施排放的径流量，L；$Q_p = D \times A / 10^6$。

4. 地下汇流模块

地下汇流模块中的径流及非点源污染输入数据来源于地表过程中经管网入口排放的径路和非点源污染负荷。在地下管道中，无压流状态的径流和非点源污染的传输过程基于曼宁公式计算。曼宁公式最初是针对明渠流体流动而得到的经验公式，在管道压力流的计算中应用有一定的局限性。尽管如此，本研究将曼宁公式的计算结果作为管道流量或流速限值在常规降雨条件管道未被充满的情况下仍然具有合理性[13]。在较小的时间步长内，基于准静态假设采用曼宁方程进行管道流量计算，其公式如下：

$$q_p = \frac{1.49 H_p^{2/3} s_p^{1/2}}{n_p} \times d_p \times H_p \quad (5.89)$$

$$l_p = q_p \times ts \times 10^{-6} \times C_p \quad (5.90)$$

式中，q_p 为中心元胞向下游元胞输出的径流量，mm^3/s；H_p 为中心元胞径流深，mm；s_p 为管道坡度；n_p 为管道曼宁系数；d_p 为管道断面尺寸；本研究采用概化的正方形管代替圆管以减少计算量，因此 d_p 为正方形断面边长，mm；l_p 是中心元胞向下游元胞输出的非点源污染负荷，mg；C_p 为各管网元胞中的非点源污染浓度，mg/L。由于本研究地下管网模块采用概化的元胞空间设置，因此在进行管道流量计算时各元胞采用均一的坡度和断面尺度以减少对于详细管网数据的

依赖性。

对于极端降雨条件下发生的城市内涝或管道溢流情景，建议选用伯努利方程代替曼宁公式计算充满状态下的管道流量

$$pr_1 + \frac{1}{2}\rho v_1^2 + \rho g \Delta z = pr_2 + \frac{1}{2}\rho v_2^2 \tag{5.91}$$

式中，v_1 和 v_2 分别为各管道元胞上游断面和下游断面的流速，m/s；pr_1 和 pr_2 分别是管道元胞上游断面和下游断面处的压强，Pa；ρ 为流体密度，对于径流来说可设置为 1000 kg/m³；g 为重力加速度，m/s²；Δz 为由坡度决定的上下游断面高程差，m。

同样，从全局角度对各管道元胞内的径流和非点源污染负荷进行重分配从而更新各时刻管道元胞的水文及非点源污染状态，其公式如下：

$$Q_{p\_t+1} = Q_{p\_t} + (q_{p_{in}} - q_{p_{out}}) \times ts \tag{5.92}$$

$$P_{p\_t+1} = (P_{p\_t} + l_{p_{in}} - l_{p_{out}}) \times \exp\left(-k \times \frac{ts}{86400}\right) \tag{5.93}$$

式中，Q_{p_t} 和 Q_{p_t+1} 分别为当前时刻和下一时刻管道元胞内的径流量，mm³；P_{p_t} 和 P_{p_t+1} 分别为当前时刻和下一时刻管道元胞内的非点源污染负荷，mg；k 为一阶衰减系数，d⁻¹；$q_{p_{in}}$ 和 $q_{p_{out}}$ 分别为各元胞的径流入流和出流量，mm³；$l_{p_{in}}$ 和 $l_{p_{out}}$ 分别为各元胞内的非点源污染负荷输入和输出量，mg。

5. 模型测试

以典型的城市社区尺度集水区——北京师范大学北太平庄 a 校区校园作为案例区对构建的 CA-HNPSM 模型进行测试。北京师范大学北太平庄校区位于北京市主城区，校园内采用雨污分流排水系统，可划分为五个汇水区，其雨水分别经由 5 个总排水口排向校外市政管网。模型选取其中面积最大的 3 号排口汇水区用于 CA-HNPSM 测试，该汇水区总面积 4.352×10^5 m²，平均坡度约 1.7%，整体地势较为平缓。区域内包含建筑、道路、绿地等多种典型城市景观类型（图 5.8），其中不透水下垫面占据总面积 65%，具有典型的城市下垫面特征。再加上校园内人口密集、人流量大、交通活动频繁，受高强度人类活动影响，因此，该研究区具有典型的城市集水区特征。

CA-HNPSM 所需的基础数据包括研究区土地利用类型数据、DEM、管网地表排口及流域出口位置坐标，降雨时间序列数据以及用于模型参数率定和验证的水文、水质监测数据。本书主要通过实地监测、文献调研、借阅相关部门存档资料等方式获取上述基础数据，具体包括土地利用数据、DEM 数据、管网数据、降雨数据和实测的水文水质数据（图 5.8）。由于 CA-HNPSM 可识别的文件为 ASC

Ⅱ格式的文本文件。因此,土地利用数据和 DEM 数据转换为 5m×5m 分辨率的栅格数据后进一步转换成 ASCⅡ格式的文本文件,作为模型可识别的输入数据。管网地表排口及流域出口位置坐标信息也需要转换成 CA-HNPSM 可识别的 ASCⅡ格式文本文件。

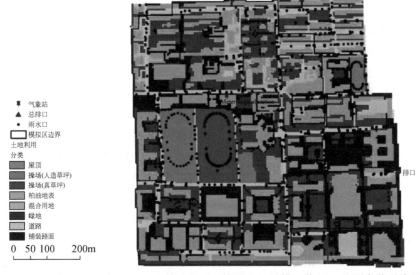

图 5.8　研究区地理位置、土地利用类型、管网入口及排口位置、监测点位示意图

水文水质数据采用 2014 年雨季所监测的五场次降雨事件总排口处的径流量及 COD、NH_4^+-N、TP 浓度。

整个研究区共被 17411 个元胞覆盖,单个元胞面积 25 m²,其中不透水元胞11248 个,以屋顶、道路、混凝土铺装为主,透水元胞 6163 个,以绿地为主(表5.5)。模拟期的设置通过读取降雨时间序列的起始和终点时间来确定。模拟时间步长设置为 1 s。

表 5.5　不同土地利用/覆盖类型元胞数量及面积占比

元胞土地利用类型	下垫面类型	元胞数量	面积占比（%）
道路	不透水	1502	8.62
混凝土铺装地面	不透水	3011	17.29
建筑屋顶	不透水	5322	30.57
绿地	透水	4455	25.59
混合用地	透水	683	3.92
人造草坪操场	不透水	1006	5.78
沥青地面	不透水	407	2.34
真草坪操场	透水	1025	5.89

　　由于模拟所需参数较多，参数率定前通过参数敏感性分析选取最为敏感的关键参数作为模型率定工作的重点。通过分析发现，区域内需要率定的参数有不透水地表粗糙度曼宁系数、下垫面洼蓄深度、透水区粗糙度系数、叶面积指数、洼蓄深度、土壤下渗参数、洼蓄深度值、管道曼宁系数、平均坡度、最大污染物累积量、半饱和累积常数、冲刷系数以及冲刷指数和管道内水质衰减系数等。用于率定、验证的监测数据即为所收集的 2014 年 7~9 月期间的五场次降雨中径流及水质监测数据，其中 20140729、20140830、20140926 三场降雨的数据用于率定，20140804、20140831 两场降雨的数据用于验证。

　　模拟结果的各项评估指标如表 5.6 所示。对于径流模拟来说，除了 20140831 降雨，其余各场次降雨 NSE 和 R^2 值均高于 0.7 和 0.87，表明了模型较好的水文模拟性能。对于水质模拟，COD 模拟结果的 NSE 值和 R^2 值在 20140729、20140830、20140831 三场降雨中均大于 0.5，NH_4^+-N 模拟结果的 NSE 值略低于 COD，但都为正数，表明模型对于 NH_4^+-N 的模拟效果略次于 COD，但仍为可接受的。TP 模拟效果在 20140729、20140830 及 20140926 次降雨中较好，其模拟结果的 NSE 值大于 0.5，R^2 值大于 0.7。

　　综合上述模拟值与监测值的比较，可以认为 CA-HNPSM 模型模拟效果较好，尤其是对于大雨事件。而在小雨事件中，由于地形和排水管网细节等原因误差占比较大，模型模拟效果相对次之。但总体来说，CA-HNPSM 模型在水文及水质模拟中均表现出较为令人满意的性能。

表 5.6　CA-HNPSM 率定、验证结果评估指标

	降雨 ID	径流		COD		NH_4^+-N		TP	
		NSE	R^2	NSE	R^2	NSE	R^2	NSE	R^2
率定	20140729	0.83	0.89	0.72	0.88	0.51	0.78	0.81	0.90
	20140830	0.77	0.85	0.62	0.85	1.59	0.52	0.53	0.69
	20140926	0.95	0.98	0.45	0.58	0.22	0.55	0.42	0.74
验证	20140804	0.76	0.77	0.22	0.85	0.38	0.56	0.075	0.14
	20140831	0.044	0.87	0.62	0.78	0.4	0.71	0.023	0.76

5.5　本章小结

　　本章简要介绍了城市水环境模型框架与建模思路，对 SWMM、InfoWorks ICM 和 MIKE URBAN CS 3 种典型城市水环境模型的原理、基本模块和计算过程进行详细描述，并结合案例分析了 SWMM 的具体应用方法、步骤及其扩展。概括来说，城市水环境模型基本过程为地表产汇流、污染物累积冲刷和管网汇演（表 5.7）。相对于其他模型来说，SWMM 因其代码开源、便于二次开发而广泛应用于城市水环境模拟。

表 5.7　SWMM、InfoWorks ICM 和 MIKE URBAN CS 模型基本结构[6]

主要模块	SWMM	InfoWorks ICM	MIKE URBAN CS
气象数据输入	降雨、温度、蒸发、风速、融雪、节点入流	降雨、温度、蒸发、风速、融雪、节点入流	降雨、温度、蒸发、风速、融雪、侧向入流、节点入流
产流	Green-AmptHorton SCS 曲线	固定比例径流、固定径流、新英国径流、Green-Ampt、Horton、SCS 曲线、固定渗透	时间面积曲线、运动波、线性水库、单位线
汇流	非线性水库模型	双线性水库、大型贡献面积径流、SPRINT 径流、Desbordes 径流、非线性水库	
水质	地表径流水质污染物运移	生活、工业污水、污染物运移	地表径流水质、废污水、污染物运移、降解
	累积：幂函数、指数函数、饱和函数	累积：沉积物累积方程	一维对流扩散方程
	冲刷：指数函数、流量特性冲刷曲线	冲刷：单线性水库径流模型、水力径流模型	
管网	稳定流、运动波、动力波	圣维南方程组	动力波、扩散波、运动波
旱流	节点入流定义旱流量（不含水质）、渠道入渗、人工设定模拟步长	居民生活污水、工业废水、渠道入渗、自动设定模拟步长	废污水、渠道入渗、人工设定模拟步长（线性水库）
属性	开源	付费	付费

　　然而，城市水环境模型对输入数据精度要求较高，否则会导致模型效果不好。因此，学者需要继续研究模型的适用性，包括精度的提升和少资料地区的应用。随着大数据和人工智能的发展，城市水环境模型如何发挥技术的优势并不断提高其适用性是未来要面对的挑战。

参 考 文 献

[1] 李立青, 尹澄清, 何庆慈. 城市降水径流的污染来源与排放特征研究进展. 水科学进展, 2006, 17(2): 288-294.

[2] 陈桥, 胡维平, 章建宁. 城市地表污染物累积和降雨径流冲刷过程研究进展. 长江流域资源与环境, 2009, 18(10): 992-996.

[3] Deletic A B, Maksimovic C T. Evaluation of water quality factors in storm runoff from paved areas. Journal of Environmental Engineering, 1998, 124(9): 869-879.

[4] Metcalf L, Eddy H P. Storm Water Management Model. Volume 1: Final Report. Washington, D.C: Environmental Protection Agency, 1971.

[5] Medina M A. Modeling stormwater storage-treatment transients-theory. Journal of the Environmental Engineering Division-ASCE, 1981, 107(4): 781-797.

［6］张旭, 李占斌, 何文虹, 等. 基于MIKE URBAN的西安市中心城区雨洪过程模拟. 水资源与水工程学报, 2019(6).

［7］王海潮, 陈建刚, 张书函, 等.城市雨洪模型应用现状及对比分析.水利水电技术, 2011, 42(11): 10-13.

［8］王龙, 黄跃飞, 王光谦.城市非点源污染模型研究进展.环境科学, 2010, 31(10): 2532-2540.

［9］秦语涵, 王红武, 张一龙.城市雨洪径流模型研究进展.环境科学与技术, 2016, 39(1): 13-19.

［10］赵莉, 杨俊, 李闯, 等.地理元胞自动机模型研究进展.地理科学, 2016, 36(8): 1190-1196.

［11］杨光.元胞自动机水污染扩散模拟的并行计算研究与实现.国土资源信息化, 2021, (5): 29-35.

［12］Shao Q, Weatherley D, Huang L, et al. RunCA: A cellular automata model for simulating surface runoff at different scales. Journal of Hydrology, 2015, 529: 816-829.

［13］Aston A R. Rainfall interception by eight small trees. Journal of Hydrology, 1979, 42: 383-396.

［14］Gironás J, Roesner L A, Rossman L A, et al. A new applications manual for the Storm Water Management Model(SWMM). Environmental Modelling & Software, 2010, 25(6): 813-814.

［15］Liu L, Liu Y, Wang X, et al. Developing an effective 2-D urban flood inundation model for city emergency management based on cellular automata. Natural Hazards and Earth System Sciences, 2014, 2(3): 6173-6199.

［16］Butcher J. B. Buildup, washoff, and event mean concentrations. Journal of the American Water Resources Association, 2003, 39(6): 1521-1528.

第6章 农田水环境模型

我国国土面积辽阔,村镇数量以及类型众多,农村污染量大面广,且农村的环保基础设施严重不足,治理难度大。我国种植业和养殖业生产普遍规模较小、布局分散。由于我国经济结构中长期形成的农业粗放型经济,农村非点源污染已成为农村地表水污染主要来源在我国,2020 年第二次全国污染源普查公报指出,2017 年,农业的化学需氧量、氨氮、总氮、总磷排放量分别为 1067.13 万吨、21.62万吨、141.49 万吨、21.20 万吨,农村生活与禽类养殖是污染物的主要来源[1]。研究表明我国已有 63.3%的湖泊水体达到富营养化,其中 50%以上的氮、磷负荷来自农业非点源[2]。

我国农业非点源污染模型研究始于 20 世纪 80 年代中后期,最初是用一些经验统计性模型对农田径流污染负荷进行模拟,虽然在一些确定的小流域取得了比较好的效果,但受限于输入数据只能为观测数据。

目前已开展了大量农业农村污染治理工作,并取得了一定的成效,但农业非点源污染来源复杂,迁移途径多样化,使其难以准确测量及控制,导致数据获取受到限制,且农业非点源污染源头模糊、产生量和排放量与入水体量之间有着很大的差别,农业非点源污染成为水环境治理一大难题。因此,明确灌区-地表水系统氮、磷营养物质以及污染物流失的定量关系,研究农田水环境模型是探讨农业生态系统中氮、磷营养物质模拟结果准确性的基本依据,也为农田营养物质流失全过程提供基础数据。

6.1 农业水环境污染过程

6.1.1 农业污染现状

非点源污染是水体环境的主要污染源,有研究表明,美国由非点源污染造成的水体污染高达 60%。在丹麦的 270 条河流中,94%的氮负荷、52%的磷负荷都是由非点源污染引起的。在荷兰某地,通过农业非点源途径进入水体的总氮、总磷含量分别占到水环境污染总量的 60%和 40%~50%。当前,我国受农业非点源污染影响的农田面积超过 2×10^{11} m^2,农田径流氮排放对河流水体氮含量贡献率超过 50%,全国 500 余条河流的调查数据显示,80%的河流呈现不同程度的氮污染。农业非点源输出的氮素是地表水体中氮的主要来源之一，其流失途径一般包括径流和淋溶，其中径流是氮素进入地表水体的主要途径，淋溶多发生在强降雨或不合理灌溉条件下，溶出的氮、磷养分随地下水淋溶迁移，造成养分流失从而引发环境污染（铵态氮、硝态氮、亚硝态氮是氮素流失的主要形态，而磷素由于其吸附性强较难发生淋溶迁移）。

6.1.2　SPAC 理论概述

我国农业非点源污染研究始于 20 世纪 70 年代末，90 年代开始日益增多，研究领域主要为农业非点源污染的产生过程、形成机理、污染物迁移、污染负荷、模型预测及防控措施研究。1966 年 Philip 将土壤水的运动与植物、大气环境联系起来，提出土壤-植物-大气连续体 SPAC（Soil-Plant-Atmosphere Continuum）理论，该理论描述了水从土壤通过植物到大气的连续运动，土壤水以基质势为动力，在土壤-植物-大气连续体中循环往复，植物自土壤中汲取水分，再通过蒸腾作用向大气散发，进一步奠定了包气带中土壤水研究的重要地位。此后 SPAC 理论在 20 世纪 80 年代引入国内，康绍忠等在原理论研究的基础上建立了以土壤水分动态、作物根系吸水以及蒸发蒸腾为模拟对象的动态模型，对 SPAC 体系中水分传输的模拟有较高的精度和较好的仿真效果。自 20 世纪 90 年代初，刘昌明院士领衔系统地研究了农田土壤-作物-大气系统（SPAC）水分传输过程，综合了土壤物理学、作物生理学和微气象学研究方法与手段，对农田 SPAC 系统水分能量传输和转化各环节进行深入观测研究，提出了基于 SPAC 界面节水调控理论，在农田水分蒸发和蒸腾过程中的根-土界面、叶-气界面、土-气界面处采取一定的调控措施，使界面水分传输阻力增大，从而达到减少蒸散耗水的目的。

在 SPAC 连续体中，尽管系统中各部分的介质不同、界面不一，但在物理上可以看作一个连续的统一体，水总是从势能高的地方向势能低的地方移动，且水流通量取决于水势梯度和水流阻力。SPAC 概念的提出统一了变量，推动了对土壤-植物-大气系统中水分运移关系研究的深度，也为揭示植物通过对水力导度和冠层气孔导度的联合调节来应对干旱的机理提供了更有效的方法。在 SPAC 研究中，水分在土壤-作物-大气系统内的传输机制始终被作为核心要素而受到广泛关注，大气、土壤作为主要环境要素驱动或制约着水分传输过程。吴姗等指出了包气带在土壤-植物-大气连续体中的重要地位并论述了土壤水动力学模型分别在根系吸水模型、溶质运移模型与农业生态系统模型三个方向中的应用情况，表明 SPAC 理论对农业非点源污染的研究具有较大的意义。华北平原农业的高强度水肥投入造成严重地下水超采和氮素污染风险。中国科学院栾城农业生态系统试验站立足农田生态系统的长期生态学监测和研究，围绕农业资源高效利用和可持续发展,建立了农田土壤–作物–大气系统(SPAC)界面节水调控理论与技术,提出基于农田水平衡的休耕轮作和适水型种植制度调整思路,阐明了农田碳氮循环特征和温室气体排放及硝酸盐淋失通量。

近些年来,对基于 SPAC 的农业水环境污染过程理解的不断加深使土壤水–植物水–大气水连续体的观点得到了广大学者的认同,基于 SPAC 过程的农业水环境污染逐渐引起了国内外学者们的重视。

6.1.3　常用模型

自然界的流域水文过程是气候条件、地形、地貌、人类活动等因素综合作用下的复杂地理现象,主要包括降水、冠层截留、入渗、径流、蒸发几大环节,伴随着物质能量的交换与转移。水的转移发生在土壤–植物–大气连续体中,包括地下水动力学、非饱和带流动、植被/裸地土壤和地表水的蒸发/蒸腾、农业渠道/地表水的流动和渗透、井抽水。非点源污染影响因素众多,如气候特征、地形特征、地貌类型、植被覆盖率和土壤理化性质等,因此对其进行定量化研究难度较大,因此国内外常将数学模型应用于农业非点源污染的研究中。

目前,国际上已有几十种非点源污染模型被提出,其中应用较广泛、影响较大的有 SWAT、AnnAGNPS、SWMM、DNDC、CREAMS、CENTURY、EPIC、DRAINMOD、HSPF 等模型。Smith 等运用 DNDC 模型农田沟渠进行了污染负荷研究,发现可以通过修改 DNDC 模型中的沟渠模块来提升对土壤水文的模拟精度。通过研究发现,AnnAGNPS 模型与其他非点源污染模型相比,在以农业为主的流域其对氮磷输出负荷以及径流量、洪峰量模拟效果更好。汤洁等运用 SWAT 模型对大伙房水库汇水区进行研究,阐明了库区农业非点源污染的空间特性以及污染负荷[3]。随着地理信息技术的高速发展,通过 3S(GIS、GPS、RS)技术与非点源污染模型的集成,更为便捷地对非点源污染物的输出和时空分布进行预测和分析研究。近年来,多模型集成的耦合模拟系统受到越来越多的学者和研究者的重视。尽管现有模型在模拟非点源污染时已经有了很好的应用,流域水系统的各方面研究也取得了相当大的进展,但这些模型仍较少耦合生物地球化学过程或只是考虑生物地球化学的某些过程,仍然需要更进一步的研究。其中流域水系统的耦合模拟作为认识流域水系统的多过程、多要素变化及其相互作用机理及反馈的重要手段和方法,在综合考虑流域水系统的三大过程的耦合方面仍然存在不足,例如在水循环与生物地球化学循环方面的耦合研究中,在不同尺度上考虑水、碳、氮循环的相互作用仍然较少,对于变化环境下包括气候变化、土地利用/植被覆盖变化条件下的水系统响应仍然需要进行进一步的深入研究。

农业非点源污染是地表水和地下水污染的重要来源之一。为了模拟分析农业非点源污染的产生、排放及其对水环境的影响，许多非点源污染模型相继得到了开发和发展。例如，美国农业农村部农业研究所开发的连续模拟模型 CREAMS，首次系统、综合地分析了非点源污染的水文、侵蚀和污染物迁移过程。在此基础上又发展出一系列结构类似、各具特点的模型，如用于模拟大流域非点源污染负荷的 SWRRB 和 SWAT，农田小区模型 EPIC，应用于中小流域的非点源污染模型 AGNPS 和 ANSWERS。美国得克萨斯黑土地研究与推广中心开发的模型 APEX（The Agricultural Policy Environmental eXtender）适应性较强，主要适用于田间和小流域尺度的模拟。生物地球化学模型 DNDC（DeNitrification and DeComposition，DNDC）由 Li 等提出以来，已被许多科研工作者应用于土壤 C、N 变化以及农田温室气体排放等研究中[4]。

　　生物地球化学模型是采用数学模型来研究化学物质从环境到生物然后再回到环境的生物地球化学循环过程，是生态系统物质循环的重要研究方法。近 20 年来，在大量实验观测的基础上，通过对生物地球化学循环中的各个子过程模型和经验公式的整合，建立了大量生物地球化学模型。随着计算机技术的发展，建立模型进行复杂系统的模拟越来越容易。这些模型在研究大尺度生态环境问题中将发挥越来越重要的作用。

6.2　模型框架和建模思路

　　水环境模型结构包含对水系统陆面水文物理、生物地球化学和人类活动三大过程及其耦合的描述，在本章节主要介绍生物地球化学循环过程。生物地球化学模型是采用数学语言来研究各种元素从环境到生物再回到环境的往复循环过程，它对于生物地球化学过程研究深入，能考虑碳、氮、磷、硫等各类元素的循环过程，而对作为载体的水循环过程描述较为简单。

6.2.1　整体框架

　　由于水系统的复杂性，一些物理过程和边界条件并不确知，故需要做一些基本的假设，例如：①模型计算单元（水文响应单元或网格）内具有一定坡度的坡面，单元内下垫面性质（土壤性质及土壤厚度等）具有均一性；②流域计算单元只有一个水流出口，所有径流必须通过出口与其他计算单元进行连接（不考虑网格的多流向法）；③流域水系统模型按照系统的聚集程度一般可以划分为功能独立的多个子系统进行模块化处理，子系统之间通过水、碳、氮循环的生物、物理或化学过程对应的某一环节进行连接。水系统研究的侧重点不同对子系统的描述重点可能不同，但基本结构和通用功能是一致的。陆面水文过程包括冠层辐射传输、截留及蒸发、植物蒸腾、地表产流、土壤蒸发、土壤水热运动、壤中流、地下径流、坡面汇流及河道汇流；生物地球化学过程包括植物光合作用、自养呼吸、植物的生长及凋落、凋落物和土壤中生物地球化学循环及植物的根系吸水吸氮等过程；人类活动过程包括土地利用/植被覆盖变化，人工取水、调水工程、水库调度、水资源配置等。

农田水环境过程主要包括降雨产流过程、土壤侵蚀过程、坡面汇流过程、植被截留等过程，模型的框架主要包括气象、土壤水分运动、土壤热传导、土壤氮素运移转化、有机质周转、作物生长发育和田间管理等模块，通过编程技术将这些模块有机地结合在一起，各模块可以单独运行，也可作为一个整体运行。

6.2.2　数据库建立

各种农田水环境模型都由土壤环境、农田水环境、作物、农田生物等要素所组成，这些要素都包含有海量的数据，这些数据必须以数据库的形式来加以收集与整理，否则就无法应用。众多的数据库，大体可以分类如下：

（1）基础数据库。包括土地利用数据、高程数据、管网数据、气象数据、实测水文等数据。

（2）农业品种数据库。包括能够代表不同作物不同品种遗传特性差异的数据类型。

（3）农业气候数据库。一般包括最高气温、最低气温、日照时数、降雨量等数据。可以分为常年气候数据库和当年或逐年的日气象数据库。

（4）农业土壤数据库。包括土壤剖面特性，土壤物理特性（包括土壤结构、质地、容重、密度、黏度等），土壤化学与养分特性（包括土壤有机质、土壤酸碱度、氮磷钾与各种微量元素的含量等），土壤水分特性（包括土壤凋萎系数、饱和持水量、田间持水量、渗流系数，以及逐年或当年逐日各层次的土壤含水量等）。

（5）农业水资源数据库。包括地区的河流、湖泊、自然降水、地下水、地表径流、土壤水、土壤与水面蒸发、作物蒸腾等。对于旱涝灾害的管理模型，还要包含历史实情、历史河水位、湖水位变化、作物损失记载等。

6.2.3　生物地球化学过程模拟

生物地球化学过程通过对陆地下垫面土壤、植被覆盖的作用而对陆面水文过程反馈大气的水汽、潜热、感热和 CO_2、蒸散发、降雨截留、径流等产生影响，同时陆面水文过程的辐射传输、动量、质量和能量的交换又影响生物地球化学循环包括光合作用、自养呼吸作用、土壤呼吸等碳循环过程。

生物地球化学循环按元素类型分为：氮循环、碳循环、硫循环和磷循环模型。

有些模型同时可以对两种或多种元素同时模拟，如 TEM 和 DNDC 可以模拟碳和氮循环过程，CENTURY 可以模拟氮、碳、硫和磷循环。

生物地球化学模型的基本结构包括 3 个组分（植物-大气、土壤）以及 3 个界面（植物-大气、植物-土壤和土壤-大气界面）（表 6.1）。3 个组分可以用物质的贮存量描述，即库。3 个界面可以用物质交换的通量描述，即通量。大部分生物地球化学模型不包括大气中发生的过程，因为大气中元素的迁移和化学反应机制是大气物理和大气化学研究的对象。目前生物地球化学模型主要集中在研究碳、氮循环。由于自然界的碳、氮循环离不开能量的驱动和水解质的输送。能量和水分的交换和传输是物理过程，不是生物地球化学过程，但是生物地球化学循环离不开能量的驱动和水分的迁移，因此，无论碳循环模型还是氮循环模型，都必须包括一些能量模型和水分模型。

表 6.1　生物地球化学模型的基本框架

组分	能量	水分	碳循环	氮循环
大气内部	热量传输	水分传输	扩散	扩散、反应
土壤内部	热量传输	水分下渗	有机质的迁移、分解作用、甲烷化过程	硝化作用、反硝化作用、土壤中 N 迁移、淋溶作用
植物内部	水分传输	生长过程、营养物分配	体内分配	—
植物-大气界面	太阳辐射	蒸腾	光合作用、呼吸作用	扩散、吸附
植物-土壤界面		降水、蒸发	枯落过程	吸收作用
土壤-大气界面	太阳辐射	水源涵养	碳有关的扩散过程	氮沉降、氮有关的扩散过程
生态系统功能	温室效应	—	生物量和生产力，土壤碳动态，CO_2、CH_4 和 VOC 排放	土壤氮动态，N_2O 和 NO 排放、非点源氮污染、酸雨影响

不同的元素在各库中形态不同，发生的转化也不一样。如碳在大气中主要以 CO_2 形式存在，以物理形式扩散；碳在植物中主要以碳水化合物和蛋白质形式存在，在各器官间按生物规律进行分配。碳在土壤中主要以腐殖质形式存在，由微生物进行分解。不同元素在各界面间的交换方式也不一样。如碳在植物-大气界面发生光合作用和呼吸作用，在植物-土壤界面发生枯落过程，在土壤和大气界面进行扩散过程。这些不同形态的元素及其转化受到不同因素影响和控制，需要不同的模型来描述。

尽管生物地球化学模型的基本结构是一致的，但针对不同的生态系统功能，往往采用不同的方程来描述物质在各库内部的转化和各库间的交换，形成多种多样的生物地球化学模型。

生物地球化学模型是用来定量描述各种外在因素（包括人类活动）和内部过程对生态系统功能的影响。研究者可以通过灵敏度分析，辨识出对生态系统功能最敏感的环境因子。可以通过情景分析，预测未来环境变化或人类活动对生态系统功能的影响。这些结果将为人类制定生态系统调控对策和措施提供科学根据，如 DNDC 模型对土壤 N_2O 排放的模拟中，发现灌溉和施肥是控制土壤 N_2O 排放的最主要因子。因此，在农业措施上，应在不影响农作物产量的前提下，尽可能地减少灌溉和施肥。

生物地球化学循环内部的基本过程按性质可划为 3 类：物理的、化学的和生物的过程。不同性质的过程所服从的规律也不同。几乎所有的生物地球化学模型都包括这三大类内部过程（表 6.2）。生物地球化学模型是由一系列物理模型、化学模型和生物模型综合构成的，这从一个侧面反映了生物地球化学模型的复杂性。

表 6.2　生物地球化学模型的内部基本过程举例

组分	碳循环	氮循环
物理过程	CH_4、CO_2 排放	NO_x、N_2O 排放、氮沉降，土壤氮迁移
化学过程	分解	硝化、反硝化
生物过程	体内分配、光合作用、呼吸作用、产甲烷过程	体内分配、吸收作用

6.2.4　水热碳氮过程模拟

1. 土壤水分运动

土壤水分在陆地水循环过程中扮演着极为重要的角色，是综合气候、土壤及植被对水分平衡的响应和水分平衡对植被动态影响的关键变量。土壤水分动态直接或间接地控制着气象过程、植被动态、土壤生物化学和地下水动态及土壤-植被-大气-陆地（SPAC）之间的营养元素和污染物质交换。

土壤水分的变化取决于它的收入项和支出项。收入项包括降水向土壤的渗透、地下水通过毛细管作用补充土壤水分和灌溉水；支出项包括土壤蒸发、作物蒸腾和土壤的排水。土壤内部不同土层间的水分运动以土壤垂直一维流方程来模拟。降水与灌溉水进入农田后，有一个分配的过程，如式（6.1）所示：

$$RR + IR = RP + RS + SF + PM + \theta(L) + ET \tag{6.1}$$

式中，RR 为降水；IR 为灌溉水；RP 为植被截留量；RS 为农田径流；SF 为农田渗漏量；PM 为植被含水；$\theta(L)$ 为土壤含水；ET 为蒸散（包括土壤蒸发与作物蒸腾）。

并非所有到达土表的水均能够渗透到土壤，流域地表面的降水，如雨、雪等，沿流域的不同路径流向河流、湖泊和海洋汇集的水流，称之为径流，其量称为径流量。降雨时，尤其是大雨，田间土表径流量可达到降雨量的 0%~20%，在渗透性差的土表上径流量会更大。在灌溉和耕作适当的土壤上，土表径流可以忽略不计。当土表供水速率超过土壤最大渗透率和累积的剩余水分超过土壤表面储水能力时，将发生径流。实际上，最大渗透率受到表面含水量的影响。在多雨地区与多雨季节，径流是农田水分平衡的重要因子，不能忽略不计。由于径流受地形、地貌、土壤性质、降雨强度等多种因子的影响，径流量的计算是一个复杂的问题。径流的计算一般采用美国土壤保持局研发的径流模型，结合研究区地形特征及土壤性质，采用 SCS-CN 产流模型对地表径流进行计算。SCS-CN 模型方法基本原理是：地表径流产生之前要先满足下垫面植被截流、填洼及渗透等作用，径流开始后以渗透作为损失计算。

SCS-CN 模型计算公式：

$$Q = \begin{cases} \dfrac{(R-0.2S)^2}{R+0.8S}, & R > 0.2S \\ 0, & R \leqslant 0.2S \end{cases} \quad (6.2)$$

$$S = \frac{25400}{\mathrm{CN}} - 254 \quad (6.3)$$

式中，Q 为日径流量，cm；R 为日降雨量，cm；S 为最大可能入渗量，cm；CN 为径流指数，决定 CN 的主要因素是土壤前期湿度、土壤类型、土地坡度、植被覆盖度类型、管理状况和水文条件，可通过查表获得。

土壤水分入渗过程采用 Green-Ampt 模型计算：

$$f = K_{\mathrm{s}} \left(1 + \frac{h_f \Delta\theta}{F} \right) \quad (6.4)$$

式中，f 为入渗速率，cm/d；K_{s} 为土壤饱和导水率，cm/d；F 为累积入渗量，cm；h_f 为湿润锋处的基质势，cm；$\Delta\theta$ 为饱和含水量和初始含水量之差，$\mathrm{cm}^3/\mathrm{cm}^3$。

蒸发蒸腾的估算：利用联合国粮食及农业组织（FAO）推荐的 Penman-Monteith 公式计算参考作物蒸散量 ET_0（cm/d）；然后用作物系数 K_{c} 计算实际作物的潜在蒸散量 ET_{c}（cm/d）；再结合叶面积指数 LAI 计算实际土壤潜在蒸发量 E_{p}（cm/d）和作物潜在蒸腾量 T_{p}（cm/d），具体如下：

$$\mathrm{ET}_{\mathrm{c}} = \mathrm{ET}_0 \times K_{\mathrm{c}} \quad (6.5)$$

$$E_{\mathrm{p}} = \begin{cases} \mathrm{ET}_{\mathrm{c}} \times \exp(-0.4 \times \mathrm{LAI})/1.1, & \mathrm{LAI} > 1.0 \\ \mathrm{ET}_{\mathrm{c}} \times (1 - 0.43 \times \mathrm{LAI}), & 0 < \mathrm{LAI} \leqslant 1.0 \end{cases} \quad (6.6)$$

2. 土壤侵蚀过程计算

由于农业非点源污染物中的吸附态磷及氮的流失以土壤侵蚀为载体，采用通用土壤流失方程（USLE）评估典型流域基本测算单元的土壤侵蚀风险，计算公式如下：

$$A = R \times K \times L \times S \times C \times P \qquad (6.7)$$

式中，A 为土壤年侵蚀量，t/(hm²·a)；R 为降雨侵蚀力因子；K 为土壤可蚀因子 t/hm²-h/（MJ-mm-hm²）；L 为坡长因子，无量纲；S 为坡度因子，无量纲；C 为植被覆盖与管理因子，无量纲；P 为水土保持措施因子，无量纲。

3. 土壤无机氮运移过程

土壤 NH_4^+-N 和 NO_3^--N 的运移过程一般采用对流-弥散方程，其中溶质在固相与液相中的吸附过程采用通用等温吸附方程：

$$\frac{\partial(\theta c_k)}{\partial t} + \frac{\partial(\rho s_k)}{\partial t} = \frac{\partial}{\partial z}\left[D_{sh}(v,\theta)\frac{\partial(\theta c_k)}{\partial z}\right] - \frac{\partial(qc_k)}{\partial z} + S_N \qquad (6.8)$$

$$s_k = \frac{k_s c_k^\beta}{1 + \eta_k c_k^\beta} \qquad (6.9)$$

式中，c_k 和 s_k 分别为某溶质在液相，μg/cm³ 和固相 μg/μg 中的含量；ρ 为土壤容重，g/cm³；$D_{sh}(v,\theta)$ 为水动力弥散系数，cm²/d；k_s 和 η_k 为经验常数；S_N 为土壤氮素转化源汇项，μg/（cm³·d）；$S_{NH_4^+\text{-N}}$ 和 $S_{NO_3^-\text{-N}}$ 分别是 NH_4^+-N 和 NO_3^--N 的源汇项

$$S_{NH_4^+\text{-N}} = S_{hys} + S_{min} - S_{vot} - S_{nit} - S_{up1} \qquad (6.10)$$

$$S_{NO_3^-\text{-N}} = S_{nit} - S_{den} - S_{up2} \qquad (6.11)$$

式中，S_{min} 为有机质的净矿化速率 μg/（cm³·d）；S_{hys}、S_{vot}、S_{nit} 和 S_{den} 分别为尿素水解、氨挥发、硝化和反硝化速率，μg/(cm³·d)；S_{up1} 和 S_{up2} 分别是根系吸收 NO_3^--N 和 NH_4^+-N 项，μg/（cm³·d）。

初始条件为

$$c_k(z,t) = c_i(z), s_k(z,t) = s_i(z), \ t = 0, 0 \leqslant z \leqslant L \qquad (6.12)$$

式中，c_i 为初始的溶解态，μg/cm³；s_i 为吸附态氮浓度，μg/μg；溶质运移方程的边界条件由水分边界条件自动判断，水分的入渗和渗漏相应地带入和带出其中溶解的氮，上下边界条件均为

$$-\theta D\frac{\partial c}{\partial z} + qc = q_0 c_0(t), t > 0, z = 0\text{或}L \qquad (6.13)$$

式中，q_0 为上边界或下边界水流通量，cm/d；肥料表施是将肥料混入 1 cm 土层，深施是将肥料与施入深度内的土壤混匀。

4. 土壤有机碳周转过程

有机质的周转模拟直接来源于 Daisy 模型,将有机质划分为 3 个主库:添加的有机质库(AOM)、土壤有机质库(SOM)和土壤微生物库(BOM)。每个主库又划分为 2 个子库,分解较快的库(AOM1、BOM1 和 SOM1)和分解缓慢的库(AOM2、BOM2 和 SOM2),每个子库都拥有特定的碳氮比。各有机质库的分解或微生物的死亡采用一级动力学方程来描述

$$\xi_p = k_p c_p \tag{6.14}$$

式中,ζ_p 为第 p 个有机质库的分解或微生物死亡速率常数,kg/(m³·s),以 C 计;c_p 为第 p 个有机质库的碳含量,kg/m³,以 C 计;k_p 为第 p 个有机质库的分解或微生物死亡速率常数,1/d。各个库的转化速率受外界环境条件的影响不同,其校准方式也不同。对外来有机质库(AOM1 和 AOM2),采用了土壤温度和土壤水分来校准

$$k_{AOM} = k^*_{AOM} F_m(T) F_m(h) \tag{6.15}$$

$$E_p = \begin{cases} 0 & T \leq 0 \\ 0.1T & 0 < T \leq 20 \\ \exp(0.47-0.027T+0.00193T^2) & T > 20 \end{cases} \tag{6.16}$$

$$F_m(h) = \begin{cases} 0.6 & h \geq -10^{-2} \\ 0.6+0.4\log(-100h)/1.5 & -10^{-2} > h \geq -10^{-0.5} \\ 1.0 & -10^{-0.5} > h \geq -10^{0.5} \\ 1.0-\log(-100h)/4.0 & -10^{0.5} > h \geq -10^{4.5} \\ 0 & -10^{4.5} > h \end{cases} \tag{6.17}$$

式中,k^*_{AOM} 为最佳水分和温度条件下微生物对所外来有机质的分解速率常数,1/d;T 为土壤温度,℃;h 为土壤基质势,cm;$F_m(T)$ 和 $F_m(h)$ 分别为温度和水分校准函数。

5. 土壤氮素转化

1)尿素水解

尿素水解过程直接采用一级动力学方程描述,形式如下:

$$S_{hys} = N_{urea}[1 - \exp(-5.0 \times WFPS \cdot K_{urea})] \tag{6.18}$$

式中,S_{hys} 为尿素水解速率,μg/(cm³·d);N_{urea} 为土壤中尿素的含量,μg/cm³;WFPS 为土壤孔隙充水比率;K_{urea} 为一级动力学速率常数,d⁻¹。通常尿素水解在炎热夏季几天内就可完成;而在寒冷冬季需要稍长的时间才能完成。而 NLEAP、GLEAM、EPIC 等模型均假设尿素水解很快就完成,甚至把尿素直接处理为铵态氮。

2）氨挥发

氨挥发过程采用 Freney 等提出的方法，形式如下：

$$S_{vot} = \frac{0.01 N_{am} F_v(T) F_v(z)}{1 + 10^{(0.09018 + \frac{2729.92}{T+273.15} - pH)}} \quad (6.19)$$

$$F_v(T) = 0.25 \exp(0.0693T) \quad (6.20)$$

$$F_v(z) = \exp(-0.05z) \quad (6.21)$$

式中，S_{vot} 是氨挥发速率，$\mu g/(cm^3 \cdot d)$；pH 为土壤 pH 值；N_{am} 为土壤铵态氮浓度，$\mu g/cm^3$；$F_v(T)$ 为土壤温度修正函数；$F_v(z)$ 为土壤深度(z)修正函数。

3）硝化作用

硝化作用采用米氏方程描述，并用土壤温度和含水率进行修正

$$S_{nit} = \frac{V_n^* F_n(T) F_n(h) N_{am}}{K_n + N_{am}} \quad (6.22)$$

$$F_n(T) = \begin{cases} 0 & T \leqslant 2 \\ 0.15(T-2) & 2 < T \leqslant 6 \\ 0.10T & 6 < T \leqslant 20 \\ \exp(0.47 - 0.027T + 0.00193T^2) & T > 20 \end{cases} \quad (6.23)$$

$$F_n(h) = \begin{cases} 0 & h \geqslant -10^{-2} \\ \lg(-100h)/1.51 & -10^{-2} > h \geqslant -10^{-0.5} \\ 1 & -10^{-0.5} > h \geqslant -10^{0.5} \\ 1 - \lg(-100h)/2.5 & -10^{0.5} > h \geqslant -10^{-2} \\ 0 & -10^{-2} > h \end{cases} \quad (6.24)$$

式中，S_{nit} 为硝化速率，$\mu g/(cm^3 \cdot d)$；V_n^* 为最佳温度和含水率条件下的硝化速率常数，$\mu g/(cm^3 \cdot d)$；K_n 为半饱和常数，$\mu g/cm^3$；$F_n(T)$ 为土壤温度修正函数；$F_n(h)$ 为土壤基质势修正函数；其余变量含义同上。

4）反硝化作用

Lind 认为潜在的反硝化速率（Gas-N）与 CO_2 的释放速率存在线性关系，模型使用如下公式描述反硝化过程：

$$S_{den} = Min\{\alpha_d^* S_{CO_2} F_d(\theta); K_d N_{ni}\} \quad (6.25)$$

$$F_d(\theta) = \begin{cases} 0 & x_w \leqslant x_1 \\ f \dfrac{x - x_1}{x_2 - x_1} & x_1 < x_w \leqslant x_2 \\ f + (1-f) \dfrac{x - x_2}{1 - x_2} & x_2 < x_w \leqslant 1 \end{cases} \quad (6.26)$$

式中，S_{den} 为反硝化速率，$\mu g/(cm^3 \cdot d)$；x_w 为饱和度，θ/θ_s；θ_s 为饱和含水率，cm^3/cm^3；f、x_1 和 x_2 是经验常数；α_d^* 为比例常数，g/g，分别以 N 气体和 C 气体计；S_{CO_2} 为 CO_2 的释放速率，$\mu g/(cm^3 \cdot d)$；计算方法来自有机质模型。K_d 是土体可反硝化的硝态氮占总硝态氮的比值，N_{ni} 为土壤硝态氮浓度，$\mu g/cm^3$；$F_d(\theta)$ 是水分校准函数。

6.3　典型模型介绍

农田系统是一个综合了土壤、植物、气候和人类活动等多方面因素的复杂系统，农田土壤氮素的动态除了受到土壤 pH、温度、湿度、通气性等诸多环境因子的影响外，也受到人类施肥和耕作管理的影响。在过去 20 多年间，模型作为研究复杂系统的有效工具在农业系统得以广泛发展。模型一般都以不同的模块组成，土壤氮素模块是重要组成部分，不同的模型侧重点和优势不同。当前世界上比较有影响力的模型有 DNDC 模型、CENTURY 模型、CREAMS 模型、EPIC 模型、DRAINMOD 模型和 AnnAGNPS 模型等。

6.3.1　DNDC 模型

1. 模型简介

DNDC 模型全称为 DeNitrification-DeComposition，是用来模拟生态系统中的碳元素和氮元素生物地球化学循环过程的机理模型。DNDC 模型最初是用于研究美国农业生态系统温室气体，此后研究人员对该模型进行了扩展，可以用来模拟土壤的 C&N 循环、水和氮的运移和完整的农业养分循环。该模型模拟了非常广泛的农业管理和作物类型，输入要求合理，可以相对轻松地应用，因此，DNDC 已在全球范围内广泛使用。但是 DNDC 模型也有一定的缺陷，由于土壤水分会影响 DNDC 中微生物反应的类型和速率会极大地影响 N_2O 的排放，且 DNDC 仅可以模拟土壤 50 cm 深度的碳氮循环，因此可能无法准确地反应硝化、反硝化、硝酸盐浸出、发酵、铵固定和矿化等过程。总体来讲，DNDC 模型能够被应用于估算小流域尺度氮素随水土流失（地表径流、泥沙迁移、壤中流）及气态排放的途径与数量，发展和完善小流域尺度的估算方法，并对减轻因氮素流失而引起的环境污染和气候变暖具有重要意义。

DNDC 模型在中国的应用始于 20 世纪 90 年代末期，多用于温室气体排放的模拟验证方面。在我国的许多研究中，针对不同地区和不同作物在温室气体排放、氮素动态、土壤有机碳含量及作物产量等方面都有较好的模拟。朱波等学者用 DNDC 对紫色土坡耕地的氮素淋失量进行模拟，发现淋溶水量和氮淋失量的实测值与模拟值的皮尔逊相关系数分别为 0.944 和 0.972，模拟的可靠性很高[5]。日本有研究运用 DNDC 的模型对爱知县西欧茶园 N_2O 的排放进行了验证，其模拟值和实测值具有很好的一致性。国外学者通过 DNDC 模型模拟了 35 年水稻籽粒含碳量和产量的变化，观测值与模拟值一致性很高[6]。在国外针对中大西洋农田典型的粉质黏土壤土上的种植系统中的排水和氮素淋溶模拟中，DNDC 年际模拟效果较好，相关系数分别为 0.74 和 0.86；季节间的排水和氮素淋溶的模拟拟合度非常低，相关系数分别只有 0.28 和 0.21。

　　DNDC 模型运行示意图见图 6.1。DNDC 系列模型涵盖了农田、森林、草原和湿地等生态系统。DNDC 模型的输入数据包括气象、土壤、植物生理参数、人为管理等。输出结果包括逐日土壤水动态、土壤有机碳，氮素的形态与通量（包括 N_2O）变化、植物生长和凋落等，土壤–大气界面的氮气体交换，也包括模型模拟输出的地表径流、总径流、土壤侵蚀及由地表径流引起的氮流失。

　　DNDC 模型主要由两个部分组成：第一部分包含土壤气候、植物生长和有机质分解等 3 个子模型，作用是预测土壤-植物系统中环境因子的动态变化；第二部分包含硝化、脱氮和发酵等 3 个子模型，作用是由土壤环境因子进一步预测硝化、脱氮和发酵等 3 个微生物参与的化学反应速率，并估算硝化和反硝化过程中产生的 N_2O 以及有机质分解和根呼吸所产生的 CO_2，同时模拟土壤碳库和氮库的动态行为。DNDC 模型能够以天为步长模拟作物生长和土壤 N_2O 排放过程。在输入参数的驱动之下，模型会将相关的参数初始化，而后模拟各层土壤的（0.50 cm）温度、湿度、酸碱度（pH）、氧化还原电位（Eh）和土壤中的 C、N 元素的含量。将上述土壤模拟结果输入到作物生长子模型中，模拟作物全生长过程。作物收获或者凋零后，枯落物按比例输入到有机质分解模块中，进行 C 和 N 元素的模拟。该过程主要是微生物参与的硝化、发酵和反硝化三个过程，最终模型会记录上述反应产生的甲烷、二氧化碳、氧化亚氮等温室气体的排放结果。在模型行为过程中，模型结合了植被自身的生理特点和外部环境（气象、土壤和人为影响）因素，保证了模拟结果的准确性。模拟过程中所用到的所有化学方程式都是由基本物理、化学和生物学基本理论推导得出的，一部分是实验室发展的经验方程。DNDC 模型既可模拟某一点位的状况，也可与 GIS 结合模拟区域情况。当模拟某一点位的生物地球化学过程时，需要输入该点位的气象、土壤、植被和田间管理措施等参数（表 6.3），这些参数代表着驱动该点位生态系统运动的基本要素。根据每个样点的数据计算点位尺度的土壤碳氮含量，并可从点位尺度扩展到区域尺度。由点位尺度扩展到区域尺度是将模拟区域划分为多个单元，每一单元内部各种条件都是均匀的，DNDC 对所有单元进行逐一模拟，最后将各单元叠加在一起。

表 6.3　DNDC 模型所需要的输入参数

类型	输入参数
气象	日最高气温（℃）、日最低气温（℃）、日降水量（mm）、日平均风速（m/s）、太阳辐射［MJ/（m²·d）］
土壤	质地、容重（g/cm³）、黏土含量百分比、酸碱度、C/N 值等
植被	农作物类型、复种及轮作，草地类型，植被种类等
田间管理	犁地次数、时间及深度（cm），化肥或有机肥施用次数、时间、深度（cm）、种类及数量（kg N/hm²），灌溉次数、时间及水量（cm），水稻田淹水和晒田的次数及时间等

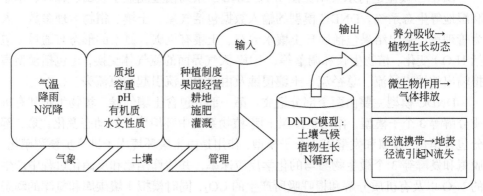

图 6.1　DNDC 模型运行示意

DNDC 模型所需数据主要是：气象数据等整理成模型需要的文本格式（.txt）；地理信息库里面包括地理位置、气象台站、土壤性质等存放在地理信息库对应的文本文档中；作物和土壤数据库中储存每一个多边形格点的土壤（土壤类型、质地、黏土比例、孔隙度）及默认农田和物候参数（该个点所种植作物的物候参数），将其整理成 DNDC 模型要求的格式输入到.txt 文件中。

2. DNDC 模型原理

DNDC 模型集成了 MUSLE 和 SCS-CN 模型来求取土壤侵蚀量。用径流因子代替 USLE 模型中的降雨因子，得到改进的通用土壤流失方程（MUSLE），表达式如下：

$$A = 11.8(Qq_p)^{0.56} KLSCP \tag{6.27}$$

式中，A 为单次降雨的产沙量，t；Q 为径流量，m³；q_p 为峰值流量（m³/s）；K 为土壤可蚀性因子，Mg/（MJ·mm）；L 和 S 为地形因子，其中 L 是坡长因子，S 是坡度因子；C 为植被覆盖与管理因子；P 为水土保持措施因子。

采用美国土壤保持局开发的 SCS-CN 模型计算给定降雨条件下流域的地表径流，表达式如下：

$$Q = \frac{(P - I_a)^2}{(P - I_a) + S} \tag{6.28}$$

式中，P 为降雨量，mm；S 为流域最大蓄水能力，mm；I_a 为出损量，mm；当 $P < I_a$ 时，不产流，$Q = 0$；S 由 CN 值确定：

$$S = \frac{25400}{CN} - 254 \tag{6.29}$$

式中，CN 为径流曲线数，是一个反映降雨前流域下垫面特征的综合参数，由流域水文土壤类型、土地利用、水文条件和前期土壤湿度等因素共同确定，其值介于 0～100 之间，可查表确定，在中等前期土壤湿度条件下的旱地 CN 值为 65。流域的洪峰流量由下面的公式计算：

$$q_p = \frac{EQ}{480T_p} \tag{6.30}$$

式中，E 为流域的面积，hm^2；T_p 为径流在流域中的滞留时间，h；土壤可蚀性因子反映土壤抵抗侵蚀的能力，通过标准小区上单位降雨量侵蚀引起的土壤流失量确定。土壤侵蚀因子主要与土壤质地有关，与土壤的理化性质关系很大。地形因子由坡长因子 L 和坡度因子 S 组成，反映地形对土壤侵蚀的影响程度，一般坡度越陡，坡长越大，一场降雨引起的土壤侵蚀量越大。具体表达式如下：

$$L = \left(\frac{\lambda}{22.13}\right)^m \tag{6.31}$$

$$m = \beta / (1 + \beta) \tag{6.32}$$

$$\beta = (sin\theta / 0.0896) / [3(sin\theta)^{0.8} + 0.56 \tag{6.33}$$

$$\begin{cases} S = 10.8sin\theta + 0.03 (\theta < 9\%) \\ S = 16.8sin\theta - 0.5 (\theta \geqslant 9\%) \end{cases} \tag{6.34}$$

式中，θ 为坡度，λ 为坡长，m 为坡长指数。

土壤侵蚀程度受植被覆盖管理和水土保持措施的影响。研究表明，当覆盖高低相间的作物时，可实现对雨滴的多次消能，从而达到较好地降低土壤侵蚀效果。当采取免耕或少耕等水土保持措施时，也可以显著地降低土壤侵蚀强度。可通过采用经验公式计算以及查表方法获取 C 值和 P 值。

由于求取土壤侵蚀量所需部分的参数已输入土壤、气候、作物和管理等数据库中，若要考虑土壤侵蚀的影响，只需在模型中额外输入 SCS 曲线数值（CN）、曼宁公式糙率和土地管理对土壤侵蚀的影响因子（0～1），即可通过 DNDC 模型模拟土壤侵蚀影响下农田吸收或排放 CO_2 和 N_2O 的变化情况。

为了定量分析 DNDC 模型的模拟结果与实测值间的关系，研究一般采用相关系数（R^2）和均方根误差（RMSE）作为评价指标，两个指标的表达式为

$$R^2 = \left(\frac{\sum (O_i - O)(P_i - P)}{\sqrt{\sum (O_i - O)^2 (P_i - P)^2}} \right)^2 \tag{6.35}$$

$$\mathrm{RMSE} = \sqrt{\frac{\sum_{i-1}^{n} (P_i - O_i)^2}{n}} \tag{6.36}$$

3. DNDC 模型应用前景

DNDC 模型以模拟陆地生态系统中碳氮循环为目的，耦合生态环境驱动因子及其相应的生物地球化学过程，在稻田生态系统中有较好的应用。DNDC 模型将农田管理措施、气象条件和土壤条件相耦合，可以对不同的农田管理情景进行模拟分析，随着研究人员及工作成果的增加，各类农田管理措施也有了很大进步。进一步优化 DNDC 模型中农田管理措施模块中关键生物地球化学过程，对其科学机理过程及参数进行广泛地校准与验证，实现对温室气体和氮素流失等方面的准确模拟。

DNDC 模型建立至今，世界各国的研究者用他们的田间数据对模型进行了验证校正，使得模型的可信度不断增加，预测功能和使用范围不断扩展，模型逐步发展为可以在各个陆地生态系统中使用，预测作物生长、土壤碳氮动态、温室气体排放及氮素流失等。随着环境问题的日益加剧，农田管理措施的不断改进，对模型的预测功能的期望不断增加。另外，在信息时代的大背景下，DNDC 模型已有从单机版向网络版发展的趋势，大数据和互联网络等技术完全可以应用在传统单机模型上，进一步拓展模型功能。

6.3.2　APEX 模型

1. 模型简介

APEX（Agricultural Policy and Environmental eXtender）模型是 20 世纪 80 年代发展起来的农田尺度下基于物理过程、连续时段的分布式非点源模拟模型，用于模拟管理和土地覆盖变化对景观过程的影响。APEX 模型由 EPIC（Environmental Policy Integrated Climate）模型改进而来，研发 APEX 的主要目的是在农场/地块或小流域尺度上更详尽地研究并解决特定土被组合下的家畜业生产造成的影响及环境问题。模型模拟以日为步长，能长期、连续地模拟演算水文循环过程、土壤侵蚀、杀虫剂和营养物质氮磷等的流失。APEX 将地块尺度的 EPIC 模型（最大可模拟 1 km^2）扩展到农场、小流域尺度（最大可模拟 2500 km^2）。开发 APEX 模型旨在综合考虑供水与水质、土壤质量、植物竞争以及天气影响等因素来评估土地管理策略，管理能力评测主要包括灌溉、排水、缓冲带、梯田、水渠、化肥农药施用、粪便处理、水库、耕作方式等方面。APEX 的水文水质模块、土壤侵蚀模块、化学养分循环模块以及河渠输移过程演算机制等使得它能较为完整地模拟评估地块间的地表水/地下水流动、泥沙沉积与侵蚀、养分及杀虫剂迁移过程。APEX 作为管理农场或小流域各种资源的有效工具，在国内外提高可持续生产效率和环境保护等方面的研究中有良好的实践应用。但 APEX 各模块在流域尺度上的适用性需进一步验证。

APEX 在 EPIC 的基础上拓展后，能模拟复杂地表覆盖下的地表水/地下水循环、土壤侵蚀、养分和杀虫剂及其河渠输移过程，较好地解决了 EPIC 的缺陷。APEX 在改良过程中吸收的主要概念和功能模块大多沿用自一些开发较早、应用广泛的水文模型，如 CREAMS 模型、GLEAMS 模型、HYMO 模型、MUSLE 模型、RUSLE 模型、SWRRB 模型、SWAT 模型等。APEX 模型的独特的地方在于它能根据土壤类型、景观位置、地表水文要素、土地管理方式，将农场/地块或小流域尺度的区域划分为相对均一的子区空间单元，子区通过河道相互联系。APEX 能在每个子区出口或者整个流域出口模拟地表水/地下水、泥沙、养分、杀虫剂的产出。在过去将近 30 年的时间，APEX 模型在全世界范围内不断得到测试评估与改进，迄今为止已经成为一个较为完善、成熟的非点源污染模拟模型，能较为可靠地被用来规划和管理农场或小流域尺度的各种资源。

APEX 模型由 12 个主要部分组成，包括水文、气象、泥沙、土壤温度、碳循环、养分循环、作物生长、侵蚀沉积、农牧业管理、杀虫剂、种植环境控制、经济预算等模块，除了流域算法之外，地下水和水库模块已经被合并到 APEX 中。

（1）水文模块：水文模块可以模拟计算各个水文响应单元 HRU（Hydrologic Response Units）的地表径流、下渗、蒸散发等水文过程。在 APEX 中可用两种不同方式估算地表径流：改进的水土保持局（SCS）径流曲线数法（USDA-NRCS，2004）和 Green-Ampt 入渗方程，用修正的 Rations Formula 和 SCS TR-55 方法模拟径流峰值。降雨强度为降雨量的函数，采用随机方法预测坡面流和河道的汇流时间。

（2）气象模块：气象模块可直接输入降雨量、气温、太阳辐射、相对湿度和风速等气象因素变量，模拟风力侵蚀时对风速资料的要求更高。气候数据的输入方式包括读取实测数据、模型内部产生数据或者内部数据与实测数据相结合。APEX 要求输入每个月的天气统计数据，以满足日气象参数随机过程计算的需要。

（3）作物模块：基于 EPIC 模型的算法来模拟作物、树木及其他植被的生长，目前已开发了约 100 种作物和植物的输入参数。APEX 可以模拟一年生和多年生作物，作物的生长基于每日的热量累积，还能模拟十种作物或植被在竞争环境下的生长情况。

（4）营养物模块：APEX 模型对于 N，P 两种元素进行独立的模拟，在模型中完整的氮循环包括大气氮输入、肥料氮的施用、作物吸收氮、矿化、固定化、硝化、反硝化、氨挥发、有机氮和泥沙吸附态氮浸出损失及氮磷随地表径流、侧向潜流、灌溉排水的损失等。降雨事件中有机氮的流失采用 Williams 和 Hann 修改的模型来模拟。由于磷与泥沙运动相关联，其溶磷方程是一种线性函数，利用磷矿化模型对磷的迁移过程进行模拟。

（5）农业管理模块：APEX 模型的农业管理措施包括灌溉（喷灌、滴灌或沟渠灌溉）、排水、沟渠堤坝、缓冲带、梯田、水道、施肥和使用农药/杀虫剂的信息（日期、数量、方式）、粪便管理、池塘和水库管理、作物轮作和选择、覆盖作物、生物质去除、农药效应、放牧和耕作等。

2. APEX 模型计算原理

基于 APEX 模型定量化研究农田-流域非点源污染产出特征，主要包括三方面：产水、产沙以及营养物质氮磷的产出。APEX 模型基于子区空间离散方式进行分布式模拟计算，各子区产生的水量、泥沙、氮磷污染负荷经过河道输移最终到达流域出口。结合农田氮磷等营养物质流失内容，此处主要介绍径流量、泥沙、氮磷产出的主要计算原理。

1）地表径流量计算

APEX 模型以日为模拟时间步长。气象数据是模型的驱动力参数，必要的输入参量包括日降水量、日最高/最低气温、太阳辐射。当模型选择彭曼方程估算潜在蒸散发量时，还需要提供风速、相对湿度。天气参数可以直接输入。模型首先对降雨数据进行空间分配，APEX 中相同子区的降雨空间分布是一致的。降水经过植物叶片等截留后到达土壤表层，除去入渗与蒸发等损耗外，沿坡面漫流汇集至河道，是造成区域土壤流失和污染物迁移的主要载体和动力因素。APEX 提供两种方法计算地表径流量：美国农业与土壤保持部门于 1972 年提出的 SCS 径流曲线数方法（SCS Curve Number Method）以及 Green 和 Ampt 在 1911 年提出的 Green-Ampt 下渗曲线公式。SCS 径流曲线数方法在计算径流量时考虑到了区域土地利用、土壤和农业管理方式等因素，输入参量较容易获取，计算效率高，而受到广泛应用。

A. SCS 径流曲线数方法

SCS 径流曲线系数方法根据到达土壤的有效降雨量计算地表径流量，其具体计算公式如下：

$$Q = \frac{(RFV - 0.2S)^2}{(RFV + 0.8S)}, RFV > 0.2S \tag{6.37}$$

$$Q = 0, RFV < 0.2S \tag{6.38}$$

式中，Q 为地表日径流量，mm；RFV 为日降雨量，mm；S 为持水系数。S 与曲线数 CN 有关，并且随区域土壤类型、土地利用类型、土地管理措施和土壤持水情况等的不同而发生变化。S 与 CN 的关系如下：

$$S = 254 \times \left(\frac{100}{CN} - 1 \right) \tag{6.39}$$

APEX 模型提供 5 种方法估算 CN 值，本书选用 SWI 方法——土壤水分指数方法（soil water index method，SWI）调整 CN 值。SWI 方法由 Williams 和 Laseur 在 1976 年提出，APEX 在此基础上稍微作了修改。具体计算公式如下：

$$S = S_0 + PET \times \exp\left(-P_{42} \times \frac{S_0}{S_I} \right) - RFV + Q, S < P_{44} < S_I \tag{6.40}$$

$$CN_1 = \frac{CN_{2S} - 20 \times (100 - CN_{2S})}{\{100 - CN_{2S} + \exp[2.533 - 0.636 \times (100 - CN_{2S})]\}} \tag{6.41}$$

$$CN_{2S} = CN_2 - \{1.1 - STP / [STP + \exp(3.7 + 0.02117 \times STP)]\} \tag{6.42}$$

式中，S_0 为降雨前期持水系数，S_I 为 CN_I（水文条件 I，干旱）对应的 S 值。S 的取值在 $0 \sim S_I$。PET 是潜在蒸散量。当潜在蒸散量较高且土壤处于较湿润条件时，持水系数 S 会迅速增高。参数 P_{42} 表征潜在蒸散量对 SCS 径流曲线持水系数 S 的影响。参数 P_{44} 控制 SCS 径流曲线持水系数 S 的上限值。校准 CN 值时可以方便地通过调整参数数据库中的 P_{42} 和 P_{44} 来实现。径流曲线数初始值 CN_2（水文条件 II，湿润）是当坡度为 5%时对应的 CN 值，CN_{2S} 是 CN_2 改正到其他坡度时对应的 CN 值。STP 是流域的平均百分比坡度（%）。

B. 径流峰值估算

APEX 模型提供经过修正的合理化方程（Modified Rational Equation）和美国农业农村部于 1986 年提出的 SCS TR-55 方法来估算洪峰径流。本书选用 Modified Rational Equation 来进行计算，其数学表达式如下：

$$Q = alp \times Q \times WSA / (360 \times TC) \tag{6.43}$$

$$TC / 24 < alp < 1 \tag{6.44}$$

式中，Q 为径流峰值，m^3/s；WSA 为空间水文单元（子区）面积，m^2；TC 为汇流时间，h。alp 为一个无量纲变量。

将坡面汇流时间与河道（渠道）汇流时间相加可以得到总的汇流时间 TC：

$$TC = TC_c + TC_s \tag{6.45}$$

式中，TC_c 为河道汇流时间，即径流从子区最长河道上游汇集至河道下游所需要的时间，h；TC_s 为坡面汇流时间，即子区中距离河道最远的坡面流汇集至子区河道所需要的时间，h。

河道汇流时间和坡面汇流时间分别由式（6.46）和（6.47）计算得到：

$$TC_c = 1.75 \times L \times N^{0.75} / (Q_{c1}^{0.25} \times WSA^{0.125} \times CHS^{0.375}) \qquad (6.46)$$

$$TC_s = 0.0216 \times (SPLG \times N)^{0.75} / (Q_{c1}^{0.25} \times STP^{0.375}) \qquad (6.47)$$

式中，L 为子区最长河道上游最远点至河道出口的这段河道长度；N 为曼宁粗糙度系数；Q_{c1} 为从面积为 10000 m² 的集水区流出的平均径流峰值，mm/h；CHS 为平均河道坡度，m/m；SPLG 为汇水坡面的坡长，m；STP 为流域的平均百分比坡度，%。

2）土壤侵蚀计算

水力和风力是构成土壤侵蚀的主要原因。中田舍流域地处我国东南丘陵地区，属于亚热带季风气候，降水充沛，年平均风速为 3.1 m/s，水力侵蚀是泥沙流失的最主要形式。APEX 提供 7 种方法来模拟计算由降水、径流、农业灌溉等因素造成的土壤水蚀，包括：Wischmeier and Smith 在 1978 年提出的 USLE 方程（Universal Soil Loss Equation）、Onstad 和 Foster 在 1975 年依据 USLE 修改的 Onstad-Foster 方程（Foster Modification of the USLE）、Renard 等在 1997 年提出的 RUSLE 方程（Revised Universal Soil Loss Equation）、Williams 在 1975 年提出的 MUSLE 方程（Modified Universal Soil Loss Equation），以及另外三种借助 MUSLE 方程基本原理衍生的土壤侵蚀方程 MUST、MUSS、MUSI。其中，MUSS（Small Watershed MUSLE）适用于不发生河道侵蚀的小流域；MUSI（Modified MUSLE with input parameters）属于用户交互型，要求用户另外输入四个参数，需要获取研究区详细的地理空间水文特征，对输入数据要求较高。

这 7 种土壤侵蚀方程的基本计算公式相同，最大的差异在于使用的土壤侵蚀动力因子不一样。具体计算公式如下：

$$Y = EK \times CVF \times PE \times SL \times ROKF \times EI \qquad (6.48)$$

式中，Y 为泥沙产出，t/m²；EK 为土壤侵蚀力因子；CVF 为地表覆盖与管理因子；PE 为侵蚀控制（水土保持措施）因子；SL 为坡长与坡度因子；ROKF 为粗碎块因子；EI 为降水侵蚀力因子。

RUSLE 方程综合描述了降雨侵蚀力、坡长、坡度、地表覆盖与管理、水土保持措施等因素以及各因子相互作用对土壤侵蚀产生的影响。对于 RUSLE 土壤侵蚀方程，各影响因子主要计算方法如下：

（1）坡长因子 SL 的值由下式计算得到：

$$SL = RSF \times RLF \qquad (6.49)$$

式中，RSF 的赋值由与坡度有关的线性关系式决定；RLF 的赋值由与坡度有关的指数关系式决定。

（2）地表覆盖与管理因子 CVF 由以下公式计算得到：

$$CVF = FRSD \times FBIO \times FRUF \qquad (6.50)$$

$$FRSD = \exp(-0.75 \times CVRS) \qquad (6.51)$$

$$FBIO = 1 - FGC \times \exp(-0.1 \times CPHT) \qquad (6.52)$$
$$FRUF = \exp[-0.026 \times (RRUF - 6.1)] \qquad (6.53)$$

式中，FRSD 为作物残茬因子；FBIO 为生长季生物量因子；FRUF 为土壤随机粗糙度因子；CVRS 为地面作物残茬量，t/m^2；FGC 为处于生长期的作物所占面积比例；CPHT 为作物高度，m；RRUF 为土壤表面随机粗糙度，mm。

（3）水土保持措施因子（PE）取值由实施保护水土措施的效果来决定，通常在 0.1 ~ 0.9 之间变化。等高耕作属于常见的水土保持耕作措施，能拦截水流、增强入渗，更有效地减轻雨水对土壤的冲刷。PE 赋值 0 或 1 时，代表两种极端情况。PE=1 表明该区域实行非等高耕作，即水土流失严重，而当 PE=0 时表明该区域的水力侵蚀作用为零。水土保持措施因子 PE 随等高耕作坡面变化情况见表 6.4。

表 6.4　水土保持因子 PE 在不同等高耕作坡面下的取值

坡度（%）	最大坡长（m）	PE 取值
1 ~ 2	121.92	0.6
3 ~ 4	91.44	0.5
6 ~ 8	60.96	0.5
9 ~ 12	36.576	0.6
13 ~ 16	24.384	0.7
17 ~ 20	18.288	0.8
21 ~ 25	15.24	0.9

（4）土壤侵蚀力因子 EK 由以下公式计算得到：

$$EK = X_1 \times X_2 \times X_3 \times X_4 \qquad (6.54)$$
$$X_1 = 0.2 + 0.3 \times \exp[-0.0256 \times SAN \times (1 - 0.01 \times SIL)] \qquad (6.55)$$
$$X_2 = [SIL / (CLA + SIL)]^{-0.3} \qquad (6.56)$$
$$X_3 = \frac{1 - 0.25 \times WOC}{[WOC + \exp(3.718 - 2.947 \times WOC)]} \qquad (6.57)$$
$$X_4 = \frac{1 - 0.7 \times (1 - 0.01 \times SAN)}{\{XX + \exp[-5.509 + 22.899 \times (1 - 0.01 \times SAN)]\}} \qquad (6.58)$$

式中，XX 为降水/径流渗入土壤顶层的速率，mm/d；SAN、SIL、CLA、WOC 分别为土壤中砂砾、粉砂砾、黏粒、有机碳的含量百分比，按粒径由小到大依次为：黏粒、粉砂砾、砂砾，土壤中砂砾含量越高，侵蚀作用越弱。EK 的取值范围为 0.1 ~ 0.5。

（5）粗碎块因子 ROKF 和降雨侵蚀力因子 EI 分别由式（6.59）和式（6.60）计算得到：

$$ROKF = \exp(-0.03 \times ROK) \qquad (6.59)$$

式中，ROK 为土壤表层粗糙碎块百分比。

$$EI = RVF \times R_{0.5h} \times [12.1 + 8.9 \times (\log R_p - 0.434)] / 1000 \qquad (6.60)$$

式中，RVF 为日降雨量，mm；R_P 为雨峰强度，mm/h；$R_{0.5h}$ 为 0.5 小时时段内降雨量最大值，mm。

3）营养物质负荷产出

A. 流域氮循环模拟

氮循环是一个涉及水圈、大气圈和土壤圈的动态平衡系统。氮元素能够以多种化合价位态存在，APEX 模拟子区氮营养盐产出过程时，主要考虑氮元素在土壤层和浅层地下蓄水层中的转化与转移。动植物有机体、施肥、空气中的氮气等是土壤氮的主要来源。氮在土壤中以有机态和无机态两种形式存在，无机态氮主要包括硝酸盐（NO_3^-）、和铵盐（NH_4^+）。有机态氮包括两方面，一种是与作物残体和微生物体有关的有机氮，一种是与土壤腐殖质有关的有机氮，后者能参与到土壤腐殖质的矿化过程中。

a）土壤层中硝酸盐向水体的流失量估算

当地表水/地下水经过土壤层时，土壤中的硝酸盐（硝态氮，NO_3^--N）流失到水体中的量通过浓度的变化来预测，APEX 模型以日为计算步长：

$$Q_{NO_3^-} = W_{NO_3^-} \times \{1 - \exp[-QT / (B_{s1} \times PO)]\} \qquad (6.61)$$

式中，$Q_{NO_3^-}$ 为从土壤层中流失的 NO_3^--N 的总量，kg/m^2；$W_{NO_3^-}$ 为土壤层 NO_3^--N 在初始时刻的含量，kg/m^2；QT 为入渗的水量，mm；PO 为土壤孔隙度；B_{s1} 为含有渗滤水分的土壤孔隙容积占土壤孔隙总容积的比例。在水流下渗过程中 NO_3^--N 的平均浓度 $C_{NO_3^-}$，kg/mm。则可以由式（6.62）求出

$$C_{NO_3^-} = Q_{NO_3^-} / QT \qquad (6.62)$$

由于下渗通常发生在地表径流产生之前，因此垂直方向的水流中 NO_3^--N 浓度 CS（kg/mm）一般比水平方向的水流中 NO_3^--N 浓度 CO（kg/mm）高。从土壤层中流失的 NO_3^--N 的总量 $Q_{NO_3^-}$ 表则可以分成垂直和水平方向两部分：

$$Q_{NO_3^-} = CO \times QV + CS \times QH \qquad (6.63)$$

式中，QV 和 QH 分别为垂直和水平方向上的水流量，mm。

使用 CS 来计算径流（runoff）、侧向水流（lateral flow）、回流（return flow）等水平方向水流中 NO_3^--N 浓度，使用 CO 来计算入渗等垂直方向水流中 NO_3^--N 浓度。CS 和 CO 的表达式由上述公式推导：

$$CO = QNO / (QV + P_{14} \times QH) \qquad (6.64)$$

$$CS = P_{14} \times CO \qquad (6.65)$$

$$P_{14} = CS / CO \qquad (6.66)$$

式中，参数 P_{14} 的取值范围为 0~1，通常设置为 0.5 可以根据实际情况进行调整。

b）硝态氮随土壤水分蒸发中的迁移

土壤中的水分蒸散使得硝态氮（NO_3^--N）向顶层土壤移动，由以下公式描述这一过程：

$$E_{NO_3^-} = SEV(1) \times C_{NO_3^-} \tag{6.67}$$

式中，$E_{NO_3^-}$ 为从土壤层 1 向上一层土壤运移的 NO_3^--N 的总量，kg/m^2；SEV(1)为土壤层 1 的水分蒸发量，mm。

c）吸附于泥沙的有机氮的运移

地表径流冲刷土壤，进入河道的泥沙携带有机氮发生迁移。径流侵蚀土壤引起的有机氮流失量估算采用 McElroy 等于 1976 年首先提出、由 Williams and Hann 在此基础上改进的方程，具体表达式为

$$YON = 0.001 \times Y \times CON \times ER \tag{6.68}$$

式中，YON 为随地表径流进入河道的有机氮量，kg/m^2；Y 为泥沙输出量，t/m^2；CON 为顶层土壤中有机氮的浓度，g/t；ER（enrichment ratio）为富集率，即泥沙中有机氮的浓度与土壤表层中有机氮浓度的比值。Menzel 将富集率与径流中泥沙含量的关系描述为对数关系，在 APEX 中富集率与泥沙含量的关系有上限值和下限值的限定，富集率的最大值是输沙率（delivery ratio）的倒数。输沙率计算公式可以表示为

$$DR = (Q_P / rep)^{0.56} \tag{6.69}$$
$$rep = R_P (Q/RFV)^{0.1} \tag{6.70}$$

式中，DR 为输沙率；Q_P 为洪峰径流速率，mm/h；rep 为超深降水（能形成径流的降水）峰值速率，mm/h；R_P 为雨峰强度，mm/h；Q/RFV 即径流系数用来计算入渗。

富集率 ER 的最小值是 1，ER 的取值范围为 1~1/DR。估算富集率的对数方程如下：

$$ER = be1 \times CY^{be2} \tag{6.71}$$
$$be2 = \log(DR) / 2.699 \tag{6.72}$$
$$be1 = 1 / 0.1^{be2} \tag{6.73}$$

式中，CY 为地表径流中的泥沙含量，t/m^3；be1 和 be2 分别为与上限值、下限值的设定有关的参数。若富集率接近最大值 1，则此时泥沙含量非常高，反之，若富集率接近最小值——输沙率的倒数，则泥沙含量很低。泥沙含量在 0.0002~0.1 t/m^3 之间变化。

d）反硝化作用

反硝化作用也称为脱氮作用，是反硝化细菌在缺氧环境下将硝酸盐还原成 N_2

或 N_2O 的过程。用温度和含水量组成的方程来模拟反硝化过程：

当土壤水分因子 SWF>0.95 时，有

$$DN = W_{NO_3^-} \times [1 - \exp(-1.4 \times TFN \times WOC)] \tag{6.74}$$

当土壤水分因子 SWF<0.95 时，有

$$DN = 0 \tag{6.75}$$

式中，DN 为反硝化作用速率，即反硝化作用损失的氮量，$kg/(m^2 \cdot d)$；TFN 为营养物质循环温度因子；WOC 为有机碳含量，%。温度因子 TFN 由式（6.76）计算得到：

$$TFN = STMP / [STMP - \exp(5.059 - 0.2504 \times STMP)] \tag{6.76}$$

土壤水分因子 SWF 根据土壤层含水量 ST（soil water content）与萎蔫点 WP（wilting point）的关系来计算：

$$SWF = 0.1 \times (ST / WP)^2, ST < WP \tag{6.77}$$

$$SWF = 0.1 + 0.9 \times \mathrm{sqrt}[(ST - WP)/(FC - WP)], ST > WP \tag{6.78}$$

式中，STMP 为土壤层中心温度，℃。

e）硝化作用

硝化作用是指硝化细菌在通气良好的环境中将氨气转化为硝酸盐的过程。将 Reddy 等提出的一阶动力学速率方程与 Godwin 等提出的方法合并，以此来模拟计算过程产生的硝态氮量：

$$RNV = W_{NH_3} \times [1 - \exp(-AKN - AKV)] \tag{6.79}$$

$$AKN = [0.041 \times (STMP - 5) \times SWF \times PHF], STMP > 5 \tag{6.80}$$

式中，RNV 为反硝化作用和挥发作用损失的氮量，$kg/(m^2 \cdot d)$；W_{NH_3} 为氨气 NH_3 的比重，kg/m^2；AKN 为反硝化作用调节因子；AKV 为挥发作用调节因子，当土壤层温度高于 5℃时才会发生硝化作用和挥发作用；SWF 为土壤水分因子，PHF 是土壤的 pH 值。

f）挥发作用

挥发作用是指土壤中的铵盐以氨气的形式散逸到大气中造成氮素损失。发生挥发作用的同时也伴随着反硝化作用。土壤氨挥发由温度与风速组成的方程来计算：

$$RVOL = RNV \times F_1 / (F_1 + F_2) \tag{6.81}$$

$$F_1 = 1 - \exp(-AKV) \tag{6.82}$$

$$F_2 = 1 - \exp(-AKN) \tag{6.83}$$

$$RNIT = RNV - RVOL \tag{6.84}$$

式中，RNIT 和 RVOL 分别为反硝化作用和挥发作用损失的氮量，$kg/(m^2 \cdot d)$；反硝化作用调节因子 AKN 的计算在上节"硝化作用"中已作介绍，挥发作用调节因

子 AKV 的计算方法随土壤层的不同有所变化。

在土壤表层

$$AKV = 0.41 \times (STMP - 5) \times [0.335 + 0.16\ln(U_{10} + 0.2)] \qquad (6.85)$$

在其他土壤层

$$AKV = TF \times (1 - 0.038 \times CEC) \times FZ \qquad (6.86)$$

$$FZ = 1 - Z_5 / [Z_5 + \exp(4.55 - 0.00054 \times Z_5)] \qquad (6.87)$$

式中，U_{10} 为平均风速，m/s；CEC 为阳离子交换量；Z 为某土壤层上边界到该土壤层中部的距离，mm。

B. 流域磷循环模拟

相比氮元素，磷元素的化学性质相对稳定。肥料、粪便、植物残体等都是土壤中磷的来源，磷元素分为有机磷和矿物磷（无机磷）两大类。其中，有机磷包括新鲜有机磷、活性有机磷和稳态有机磷。新鲜有机磷与作物残渣和微生物体有关，稳态磷、活性磷与土壤腐殖质有关。土壤腐殖质矿化过程伴随着有机磷向矿物磷的转化。矿物磷包括可溶性磷、活性磷和稳态磷三类。可溶性矿物磷被植物摄取、土壤侵蚀过程吸附于泥沙颗粒的有机磷、矿物磷流失到水体中，这些过程又使得磷元素由土壤向周围环境转化迁移。在大多数环境中，磷元素都以难溶的化合物形态存在，磷的流失主要通过土壤侵蚀被运移到地表径流中。

a）流失到地表径流的可溶性磷估算

可溶性磷的计算可以简要地表示为

$$YSP = 0.01 \times CSP \times Q / KD \qquad (6.88)$$

式中，YSP 为流失到径流中的可溶解性磷的量，kg/m^2；CSP 为土壤层 1 中的活性磷的含量，g/t；KD 为土壤中可溶性磷浓度与径流中可溶性磷浓度的比值，m^3/t；在 APEX 模型中 KD 的值通常设定为 100。

b）吸附于泥沙的磷运移

吸附于泥沙颗粒的磷营养盐随泥沙传输到河道中，计算方法如下：

$$YP = 0.01 \times Y \times CP \times ER \qquad (6.89)$$

式中，YP 为随泥沙转移到河道的有机磷的量，kg/m^2；CP 为土壤表层吸附在土壤颗粒上磷的浓度，g/t；Y 为泥沙输出量，t/m^2；ER 为磷的富集率。

c）磷的矿化过程

磷的矿化是指有机磷通过微生物作用转化为能被植物吸收的矿物磷（无机磷）的过程。APEX 采用由 Jones 等改进的 PAPRAN 矿化作用模型（PAPRAN mineralization model）来描述磷的矿化过程。矿化过程有两大来源：与作物残体、微生物体有关的新鲜磷，与土壤腐殖质有关的稳态磷，模型分开模拟这两个过程。估算每层土壤的新鲜有机磷时，采用以下计算公式：

$$RMP = DECR \times FOP \qquad (6.90)$$

$$DECR = 0.05 \times CPRF \times CS \qquad (6.91)$$

$$CPRF = exp[-0.693 \times (CPR - 200) / 200] \qquad (6.92)$$

$$CPR = 580 \times RSD / (FOP + WPML) \qquad (6.93)$$

式中，RMP 为新鲜有机磷的矿化速率，$kg/m^2/d$；DECR 为一天内新鲜有机磷的衰减率常数；FOP 为作物残渣中的作物残渣中新鲜有机磷的含量，kg/m^2；CS 为生物过程控制因子；RSD 为作物残渣量，t/m^2；WPML 为可溶性磷的含量，kg/m^2。

与土壤腐殖质有关的新鲜有机磷的矿化，则由以下公式计算：

$$HMP = CMP \times CS \times WPO \qquad (6.94)$$

式中，HMP 为来自土壤腐殖质的新鲜有机磷的矿化速率，$kg/(m^2 \cdot d)$；CMP 为土壤腐殖质在一天内的矿化速率常数（一般是 0.0003）；WPO 为有机磷含量，kg/m^2。

d）矿物磷循环

矿物磷有三种状态：可溶性矿物磷、活性矿物磷和稳态矿物磷。可溶性矿物磷能被植物吸收利用，也很容易转化成活性矿物磷。可溶性矿物磷向活性矿物磷的转化由以下公式描述：

$$MPR = WPML - WPMA \times PSP / (1 - PSP) \qquad (6.95)$$

式中，MPR 为一天内由可溶性矿物磷转化生成的活性矿物磷量，$kg/(m^2 \cdot d)$；WPMA 为活性矿物磷含量，kg/m^2；PSP 为磷的吸附系数。活性矿物磷也会向可溶性矿物磷转化，但这一过程非常缓慢，因此当上述公式出现负数时，即发生活性矿物磷向可溶性矿物磷的转化时，则将上述公式计算结果乘以 0.1。

磷的吸附系数 PSP 由土壤的理化性质决定，采用 Jones 等提出的公式来计算不同土壤条件下的 PSP：

$$PSP = 0.58 - 0.0061 \times CAC \qquad (6.96)$$

$$PSP = 0.02 + 0.014 \times WPML \qquad (6.97)$$

$$PSP = 0.0054 \times BSA + 0.116 \times PH - 0.73 \qquad (6.98)$$

$$PSP = 0.46 - 0.0916 \times ln(CLA) \qquad (6.99)$$

其中，式（6.95）适用于钙质（石灰性）土壤，式（6.96）适用于非钙质、轻微风化的土壤，式（6.97）适用于非钙质、中度风化的土壤，式（6.98）适用于非钙质、重度风化的土壤。CAC 是碳酸钙含量（g/t），PH 是土壤酸碱度 pH 值，CLA 是黏性土含量百分比（%），BSA 是用醋酸铵法测定的盐基饱和度（%）。一般情况下，磷吸附系数 PSP 的取值在 0.05 ~ 0.75 之间。

活性矿物磷向稳态矿物磷的转化，由以下公式计算：

$$ASPR = bo \times (4 \times WPMA - WPMS) \qquad (6.100)$$

式中，ASPR 为一天之内由活性矿物磷转化而来的稳态矿物磷的量，$kg/(m^2 \cdot d)$；bo 为转化系数；WPMS 为稳态矿物磷的含量，kg/m^2；稳态矿物磷也会向活性矿物磷转化，但这一过程非常缓慢，因此当式（6.100）出现负数时，即发生稳态矿物磷向活性矿物磷的转化时，则将式（6.100）的计算结果乘以 0.1。转化系数与吸附系数 PSP 有关：

$$\text{bo} = \exp \times (-1.77 \times \text{PSP} - 7.05) \tag{6.101}$$
$$\text{bo} = 0.0076 \tag{6.102}$$

其中，式（6.100）适用于非钙质土壤，式（6.101）适用于钙质土壤。

4）河道输移过程

坡面漫流汇集至河道，携带泥沙、氮磷营养盐等经由河道传输最终到达流域出口。本节主要介绍 APEX 模拟地表径流、泥沙、氮磷营养物质河道输移过程的计算原理。

A. 地表径流输移

APEX 模型有两种方法来模拟地表径流穿过明渠/河道/河漫滩的过程：一种是以日为步长的方法（daily time step method）计算平均径流量；一种是由 Williams[7]提出的变量存储系数方法（variable storage coefficient，VSC）。

a）以日为步长的方法

以日为步长的方法适用于农场、小流域尺度。根据曼宁公式，假设河道断面为顶部宽、底部窄的梯形，对于某段河道，用单位时间内流入河道平均水量除以河道断面面积，就得到这段河道的径流流速。用来模拟演算径流事件的具体公式如下：

$$V_q = Q \times \text{WSA} / [360 \times (\text{DUR} + \text{TC})] \tag{6.103}$$

式中，V_q 为单位时间内流入河道的平均径流量，m^3/s；Q 为入流水量，mm；WSA 为集水区面积，m^2；DUR 为降水持续时长，h；TC 为坡面漫流汇集至河道，最终到达河道出口所花费的时间即汇流时间，h。

b）变量存储系数法

变量存储系数 VSC 方法是一种分段连续演算方法，它将模拟时段分为多个连续的时间步长（通常为 0.1 ~ 1 h）来刻画子区径流水文过程线（subarea runoff hydrograph）、估算河道出流量。子区径流水文过程线用来推求子区汇流过程。假设在某一时间间隔为 Δt，具体计算公式如下：

$$V_{\text{out}} = \{\text{STH}_0 \times [1 - \exp(P_{73} \times \text{DTHY} / \text{TC}) + \text{RFE}]\} \times \text{WSA} / (\text{DTHY} \times 360) \tag{6.104}$$

式中，V_{out} 为子区的径流出水量，m^3/s；STH_0 为子区在某一时间间隔 Δt 初始时刻的存储水量，mm；参数 P_{73} 与计算水量损耗有关，其取值范围为 0.1 ~ 1。DTHY 为分段计算的时间间隔，h；TC 为汇流时间，h；RFE 为在时间间隔内能形成径流的降水量，mm；WSA 是子区面积，m^2。

变量存储系数方法能动态模拟演算径流向下游河道输移至流域出口的过程。河道在 Δt 初始时刻存储的水量，加上入流水量和有效降水量（即能形成径流量的降水），扣除损耗，就得到 Δt 结束时刻河道的出水量。河道演算过程包含四个关键参数：河道在Δt初始时刻的入流量Q_{i1}、河道在Δt结束时刻的入流量Q_{i2}、河道在Δt初始时刻的出流量Q_{o1}、河道在Δt结束时刻的出流量Q_{o2}。Q_{i1}和Q_{i2}可以经过上述子区水文过程线求算得到，与Δt相邻的上一时间间隔（Δt-1）结束时刻的出流量等于Q_{o1}。Δt结束时刻的Q_{o2}的计算步骤如下：

模型首先将Q_{o1}赋值为GS，计算河道水流流速。

$$V = (Q_{i2} + GS) \times \text{sqrt} X_1 / (A_{i2} + A_{o2}) \tag{6.105}$$

$$X_1 = (\text{RFPL} \times \text{RFPS} + D_{i2} - D_{o2}) / (\text{RFPL} \times \text{RFPS}) \tag{6.106}$$

式中，V为水流流速，m/s；A_{i1}和A_{o2}分别为在Δt结束时刻入流横截面面积，m^2；出流横截面面积，m^2；RFP为河漫滩长度，m；RFPS为河漫滩坡度，m/m；D_{i1}和D_{o2}分别是在Δt结束时刻入流深度（m）和出流深度（m）。

计算水流在河段输移所使用的时间。

$$\text{TT}_R = \text{RFPL} / (3.6 \times V) \tag{6.107}$$

式中，TT为水流通过河段所花费的时间，h。

计算变量存储系数法（VSC）径流系数CVSC。

$$\text{CVSC} = 2 \times \text{DTHY} / (2 \times \text{TT}_R + \text{DTHY}) \tag{6.108}$$

式中，DTHY为时间间隔Δt。

计算河道在Δt结束时刻的出流量Q_{o2}。

$$Q_{o2} = \text{CVSC} \times \text{SIA} / (3600 \times \text{DTHY}) \tag{6.109}$$

$$\text{SIA} = 1800 \times \text{DTHY} \times (Q_{i1} + Q_{i2}) + \text{STH} \tag{6.110}$$

式中，SIA为河道在Δt结束时刻汇集入流水量后的存储水量，mm；STH为在Δt结束时刻子区的存储水量，mm。

收敛性由以下比值决定：

$$\text{DF} = \text{abs}(Q_{o2} - \text{GS}) / Q_{o2} < 0.001 \tag{6.111}$$

如果DF＞0.001，会被重新赋值为GS，上述计算步骤将会重复进行。

B. 泥沙输移

泥沙输移包括河渠输移和河漫滩输移两个过程。河渠输移、河漫滩输移均考虑泥沙的沉积与河道冲刷，当总的冲刷强度大于沉积量时，会增加泥沙输出，反之则造成泥沙量损失。采用Bagnold[8]提出的方程来模拟泥沙含量随时间的分布情况及其输移过程，最终输出的泥沙量是通过比较水流进入河道时的泥沙含量与水流挟沙能力来计算的：

$$\text{YU} = 10 \times \text{QCH} \times (\text{CY}_U - \text{CIN}) \tag{6.112}$$

$$\text{CY}_U = \text{CY}_1 \times \text{VCH}^{P_{18}} \tag{6.113}$$

式中，YU为泥沙产出潜在变化量，t/m^2；QCH为通过河渠的径流量，mm；CY_U为不同的水流速度VCH对应的泥沙含量，t/m^3；参数P_{18}为泥沙输移方程中的指数因子，预设值为 1.5；CY_1 为水流速度为 1 m/s 时的泥沙含量，t/m^3；CIN 为进入河渠的水流中的泥沙含量，t/m^3。Y_U 为负值时说明泥沙沉积量大于河道冲刷量，泥沙损失；Y_U 值大于 0 说明泥沙沉积量小于河道冲刷量，泥沙增加。数学表达式如下：

$$DEP_{ch} = -Y_U \qquad (6.114)$$
$$DEG_{ch} = Y_U \times CVF \times EK \qquad (6.115)$$

式中，DEP_{ch} 为泥沙在河渠中的沉积量，t/m^2；DEG_{ch} 为从河渠中冲刷下来的泥沙量，t/m^2；EK 为侵蚀方程中的土壤侵蚀因子；CVF 为地表覆盖与管理因子。

泥沙在河漫滩输移过程中沉积量与冲刷量的计算原理与河渠输移过程类似，每段河道输出汇总，就是最终流域出口的泥沙输出量：

$$YO = YI - DEP_{ch} - DEP_{fp} + DEG_{ch} + DEP_{fp} \qquad (6.116)$$

式中，YO 与 YI 分别为进入河道的水流的泥沙含量（t/m^2）与流出河道的水流的泥沙含量（t/m^2）；DEP_{fp} 为在河漫滩输移过程中泥沙沉积量，t/m^2；DEG_{fp} 冲刷量，t/m^2。泥沙输移过程会引起泥沙粒径分布发生变化，APEX 分别用粒径为 200 μm、100 μm、2 μm 的泥沙颗粒代表砂砾、粉砂砾和黏粒。

模型认为径流中的矿物氮、磷处于稳定状态。在径流河道输移过程中，矿物氮、磷的浓度保持恒定值。

附着于泥沙颗粒的有机氮、磷含量在河道输移过程中会发生变化，利用进入河道的水流中有机态氮磷浓度与流出河道水流中氮有机态氮磷浓度的比值来计算：

$$ER_{ch} = PSZM_1 / PSZM_0 \qquad (6.117)$$

式中，ER_{ch} 为进入河道的水流中有机态氮磷浓度与流出河道水流中氮有机态氮磷浓度的比值；$PSZM_1$ 为进入河道的水流中的泥沙颗粒平均粒径，pm；$PSZM_0$ 为流出河道的水流中的泥沙颗粒平均粒径，μm。

3. APEX 模型应用前景

相对于其他非点源污染模型，APEX 能更好地模拟农场或小流域尺度以及模拟作物种植和农业管理措施等方面对环境的影响。APEX 提供了涉及地表径流、灌溉排水、沉积物沉积和降解、营养输送和地下水流在子区域之间相互作用的评估，可以估计每个分区和流域出口处的氮磷和农药损失，对来自动物产生的废液废物储存池或水塘的液体废物应用的模拟是模型的主要特色之一。APEX 也可以模拟从饲养场或其他动物饲养区收集的固体粪肥的储存及随后的土壤施用效应。然而，APEX 模型中缺乏子流域之间的河道演算以及大流域应用中的河道过程，所以不能很好地解决大流域污染物迁移问题。

APEX 模型是田间/小流域尺度模型，空间分辨率高，对灌区内农业耕作管理模拟算法更加优化，方便用于研究农业耕作区内部的耕作收割、灌溉、施肥等措施对农田水文循环和氮磷迁移的影响。通过 APEX 模型模拟预测和措施优化，可以使农业管理对氮磷流失的影响减至最低。例如：农业施肥是氮磷产生的主要来源，APEX 能够模拟不同形态氮、磷的迁移转化过程，包括氮磷随地表径流流失、入渗流失、随泥沙运动输出等物理过程，以及无机氮肥的升华、反硝化及植物吸收过程和有机氮肥（包括植物残留）的分解、矿化、反硝化及植物吸收等过程。基于 APEX 模型模拟，可以有效地对农业、畜牧业等进行管理和规划，合理安排农田的施肥和养分管理，减少氮磷流失对土壤肥力及化肥利用率的影响。APEX 还可以模拟多种作物在竞争环境下的生长情况，分析不同作物植被下氮磷排放的差异，是能够很好地分析农作物的最佳管理方式。

气候变化对水循环有显著的影响，进而影响到氮磷的迁移，可以通过 APEX 预估气候变化对水资源的影响以及对农业灌溉和水资源调配的影响进而分析降雨、温度等气候变化对氮磷排放负荷的影响。APEX 模型能很好地模拟田间尺度的水文循环，对不全的气象资料，APEX 模型能够通过天气发生器插补缺失的气象资料。

缓冲带对于控制非点源污染具有较好的效果，其机制包括植被的颗粒吸附、悬浮固体的沉降和污染物降解等。但缓冲带减少农药、氮磷等非点源污染物负荷的影响因素复杂，主要包括缓冲带宽度、径流流量大小和持续时间、氮磷的化学性质、缓冲区的地形、土壤、植被覆盖度等。通过美国农业农村部保护效应评估计划，APEX 模型被选为评估农业管理实践的主要模式。借助 APEX 模型可以评估不同条件下缓冲带的污染物净化效果，如评估植物过滤带性能。

随着遥感、GIS 技术的发展，采用各种分布式水文模型对小流域径流、产沙以及氮磷的迁移过程进行定量模拟成为非点源研究的主要方法。APEX 模型是针对田间小流域，可以耦合流域尺度水文模型来解决大规模的水环境问题。例如，SWAT 模型作为一个大尺度的水文模型，可以对流域的陆面过程和河道汇流过程进行模拟，其对农田内的农作物种植管理系统的模拟方法较为简单。而 APEX 模型则是针对农场或小流域水文模拟而设计的，具有更加优化的农作物种植管理系统模拟方法，但其对区域内空间关系考虑得较为简单，因此，使用 APEX 和 SWAT 集成方法得到的模拟精度会高于使用单独模拟的精度。

6.3.3　CENTURY 模型

植物–土壤–大气之间碳、氮、磷和水分等物质循环过程机理的良好模拟是合理评估生态系统功能的前提。CENTURY 模型可以用来模拟并预测陆地生态系统的生产力和土壤有机碳的动态变化，在不同地区的应用中均取得了良好的结果。

CENTURY 模型由科罗拉多州立大学和美国农业农村部联合开发，以 Colorado 草地生态系统为基础建立的模拟大气-植物-土壤生态系统的生物地球化学模型。模型通过营养元素循环来实现对生态系统相关性能的模拟，在草地生态系统研究中尤其具有良好的适用性。在此后的几十年，该模型逐步发展成为可以模拟热带稀树干草原、农田、森林等多种生态系统的综合性模型。目前，CENTURY 模型是全球应用比较广泛的模拟陆地生态系统生物地球化学循环的模型，可用于综合评估人类活动和气候变化对陆地生态系统的影响。CENTURY 模型在不同的生态系统中具有较强的适用性，但运行机制也更为复杂。模型的大部分参数都适用于草地生态系统，但部分参数由于实际获取困难而需通过其他因子计算获得，这也造成了模型不确定性的增加。

以 CENTURY 模型为代表的生物地球化学循环模型（biogeochemical cycles，BGC）侧重于营养物质交换过程的模拟，同时考虑了植被类型造成的生物物理参数分异和人为干扰，是应用最为广泛的模型之一。CENTURY 模型对土壤碳、氮元素循环的处理过程和模拟方法被许多 BGC 模型所借鉴，成为 CENTURY 模型的特色。

CENTURY 模型结构包括森林子模型、土壤有机质子模型、作物/草地子模型和水分模型。森林子模型由 5 个生物量库组成，即叶、细根、粗根、细枝、粗枝和树干，各部分具有不同的 C、N、P 养分含量，再根据土壤养分和气候还原植被生产力。CENTURY 将凋落物分为结构库和代谢库，植物残体中的氮素与木质素比值决定了代谢库与结构库的分布比率；同时，又将土壤有机质模型划分为活性库，缓性库和惰性库，结构库和代谢库又决定了进入不同土壤有机质库中的养分和物质比例。水分子模型计算了不同土壤层之间的水分循环和、各土壤分层中的水分含量、冰雪中水的含量以及每月的潜在蒸散量（PET），即每月的蒸发（Evaporation）和潜在蒸腾（Transpiration）作用的水分损失、各土壤层中的水分含量和雪中的水分含量。草原/农作物子模型可模拟不同的农作物生长，自然植物群落，以及管理草原系统，以月平均土壤温度和降水量为函数，来计算潜在的植物产量和养分需求。

模型的主要输入变量包括：①月平均最高、最低气温；②月降水量；③植物体木质素含量；④植物的氮、磷和硫含量；⑤土壤参数主要包括 pH 值、土壤质地、土层厚度、土壤容重和土壤养分等；⑥大气和土壤氮素输入；⑦初始土壤碳、氮、磷和硫含量。模型以月或日为运行单位。CENTURY 模型的运行环境由输出程序和两个辅助程序组成。File100 程序帮助用户创建和更新 CENTURY 主程序使用的 12 个参数文件。Event100 程序用来创建作物属性、农田管理和模拟期间发生的干扰事件相关参数的文件[9]。

CENTURY 模型的运行过程为：第一步将收集到的气象数据转换成模型所需

的气象文件*.WTH，再使用 FILE100 程序设定 12 个参数化文件中的参数；第二步运行 EVENT100 程序，设定作物管理和干扰事件，生成相应的系统文件；第三步为使用月平均最低、最高气温、月平均降水量驱动 CENTURY 模型，使其达到稳定状态，然后以稳定状态运行的参数作为模型的初始条件得到模拟结果；最后运行 LIST100 程序得到可读的模拟结果。CENTURY 模型的验证方法有线性回归分析法、误差平方根值法及平均绝对百分比误差法，综合利用这 3 种方法可以准确评价 CENTURY 模型的适用性。

　　CENTURY 模型最初用于对草地生态系统，现已广泛用于欧洲、南北美洲以及亚洲的温带、热带地区的森林和农田等生态系统。CENTURY 模型在我国内蒙古典型草原、东北地区农田和森林、温带和热带人工林碳氮循环模拟效果良好[10]。植被类型是 CENTURY 模型最重要的输入量，当植被类型确定后，物质在生态系统各组分之间的传递过程就仅仅是气候和土壤的函数，因此，CENTURY 模型对土壤参数和初值设定要求较高，属于具有初值依赖性的模型。

　　CENTURY 模型在国内不同陆地生态系统中生产力的研究也比较多，其目的是研究气候变化背景下各生态系统对人类不同管理措施的响应。张存厚等 2013 年利用内蒙古草原的代表站点草地生产力长期观测数据对 CENTURY 模型进行了模拟验证，分析了降水、气温、CO_2 等气象要素和放牧对内蒙古草原的影响机制，并重建了内蒙古草原公元 1～2000 年的生产力动态变化，综合、定量地评价了气候变化对内蒙古草原地上净初级生产力的影响。蒋延玲等利用 CENTURY 模型对我国森林生态系统生产力进行了模拟验证，评估了气候变化和火烧管理对森林生态系统的影响，为制定合理的森林管理措施提供了科学的理论依[11]。陈四清综合运用遥感、GIS 技术和 CENTURY 模型动态模拟了锡林河流域草原碳循环过程并绘制了模拟图，形象地展示了土地利用变化、人类活动和气候变化对碳循环和碳汇功能的影响，使人们更加清楚并全面了解草地对全球碳循环的重要性[12]。Bortolon 等利用 CENTURY 模型和 GIS 对巴西南部大区域尺度下的碳排放和碳固定进行了研究，针对不同种植制度、土地耕作方式和植被类型，他们根据采样区域的实测数据对 CENTURY 模型进行了校正和检验[13]。结果表明，CENTURY 模型可以准确估计土地利用变化和土壤管理对 SOC 的演变及大气二氧化碳平衡的影响。综上可知，CENTURY 模型在我国陆地生态系统具有很好的适用性。

6.3.4　EPIC 模型

1. 模型简介

EPIC（Erosion Productivity Impact Calculator）是美国农业农村部在 1980 年最

初为了预测评估土壤侵蚀对土地生产力的影响而研发的，后续改进过程增加水质评估、大气中二氧化碳循环模拟等功能，发展成为一个定量评价"气候–土壤–作物–管理"系统的综合动力学模型，EPIC 模型因此被更名为 Environmental Policy Integrated Climate。EPIC 适用于农田小区的土壤–作物模拟，用于评价土壤侵蚀对农业生产力的影响，并且预测田间土壤水、营养物质、农药运移和他们的组合管理决策对土壤流失、水质和作物产量的影响。EPIC 模型侧重于预测管理决策对土壤侵蚀、水质和作物产量的效果，评价土壤侵蚀对作物生产力的影响。EPIC 模型的结构包括侵蚀泥沙、营养循环、气象、水文学、土壤温度、土壤耕作、农药残留、植物生长、经济效益和植物环境控制等 10 个模块，是迄今为止描述"气候–土壤–植物–管理"综合系统最复杂的模型之一，包括了 380 多个变量和 350 多个数学方程，能够逐日模拟气候变化、径流与蒸散、水蚀与风蚀、养分循环、农药迁移、植物生长、土壤管理、经济效益等系统运行状态，可以输出逐日、逐月或逐年的气象要素变化、径流和泥沙产量、土壤水分和养分变化动态、植物生长与产量形成等系统运行模拟结果，可对不同土地利用方式下土壤肥力与植被生产力变化提供中长期的预测。

2. 模型相关参数介绍

EPIC 模型由程序文件、运行文件、控制文件、输出文件以及数据库文件组成。程序文件用于连接程序中所有运行需要的各种文件；运行文件用于根据用户的设计载入用户指定的数据库文件内容，控制文件用于控制模型运行参数和模型的输出，输出文件是程序运行的结果文件。EPIC 包括的数据库有作物数据库、耕作数据库、农药数据库、化肥数据库、风数据库、土壤数据库、生产管理数据库、气象数据库和日气象文件。用户可以使用界面程序 UTIL（Universal Text Integration Language）对上述文件进行编辑、修改并控制模型运行和输出。EPIC 模型要求用户提供模拟地区的气象数据、土壤数据、植物生理参数、试验地基础数据、耕作计划等。

1）气象数据

EPIC 模型运行所需的最基本逐日气象要素变量包括逐日太阳辐射量、逐日最高气温、逐日最低气温和逐日降水量。另外，有些过程的计算（如采用彭曼公式计算潜在蒸散量）还需要逐日相对湿度和逐日平均 10 m 高处风速。

2）土壤数据

EPIC 模型在模拟计算土壤水分和养分运转及可供植物吸收数量时，需要代表坡面地形资料（包括坡度、坡向、坡长等）和典型土壤剖面各层次的理化性状数据。土壤剖面参数包括土壤剖面各土层的厚度、容重、凋萎湿度、田间持水量、沙粒含量、粉沙粒含量、有机氮浓度、pH、离子总量（c mol/kg）、有机碳含量、

CaCO₃ 含量、阳离子代换量（c mol/kg）、粗砾含量、硝态氮浓度、速效磷浓度、作物残茬量、容重（烘干重）、磷素吸附率、饱和导水率、地下水平流运转时间、有机磷浓度。此外还需要土壤反射率、可蚀性因子、径流曲线代码等数据。

3）植物生理参数

EPIC 模型在模拟作物生长及其产量形成过程时，通过作物参数控制作物生长发育进程，描述阶段发育与形态发育状况，计算作物对土壤水分、养分的吸收数量，估算温度、水分、氮素和磷素对生物量积累和经济产量形成的胁迫。

4）EPIC 模型耕作计划

EPIC 模型的农作机械耕作参数文件 CLASTILL-DAT 中包含了 58 种机械耕作与管理措施，包括播种、移栽、施肥、喷药、除草、耙地、中耕、培土、起垄、开沟、翻耕、旋耕、凿耕、深松、收获、割晒、打捆、打包、秸秆砌碎、清理、杀死、焚烧、砍伐、放牧、修剪等 25 种不同的农作机械作业项目、管理措施及其复合配套作业。每一项耕作作业采用设备（或措施）名称、作业成本、作业混合效率、作业后的地表粗糙度、耕作深度、垄高、垄间距、沟深、沟间距、作业代码、收获效率、超额收获系数、作业时土壤被压紧比例等 13 个变量来描述其作业的特征与效果。在农田作物生产管理模拟研究中，可以根据需要选择耕作措施和作业时期完成相应的管理工作。

5）EPIC 模型肥料数据库组建

在 EPIC 肥料数据库中，肥料参数文件 FERT 5300-DAT 中包含了 17 种不同的家畜厩肥、家禽粪肥等有机肥，以及 15 种商品性无机化肥中矿质 N、矿质 P、有机 N、有机 P、氨态 N 等养分形态含量的参数，在模拟施肥时用来计算肥料中的有效养分含量。在作物生产管理模拟中，可以根据需要选择肥料种类、施肥数量和施肥时期完成施肥任务。

3. EPIC 模型应用领域

自从 20 世纪 80 年代以来，模型在全世界多个国家和地区得到了广泛的推广和应用，如阿根廷、意大利、巴西、法国、德国等。在 21 世纪初，EPIC 模型首次引入到我国，目前已在许多领域得到广泛的应用推广。

预测土壤的水土流失。预测、模拟土壤风蚀、水蚀是模型的一个主要功能。在 EPIC 模型中应用了四种公式来计算水蚀，能用于分析各种不同耕作方式下作物产量与养分流失、土壤侵蚀、风蚀等之间的关系，也能够用于分析侵蚀、降水和地表径流之间的关系及其对农业生产力的影响，免耕条件与传统耕作方式下的土壤侵蚀状况。

农作物产量的估算。农作物产量的估算是模型中最主要的应用功能之一。运用 EPIC 模型中的作物模块，能够较好地模拟作物的养分胁迫产量和潜在产量，也可以探讨农作物产量和水肥之间的关系，评估干旱、半干旱条件下的水分胁迫、干旱胁迫对玉米等作物产量的影响，预测冰雹对美国玉米带的危害，主要是产量的减少方面。

评估养分利用和养分损失。评估养分利用和养分损失是模型中主要的应用之一。如模拟不同农业生态类型区水渗透与氮淋失之间的关系、模拟土壤中氮、磷、钾等营养要素的动态变化，估算土壤中不同土层中地上生物量和无机氮的动态变化关系。

评估土壤有机碳储量。评估土壤有机碳储量的变化是模型中最主要的应用之一，该模块是 Izaurralde 2006 年加入的，在美国中央大平原上的五个站点进行了测试，土壤有机碳储量的效果还比较好

评估气候变化对作物产量的影响。主要探讨浓度、温度、降低对农作物产量的影响。

评估灌溉、水分对产量的影响。在水资源紧张地区，能够借助 EPIC 模型估算水分利用效率、灌溉效率，同时可以对节水灌溉进行设计和布局，进而寻求最佳的灌溉方式。同时可以利用模型模拟的结果为作物灌溉管理更好地利于农作物产量的生长提供决策指导，通过也能够指导辅助设计和安排灌溉日程。

小流域的土壤侵蚀评估、水质评估等。在地形特殊的流域，能够借助模型估算土壤侵蚀。

综上，EPIC 模型能够在农田管理策略、经济政策与环境评价、减轻农业风险等多个应用领域得到推广。EPIC 模型为不同地区的土地利用、生态安全、农民收入、土壤有机碳储量、农作物产量、水土流失等提供了很好的决策支持，是农业系统投入-产出参数估算的基本工具之一。

6.3.5　其他模型

AnnAGNPS 模型全称为 Annualized Agricultural Non-point Source Pollution Model，主要用于预测和估算流域农业非点源污染负荷。模型是以日为步长、能连续模拟非点源污染的过程模型，起源于美国农业研究所与明尼苏达州污染物控制处联合研发的流域分布式事件模型 AGNPS（Agricultural Non-Point Source）。模型组块主要包括水文、侵蚀和泥沙输移和化学物质模块。AnnAGNPS 模型根据流域水文特征（地形、土地利用和土壤类型等）按照集水区来划分任意形状的分室，并以河网连接分室，以日为基础连续模拟一个时间段内每天以及累计的径流、泥沙、养分及农药等输出结果，可以用来模拟演算流域的水文循环、土壤侵蚀以及化合物迁移等过程，可用于评价流域内非点源污染长期影响，并且可模拟评估最佳管理措施。该模型采纳大量经验公式使得它对于资料缺失地区也能有较好的应

用。但 AnnAGNPS 在模拟过程中只考虑地表水，忽略地下水的作用，不考虑降水空间差异。对于河道输移过程中发生沉降时吸附于泥沙颗粒的养分或杀虫剂所产生的后续影响，模型也不予考虑。且在总磷模拟方面存在较大的不确定性。

CREAMS 模型全称为 Chemicals, Runoff and Erosion from Agricultural Management Systems，是美国农业管理系统中的化学污染物径流负荷和流失模型，主要用于模拟非点源污染及评价农业最佳管理措施以及模拟不同管理措施对地下水中农药负荷的影响。CREAMS 模型采用水量平衡算法，对非点源的水文、侵蚀和非点源污染物的迁移过程进行了综合，模型组块主要包含水文、侵蚀或泥沙、简单污染物平衡水文模块，既可以单独使用某一模块也可以连续使用三个模块。该模型以日为模拟步长，被用来计算单一均质的田块尺度过程，适用于农田管理系统，但该模型参数单一，无法模拟河道、水库汇集至流域出口的输移过程，不能应用于大型流域的非点源污染，不能提供过程信息，缺少模拟功能，且只能在小范围内作粗略的计算和预测预报，在寒冷地区不适用。CREAMS 模型不仅预测单一降雨事件，也可预测长期降雨的平均值，不需要现场数据校正，而是按现有的参数和一些估计值就可以运用，使模型的运行费用大大降低。

DRAINMOD-N 是田间排水-氮运移模型，主要用于氮转化运移的模拟、农田非饱和区一维垂向土壤水氮运移以及饱和区二维垂向和侧向的土壤水氮运移。DRAINMOD-N-Ⅱ已经拓展为可以描述有机肥料氮的转化和运移。该模型可以应用于各种气候、土壤和作物条件下的地表和地下排水及硝态氮损失预测，且适应于浅地下水埋深条件。但 DRAINMOD-N 模型不能模拟土壤侵蚀及磷运移动态。目前，DRAINMOD 模型对氮素和盐度的模拟研究较多，而对其他营养元素（如磷素）、有机微污染物和重金属元素的模拟研究较少。

6.4　农田水环境模型应用实例

6.4.1　研究区概况

研究区位于上海市青浦区（北纬 31°12′，东经 121°08′），为黄浦江上游地区，是上海市的水源保护地之一。该实验地气候类型为亚热带潮湿型季风气候，年平均气温 16.7 ℃，年平均降雨量 1087.3 mm。实验时间为 2012～2013 年，两年稻季的平均气温分别为 25.0 ℃和 26.3 ℃，降雨量分别为 407.7 mm 和 595.3 mm。该地区为中国南方典型的稻作农区，种植模式以稻麦轮作为主，实验中所种植的水稻品种为"宝农 34"，种植方式为移栽。田间水分管理采用"淹灌+中期烤田"的方式，田面水高度保持在 5 cm 左右，烤田时间为 10 d 左右，其他农事操作参照当地习惯。

6.4.2　DNDC 模型配置与构建

此案例首次将 DNDC 模型用于稻田氮素流失的模拟，将测坑定位实验所获得的野外观测数据将用于模型的校准和验证。通过本章的研究以期能够验证 DNDC 模型模拟稻田氮素流失的功能，为稻田氮素流失的研究提供一种新的模型方法[14]。

此案例所使用的 DNDC 模型版本为 DNDC9.5。模型的功能分为点位模拟和区域模拟两部分，同时模型还内置了不确定性分析和敏感性分析等功能，用来分析模拟结果的不确定范围以及影响碳氮循环的敏感性因素等。

DNDC 模型的运行需要三类输入参数，包括气象数据、土壤数据和农田管理措施数据如犁地、施肥和灌溉等。本案例中，气象数据来自于测坑气象站；土壤理化性质数据来自于标准的采样方法和实验室分析测定；农田管理措施数据则来自于田间的管理和记录。

DNDC 模型的参数修正：根据水稻田的结构特点和测坑定位实验的野外观测数据对 DNDC 模型中与稻田氮素流失相关的参数（包括内部参数和输入参数）进行修正，包括以下 5 个参数：①根据田间实际情况将 DNDC 模型中稻田田埂的高度设置为 10 cm；②定义了施肥投入的氮可以溶解到田面水中，因为初始 9.5 版本的模型默认地将施肥投入的氮全部分配到了土壤中（旱作作物的情形），这与水稻田的实际情况不符；③定义了氮在土壤和田面水两相中的分配比，稻田施肥后 15% 的 N 将溶解于田面水中；④增加了一个新的输入参数——灌溉水中的氮浓度，因为灌溉水中往往含有一定量的氮，也是稻田系统氮输入的一个重要来源，该参数使得模型的模拟更接近于实际情况，本研究设定的输入值为 5 mg/L；⑤根据观测数据重新定义了稻田土壤渗漏水的下渗速率，该参数与稻田土壤的性质和犁底层的性质有关，输入值为 1.2 mm/d。这一系列的参数修正均基于水稻田的结构特点或野外的实地观测，为 DNDC 模型准确模拟稻田系统的排水过程和氮素流失打下了坚实的基础。

6.4.3　DNDC 模型率定与验证

DNDC 模型中修正的一系列参数需要实测数据对其进行校准，使得模型的模拟结果在可接受的范围内。因此，测坑定位实验的野外观测数据在模型的校准和验证过程中起着至关重要的作用。本案例记录了自 2009 年起在测坑实验站进行长期定位的实验数据，研究不同施肥方式对水稻产量和稻田氮素流失的影响。在 DNDC 模型的校准和验证过程中，2009～2011 年的实测数据用于模型中修正参数的校准,而 2012～2013 年的实测数据则用于模型的验证。DNDC 模型根据 2009～2013 年测坑实验站实际的气象条件、土壤性质和农田管理措施来运行,对不同施肥方式下水稻的产量、稻田系统的排水过程、氮素的流失以及温室气体的排放进行模拟,模拟结果将与实测数据进行对比分析,从而验证 DNDC 模型模拟稻田碳氮循环的可行性。DNDC 模型的运行过程和模拟结果分别如图 6.2 和图 6.3 所示,同时模型也会生成相应的 Excel 文件用以记录每日模拟结果。

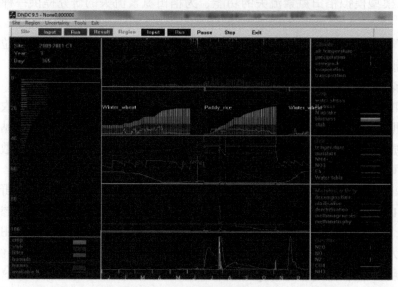

图 6.2　DNDC 模型的运行过程

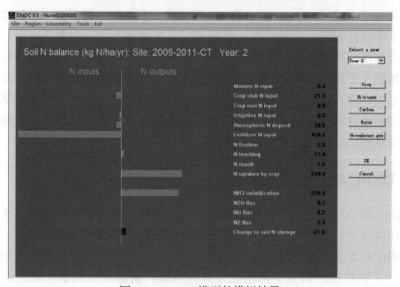

图 6.3　DNDC 模型的模拟结果

6.4.4　模拟结果评估

初始 9.5 版本的 DNDC 模型对稻田系统排水过程和氮素流失的模拟并不理想，参数修正后模拟结果有了较大改善。DNDC 模型的参数修正过程首先调整了模型中对稻田田埂高度和土壤渗漏速率的设定，使得修正后的模型较好地模拟了稻田水分的地表径流量和渗漏量，这是正确模拟稻田氮素地表径流流失和渗漏流失的前提条件，模型修正后模拟稻田排水量的相对标准偏差为 5.77%～12.59%。其次，根据野外观测结果调整了施肥之后肥料在土壤和田面水中的分配比。在原始版本的模型中，模型默认地将水稻视为旱作作物，将施肥投入的氮全部分配到了土壤中，田面水中并没有氮，因此，虽然原始版本的 DNDC 模型有地表径流水的输出，但其中并没有氮的流失。在模型参数修正过程中，15% 的氮将被分配到稻田田面水中，使得修正后的 DNDC 模型较好地模拟了稻田氮素的地表径流流失。然而，以上的参数修正仍然未能改善 DNDC 模型对 CK 处理中氮素地表径流流失的模拟，主要原因是 CK 处理没有施肥，因此并没有氮素分配到稻田田面水中，而实际情况是稻田所使用的灌溉水中往往本身含有一定浓度的氮，这就导致 CK 处理的稻田在产生地表径流时也会有一定量的氮流失到环境中。因此，新版本的模型中增加了一个新的输入参数，即灌溉水中的氮浓度，这使得新版本的模型成功地模拟了 CK 处理稻田氮素的地表径流流失。该新增参数使得模型在模拟稻田氮素的地表径流流失时更接近于实际情况，这对于其他施肥处理的模拟也有一定提高。

修正后的 DNDC 模型模拟不同处理稻田氮素地表径流流失的相对标准偏差为 2.76%～31.79%，平均相对标准偏差为 17.29%。稻田氮素的渗漏流失则主要与氮素在田面水中的溶解及渗漏速率有关，模型的参数修正过程重新定义了尿素在田面水中的溶解，这对于模拟施用尿素的稻田的氮素渗漏流失有一定改善，但在模拟不施肥的 CK 和施用有机肥的 OT 处理时并无显著提高，这可能与 CK 和 OT 处理的氮素渗漏流失量较低有关。新版本的模型模拟不同处理稻田氮素渗漏流失的相对标准偏差为 6.19%～59.84%，平均相对标准偏差为 31.16%。总的来说，修正后的 DNDC 模型已经基本能够正确地模拟稻田系统的排水过程和氮素流失。

6.5　本 章 小 结

农业非点源污染的分散性导致了识别污染的边界和关键源头区域非常困难。沟渠作为农田与流域的桥梁，是连接农业污染物"源"与"汇"的重要通道，多级沟渠的水文功能与生态效应逐渐得到重视，而多级沟渠对污染物的削减作用需要进一步地研究。

农业活动导致养分循环发生重大变化。碳和氮储量仍受到初始耐候磷的影响。然而现有的农田水环境模型对磷元素的模拟大多缺少对磷的来源和过程的研究，这可能和田块（土壤-植被）模型尚缺乏植被对土壤有机磷的吸收、磷酸酶作用等机制的充分理解有关。

目前的土壤生物地球化学模型主要关注自然和半自然生态系统，要想对氮、磷等元素进行长期模拟（100 年或更长时间），则需要了解环生物地球化学的反馈过程和系统对环境变化的响应。但迄今为止，这些模型的应用并未模拟土地利用从自然到农业的变化。所以，正确评估土地利用变化对生物地球化学的影响也是未来的一个发展趋势。

对于农业非点源污染这一严重问题，应从政策、法律上对农业生产活动进行规范；技术上实行以源头控制为主，推行农业最佳施肥管理和小流域综合治理，强化水、大气、土壤等污染防治，着力推进重点流域和区域水污染防治，切实改善环境质量。耦合大流域管理与农业污染扩散模型设计将成为一个重要课题方向。本章所介绍的农区环境模型如表 6.5 所示。结合农作物耕作方式变革，从农业污染防治深度解读来看，农业产业发展指导方向由传统的产量优先转变为新型绿色农业。

当前的农田水文过程建模面临着合并有效数据同化以及提高模拟效率的挑战。农田小尺度与周边受纳水体流域尺度的水文过程密切相关，但在不同尺度上进行建模对于参数估计以及模型耦合提出了一些挑战。

表 6.5　农区水环境模型小结

模型	模型构成	时间尺度	适用对象
DNDC	土壤气候、植物生长、有机质分解、硝化、脱氮、发酵	天	农田、森林、草原、湿地
APEX	水文模块、气象模块、作物模块、营养物模块、农业管理模块	天	田间/小流域
CENTURY	森林子模型、土壤有机质子模型、作物/草地子模型和水分模型	月/天	热带稀树干草原、农田、森林
EPIC	气象、水文学、侵蚀泥沙、营养循环、农药残留、植物生长、土壤温度、土壤耕作、经济效益和植物环境控制	日/月/年	农田小区
AnnAGNPS	水文模块、侵蚀模块、泥沙输移模块、化学物质模块	日	模拟演算流域的水文循环、土壤侵蚀以及化合物迁移
CREAMS	水文模块、侵蚀或泥沙模块、简单污染物平衡水文模块	日	单一均质的田块

参 考 文 献

[1] 中华人民共和国生态环境部, 中华人民共和国国家统计局, 中华人民共和国农业农村部.

全国污染源普查公报. 北京, 2010.

[2] 陈志凡, 赵烨. 基于氮素流失对非点源污染研究的述评. 水土保持研究, 2016, (4): 49-53.

[3] 汤洁, 刘畅, 杨巍, 等. 基于 SWAT 模型的大伙房水库汇水区农业非点源污染空间特性研究. 地理科学, 2012, 32(10): 1247-1253.

[4] Li C S, Frolking S, Frolking T A. A model of nitrous oxide evolution from soil driven by rainfall events. Model structure and sensitivity. Journal of Geophysical Research. Atmospheres, 1992, 97: 9759-9776.

[5] 朱波, 周明华, 况福虹, 等. 紫色土坡耕地氮素淋失通量的实测与模拟. 中国生态农业学报, 2013, 21(1): 102-109.

[6] Ku HH, Ryu JH, Bae HS, et al. Modeling a long-term effect of rice straw incorporation on SOC content and grain yield in rice field. Archives of Agronomy and Soil Science, 2019, (10): 1080.

[7] Williams J R. HYMO flood routing. Journal of Hydrology, 1975, 26(2): 17-27.

[8] Bagnold R A. Bed load transport by natural rivers. Water Resources Research, 1977, 13(2): 303-312.

[9] Parton W J, Schimel D S, Cole C V, et al. Analysis of factors controlling soil organic matter levels in great plains grasslands. Soil Science Society of America Journal, 1987, (51): 1173-1179.

[10] Feng X M, Zhao Y S. Grazing intensity monitoring in Northern China steppe: Integrating CENTURY model and MODIS data. Ecological Indicators, 2011, 11: 175-182.

[11] 张存厚, 王明玖, 张立, 等. 呼伦贝尔草甸草原地上净初级生产力对气候变化响应的模拟. 草业学报, 2013, 22(3): 41-50.

[12] 陈四清, 刘纪远, 庄大方, 等. 基于 Landsat TM/ETM 数据的锡林河流域土地覆盖变化. 地理学报, 2003, (1): 45-52.

[13] Elisandra Solange Oliveira Bortolon, João Mielniczuk, Carlos Gustavo Tornquist, et al. Carbon Balance at the Regional Scale in Southern Brazil Estimated with the Century Model. Soil Carbon, 2014, 1: 437-445.

[14] 赵峥, 吴淑杭, 周德平, 等. 基于DNDC模型的稻田氮素流失及其影响因素研究. 农业环境科学学报, 2016, 35(12): 2405-2412.

第7章 总结与展望

水环境数学模型的构建对水质预测、环境规划与管理等具有重要意义。本书对水环境模拟与水环境模型进行了详尽的阐述。分别从河流、湖泊水库、流域、城市和农田等五个方面介绍了水环境污染过程以及水环境模型框架和建模思路。针对不同水环境类型介绍了典型模型及其在各流域中的应用。主要结论如下：

（1）河流水环境模型是河流中的水质变量在复杂作用下迁移转化规律及其影响因素之间相互关系的数学描述。典型的河流水环境模型包括 QUAL、WASP 和 MIKE 模型。本书基于 QUAL 模型对北京市通州区水环境容量进行估算，结果表明，通州区容量具有地块分配不均的特点，大部分容量集中在通州区的东北部，南部水环境容量很少。QUAL 模型计算容量为理想状况下自净容量值，这种理想容量虽不是实际容量，但仍然可以作为指导通州区污染治理的相对依据。

（2）湖泊水库水环境模型结构较为复杂，一般由水动力模块、泥沙输移模块、水质和富营养化模块、有毒物质模块和泥沙成岩模块等组成。典型的湖泊水库水环境模型包括湖泊水库箱式水质模型、EFDC、DELFT 3D、CE-QUAL-R1 模型、CE-QUAL-W2 模型、HEC-RAS 模型和 PCLake 模型。本书基于 EFDC 模型对密云水库水环境的时空分布特征进行研究，结果表明，密云水库春季和冬季潮河部分形成顺时针旋转的涡流场；夏季和秋季涡流不明显。叶绿素 a 出现峰值的时间集中在 5 月初至 7 月初。

（3）流域水环境模型一般是将其分为小的箱体单元，对每个箱体单元各自进行模型模拟，然后进行汇总得到整个流域尺度的模型。典型的流域水环境模型包括 SWAT、HSPF、AGNPS、GWLF、SPARROW 和 ANSWERS 模型。本书分别基于 SWAT 模型与 HSPF 模型对密云水库与张家冲小流域进行非点源污染特征评估。结果表明，密云水库非点源污染空间差异较大，潮河污染负荷较为严重，白河流域相对较轻。张家冲小流域不同降雨等级对流量以及非点源污染浓度分布在不同污染指标间呈现明显差异。

（4）城市非点源污染模型包括污染物累计冲刷模块、产汇流模块和管网输移模块。典型的城市水环境模型包括 SWMM、InfoWorksICM、MIKE URBAN CS、MOUSE 以及 SLAMM 模型。本书将 SWWM 模型与元胞自动机应用于社区尺度的非点源污染模拟，结果表明，SWWM 模型与元胞自动机在水文及水质模拟中均表现出较为令人满意的性能。

（5）农田水环境模型的框架主要包括气象、土壤水分运动、土壤热传导、土壤氮素运移转化、有机质周转、作物生长发育和田间管理等模块，一般通过编程技术将这些模块有机地结合在一起。典型的城市水环境模型包括 DNDC、APEX、CENTURY 以及 EPIC 模型等。

近年来，水环境数学模型得到迅速发展。GIS 和 RS 技术在水环境科学中的应用，为水环境模型的发展带来了新的突破与创新，GIS 技术可以实现数据分析以及模型应用的可视化，大大方便了模型的应用。同时，为模型的数据管理提供了便利。RS 技术突破了时间与空间的限制，提供大量连续的、动态的、长期的数据，是模型模拟的基础。神经网络、向量机等人工智能方法和模糊数学法等在水环境数学模型中的应用，使得数值模拟的精度大大提高并实现了对模型的不确定性的定量表示。

尽管水环境数学模型取得了迅速的发展，但仍有许多问题阻碍着水环境数学模型的发展，目前的研究趋势与难点主要有以下几点：

（1）加强流域污染物过程机理研究

流域内污染物迁移转化涉及陆域、河道、地表水、地下水等多过程，而污染物在迁移转化过程中又会发生各种复杂的反应与变化。因此，加强流域污染物过程机理研究，搞清流域污染物的产生、迁移过程与转化机理，才能减少模型模拟过程中因过程机理不清，导致的不确定性增加、精确度下降的情况。

（2）本地化模型的研发

目前，我国研究者常用的水环境数学模型如 EFDC、WASP、SWAT、HSPF、SWMM 等大多由其他国家开发，模型中的参数设定更适用于开发者所在国家的现实情况。而我国水环境数学模型的发展相对滞后，我们更多的研究是应用现有模型，根据研究区域作一定改进，但很少有研究者进行本地化模型开发的工作。开发一套本地化水环境数学模型是目前至关重要的工作，是防止未来出现流域面源污染治理工作"卡脖子"技术问题的关键。

（3）评估数据缺失影响

数据是水环境数学模型运行的基础，决定了模型模拟的精度。数据缺失与壁垒是目前模型模拟面临的一大困局。一方面，模型模拟缺乏长时间序列的监测数据，数据资料不完善，模型模拟的精度难以继续提高；另一方面，因为政府数据的保密性、企业数据的不公开，不透明、学者之间数据不共享等种种原因造成的数据壁垒使得模型模拟面临极大的困难。未来应当逐步建立健全污染监测网络，建成共享数据库。研究团队与政府加强合作，研究团队间加强交流，打破数据壁垒。如确实无法获取的数据，应对缺失数据做系统评估，确定缺失数据的影响。

（4）多过程模型耦合与同化

水环境是一个受多要素综合影响的复杂系统，一般来说污染物首先从陆面侵蚀，再进入河道对流与扩散，并在地表水与地下水之间迁移转化，是一个连续的输移过程。而大多数水环境数学模型只考虑某一单一过程，对污染物迁移转化的具体过程考虑不充分，导致模拟结果与实际情况出现较大偏差。充分考虑社会经济变化、人类活动影响以及生态系统变化、污染物迁移转化全过程等多重因素，对现有模型进行耦合，建立一套更贴近实际情况的水环境数学模型将是未来的研究重点。

我国模型耦合的研究工作已取得一定的进展，根据耦合方式可以分为单向传输、双向传输以及接口传输；根据耦合度可以分为紧密耦合和松散耦合。但由于耦合的两个或多个模型的时间步长、最小模拟时间的差异会导致时间、空间不匹配的问题。随着水生态环境监测网络体系的建设和发展以及人工智能、大数据等的兴起，水环境模型的耦合将向着与大数据分析技术、人工智能技术深度融合，并呈现出规范化和标准化的发展趋势。

（5）兼顾模型模拟精度与运算速度

由于自然流和降水过程在空间上和时间上存在极大的异质性和变异性，依据现有资料建立的水文模型常常存在尺度问题。比如现有的分布式水文模型通常将一个流域系统分为若干个子流域，子流域又分为若干个水文响应单元，然后进行离散化模拟，在进行实际模拟时，需要研究合适的水文单元划分尺度，使得既不会导致水文过程的细部信息丧失，又不会因为水文单元过小影响模型的模拟效率。

（6）降低模拟不确定性

水文过程中降雨、蒸发、下渗、径流的不确定性决定了水文系统非线性的特点。水文的不确定性既与水文输入变量和水文状态变量观测精度有关，又与复杂性认识不足等问题有关，它是系统不确定性和输入不确定性的综合体现。目前，针对水文的非线性问题大多数研究集中于泛函级数、混沌理论、分形几何、人工神经网络等理论上。因此水环境数学模型的不确定性和敏感性分析将是未来一段时间内研究的重点与热点。

（7）模型的法规化

欧美等发达国家在水环境模型的法规化方面已经达到了较高水平。如，美国国家环境保护局（EPA）已经建立了较为完善的模型信息库，并将97种地表水环境数学模型列入模型信息库；英国在其《地表水和地下水污染影响评估指南》中推荐了54种模型系统。

我国在水环境模型研究领域起步较晚，现有研究也大多直接利用国外现有成熟模型，或对模型进行细微修正。当前我国在模型法规化建设方面几乎为零，相关专业的水环境数学模型认证方法和技术导则尚为空白。建立相关模型信息库并给出专业的导则与方法将是未来一段时间内水环境数学模型发展的重点。